全国高等职业教育“十三五”规划教材

地理国情调查与监测技术

主　编　邓　军　葛山运
副主编　宗　琴　陈代鑫
参　编　杜芳芳　许江涛　李益斌

中国矿业大学出版社

内 容 简 介

地理国情调查与监测是高职高专测绘地理信息类专业的一门必修专业课。本书共分为八章，分别为：绪论、地理国情数据获取与处理、地理国情调查内容与指标、地理国情调查实施、地理国情数据整理与建库、地理国情监测技术、地理国情监测的成果表达和共享服务、地理国情监测应用。通过本课程的学习，学生能掌握地理国情调查与监测的理论与技术。

本书可作为高职高专院校测绘地理信息类专业的教材，也可供相关专业的工程技术人员参考使用。

图书在版编目(CIP)数据

地理国情调查与监测技术 / 邓军，葛山运主编.—徐州：中国矿业大学出版社，2018.9

ISBN 978-7-5646-3999-0

Ⅰ.①地… Ⅱ.①邓…②葛… Ⅲ.①地理—国情—研究—中国 Ⅳ.①K92

中国版本图书馆 CIP 数据核字(2018)第 119170 号

书　　名 地理国情调查与监测技术
主　　编 邓　军　葛山运
责任编辑 何晓明
出版发行 中国矿业大学出版社有限责任公司
(江苏省徐州市解放南路　邮编 221008)
营销热线 (0516)83885307　83884995
出版服务 (0516)83885767　83884920
网　　址 http://www.cumtp.com　**E-mail**：cumtpvip@cumtp.com
印　　刷 江苏淮阴新华印刷厂
开　　本 787×1092　1/16　**印张** 14.5　**字数** 362 千字
版次印次 2018 年 9 月第 1 版　2018 年 9 月第 1 次印刷
定　　价 32.00 元
(图书出现印装质量问题，本社负责调换)

前　言

地理国情监测是21世纪中国测绘地理信息领域一个新的、极为重要的发展方向。地理国情监测将对传统的测绘技术实现质的发展：功能上从对地图的测量与绘制到国情的监测与分析；时态上从对地表形态单一时间的静态量测到地表过程的动态监测；结果上从提供空间数据到基于数据的国情信息与分析结果。

为了适应信息化测绘发展的浪潮，作为测绘地理信息类专业的学生，有必要掌握地理国情的调查与监测相关技术。本书本着"基于工作过程系统化"的教学理念，突出"工学结合"，按照地理国情调查与监测的工作流程来组织内容。通过本书的学习，学生能够掌握地理国情数据的获取技术、地理国情的调查方法以及地理国情数据的整理与建库、地理国情的监测应用等方面技能。

本书有以下三方面的特色：① 按实际项目组织教材内容，根据具体的项目特点与技术要求来组织教学内容；② 以地理国情调查能力为重点，着力培养学生外业调查的技术方法与内业数据处理的能力；③ 书中所介绍的技术方法和实践案例，均来源于真实的工程案例，便于学生的学习与生产实践相结合。

本书由重庆工程职业技术学院邓军和葛山运担任主编。参加编写的人员有杜芳芳（兰州资源环境职业技术学院）、许江涛（河南工业和信息化职业学院）、宗琴（重庆建筑工程职业学院）、陈代鑫（甘肃林业职业技术学院）、李益斌（苏州地质工程勘察院）。具体编写分工如下：第1章由李益斌编写，第2章由宗琴和杜芳芳共同编写，第3章、第5章和第7章由邓军编写，第4章由葛山运编写，第6章由陈代鑫编写，第8章由葛山运和许江涛共同编写。本书由邓军负责统稿、定稿。

本书的编写参阅了大量的书籍，在此对这些参考书籍的编者表示由衷的感谢。我国地理国情监测技术发展刚刚起步，许多相关概念、理论技术还在不断完善，加之编者水平有限，时间仓促，书中错误在所难免，希望读者不吝赐教。

编　者

2018年3月

目　录

第 1 章　绪论 …… 1
1.1　地理国情的内涵 …… 1
1.2　地理国情调查 …… 2
1.3　地理国情监测 …… 2
1.4　地理国情监测的发展与应用 …… 5
本章小结 …… 9
练习与思考题 …… 9

第 2 章　地理国情数据获取与处理 …… 10
2.1　遥感数据获取与处理 …… 10
2.2　全球卫星导航数据获取与处理 …… 22
2.3　数字测图数据获取与处理 …… 33
2.4　无线传感器网络数据获取与处理 …… 40
2.5　自动专业监测站网数据获取与处理 …… 43
2.6　统计调查数据获取与处理 …… 46
2.7　公众参与式 GIS 技术 …… 55
本章小结 …… 61
练习与思考题 …… 61

第 3 章　地理国情调查内容与指标 …… 62
3.1　概述 …… 62
3.2　地理国情调查内容与指标总体说明 …… 63
3.3　地理国情调查详细内容与指标 …… 65
本章小结 …… 119
练习与思考题 …… 119

第 4 章　地理国情调查实施 …… 120
4.1　工作底图制作 …… 120
4.2　外业调查 …… 135
4.3　遥感影像解译样本采集 …… 146
4.4　质量检查与成果提交 …… 156
本章小结 …… 158

练习与思考题……………………………………………………………………………… 158

第 5 章　地理国情数据整理与建库………………………………………………………… 160
5.1　地理国情数据内业编辑与整理 ………………………………………………… 160
5.2　地理国情数据建库 ……………………………………………………………… 166
本章小结…………………………………………………………………………………… 172
练习与思考题……………………………………………………………………………… 172

第 6 章　地理国情监测技术………………………………………………………………… 173
6.1　信息提取技术 …………………………………………………………………… 173
6.2　内外业一体化调查技术 ………………………………………………………… 178
6.3　信息统计与分析技术 …………………………………………………………… 179
6.4　遥感影像自动解译技术 ………………………………………………………… 181
6.5　信息变化监测技术 ……………………………………………………………… 183
6.6　合成孔径雷达干涉测量技术 …………………………………………………… 186
本章小结…………………………………………………………………………………… 186
练习与思考题……………………………………………………………………………… 187

第 7 章　地理国情监测的成果表达和共享服务…………………………………………… 188
7.1　地理国情监测的成果表达 ……………………………………………………… 188
7.2　地理国情监测成果的可视化方法和技术 ……………………………………… 190
7.3　地理国情监测信息共享服务 …………………………………………………… 195
7.4　地理国情监测成果的发布 ……………………………………………………… 197
本章小结…………………………………………………………………………………… 202
练习与思考题……………………………………………………………………………… 202

第 8 章　地理国情监测应用………………………………………………………………… 203
8.1　土地覆盖和土地利用变化监测 ………………………………………………… 203
8.2　环境质量和环境变化监测 ……………………………………………………… 206
8.3　区域气候变化监测 ……………………………………………………………… 209
8.4　地理格局和文化景观变化监测 ………………………………………………… 215
8.5　陆地生物多样性和生态变化监测 ……………………………………………… 220
本章小结…………………………………………………………………………………… 222
练习与思考题……………………………………………………………………………… 222

参考文献……………………………………………………………………………………… 223

第1章　绪　　论

知识目标

1. 了解国情、地理国情的概念。
2. 了解地理国情调查的目的与意义、内容和对象。
3. 掌握地理国情监测的概念、国情监测的目的与任务。
4. 了解地理国情在我国的发展。

技能目标

1. 能够利用互联网学习地理国情监测的最新进展。
2. 熟悉地理国情监测的各种新技术。
3. 熟悉地理国情在特定领域的应用。

1.1　地理国情的内涵

国情是一个国家的历史文化传统、自然人文环境、社会经济状况、国际关系等方面的状态及其变化过程的总和。从不同的角度分析国情，可以将国情分为自然国情和人文国情，也可以分为社会国情、地理国情、历史国情和文化国情等。通常认识我国的基本国情，都是从一些地理概念和数字开始的，如我国位于亚洲东部，太平洋西岸；陆地面积约 960 万 km^2，东部和南部大陆海岸线超过 1.8 万 km，内海和边海的水域面积超过 470 多万 km^2；我国同 14 国接壤，与 8 国海上相邻；我国的省级行政区划为 4 个直辖市，23 个省，5 个自治区，2 个特别行政区，首都北京；我国地势西高东低，山地、高原和丘陵约占陆地面积的 67%，盆地和平原约占陆地面积的 33%，山脉多呈东西和东北—西南走向；等等。可见，地理国情是国情最重要、最基本的组成部分。

地理国情是从地理的角度分析、研究和描述国情，即以地球表层自然、生物和人文现象的空间变化和它们之间的相互关系、特征等为基本内容，对构成国家物质基础的各种因素做出宏观性、整体性、综合性的调查、分析和描述，是空间化和可视化的国情信息。

1.2 地理国情调查

1.2.1 地理国情调查的目的与意义

地理国情调查是一项重大的国情国力调查，是全面获取地理国情信息的重要手段，是掌握地表自然、生态以及人类活动基本情况的基础性工作。调查的目的是查清我国自然和人文地理要素的现状和空间分布情况，为开展常态化地理国情监测奠定基础，满足经济社会发展和生态文明建设的需要，提高地理国情信息对政府、企业和公众的服务能力。

开展全国地理国情调查，系统掌握权威、客观、准确的地理国情信息，是制定和实施国家发展战略与规划、优化国土空间开发格局和各类资源配置的重要依据，是推进生态环境保护、建设资源节约型和环境友好型社会的重要支撑，是做好防灾减灾工作和应急保障服务的重要保障，也是相关行业开展调查统计工作的重要数据基础。

1.2.2 地理国情调查的对象和内容

地理国情调查的对象：我国陆地国土范围内的地表自然和人文地理要素。

地理国情调查的内容：一是自然地理要素的基本情况，包括地形地貌、植被覆盖、水域、荒漠与裸露地等的类别、位置、范围、面积等，掌握其空间分布状况；二是人文地理要素的基本情况，包括与人类活动密切相关的交通网络、居民地与设施、地理单元等的类别、位置、范围等，掌握其空间分布现状。

1.3 地理国情监测

1.3.1 地理国情监测的概念

地理国情监测是综合利用全球导航卫星系统(GNSS)、航空航天遥感技术(RS)、地理信息系统技术(GIS)等现代测绘技术，综合各时期测绘成果档案，对地形、水系、湿地、冰川、沙漠、地表形态、地表覆盖、道路、城镇等要素进行动态和定量化、空间化的监测，并统计分析其变化量、变化频率、分布特征、地域差异、变化趋势等，形成反映各类资源、环境、生态、经济要素的空间分布及其发展变化规律的监测数据、地图图形和研究报告等，从地理空间的角度客观、综合展示国情国力。

1.3.2 地理国情监测与相关概念的关系

近年来，测绘事业发展迅猛，新名词也层出不穷。为了统一思想、做好顶层设计，也为了加快立项、加快行动，有必要理清楚地理国情监测与基础测绘、数字中国、地理信息公共服务平台、信息化测绘体系、重要地理信息数据、地理信息产业等相关概念的关系。这些概念从不同的侧面反映了测绘事业发展的某些特征，彼此是相互联系而又相互区别的。

(1) 地理国情监测与基础测绘

按照《基础测绘条例》，基础测绘是指建立全国统一的测绘基准和测绘系统，进行基础航空摄影，获取基础地理信息的遥感资料，测制和更新国家基本比例尺地图、影像图和数字化产品，建立、更新基础地理信息系统。基础测绘是地理国情监测的基础，地理国情监测的结果对基础测绘成果是一个有力的补充。基础测绘的对象是全疆域、全要素，技术标准相对比较稳定，成果形式主要是系列基本比例尺地图、影像图和数字化产品，以及在此基础上建立的数据库。相对于基础测绘，地理国情监测是全面的，但一般是区域性的，要素一般是单一的，经济社会不同的发展时期有不同的监测重点，技术标准规范的制定和选用服从于监测目的，相对比较灵活，成果形式主要是基于监测结果的统计分析信息以及相应的影像图。

(2) 地理国情监测与数字中国

数字中国的概念有多种不完全相同的理解，广义的数字中国的内涵十分广大，应是指整个中国经济社会各方面信息的数字化表达，狭义的数字中国是指数字中国地理空间框架，框架的主要内容是各种类型和尺度的基础地理信息数据库，主要是对基础测绘成果在现代计算机存储、处理和传输技术条件下的系统化、集成化。随着信息化技术的广泛应用，数字中国的内容不断丰富，包括数字城市、数字国土、数字林业、数字矿山等经济社会发展各领域基于地理信息系统的管理数据库。地理国情监测应当充分利用数字中国的建设成果，相对于数字中国，地理国情监测更强调现势性、动态性、变化性，成果形式偏重于统计分析结果。

(3) 地理国情监测与公共服务平台

地理信息公共服务平台采用分建共享模式，集成国家、省、市级基础测绘成果以及其他有关地理信息，是数字中国建设成果的一个集中体现，提供全面、权威、准确的一站式基础地理信息服务和其他相关地理信息服务，包括公众版、政务版和保密版。地理国情监测应当充分利用地理信息公共服务平台的数据，监测的成果可以用于丰富公共服务平台的内容，公共服务平台可以作为发布地理国情监测结果的一个载体。

(4) 地理国情监测与信息化测绘体系

信息化测绘体系的概念至今仍有多种解释。信息化测绘体系是指地理信息获取、处理、存储、传输、服务等全过程的信息化，主要包括相应的技术体系、装备设施、软件工具及技术标准等。信息化测绘体系是地理国情监测的重要支撑。地理国情监测的丰富实践，将为不断完善信息化测绘体系提出新的课题、提供新的经验，信息化测绘体系的不断优化又反过来为地理国情监测提供新的技术、新的平台。

(5) 地理国情监测与重要地理信息数据

《中华人民共和国测绘法》(以下简称《测绘法》)对重要地理信息数据的描述是“中华人民共和国领域和中华人民共和国管辖的其他海域的位置、高程、深度、面积、长度等重要地理信息数据”。《重要地理信息数据审核公布管理规定》给予了进一步列举。重要地理信息数据都属于地理国情，广义的地理国情监测结果包括所有的重要地理信息数据。重要地理信息数据更偏重于较长时期相对稳定的地理国情，地理国情监测偏重于随着经济社会发展相对变化比较明显的地理国情。国家重要地理信息数据的发布需要国务院批准，大部分地理国情监测的结果测绘部门应当自行发布。

(6) 地理国情监测与地理信息产业

地理信息产业是以摄影测量与遥感、地理信息系统、全球卫星定位等现代测绘技术和计算机信息技术为支撑，以生产和提供地理信息产品及服务的高技术产业为载体，地理信息产业包括相关的硬件设备制造、软件开发、地理信息数据获取、加工、集成、服务等。从事地理信息产业主要是一种社会经济行为，开展地理国情监测主要是政府行为或政府主导的行为。地理信息产业的蓬勃发展为地理国情监测提供了技术、成果、经验和人才，地理国情监测的发展必将进一步培育和激发社会、政府、公众对地理信息技术、产品和服务的需求，从而有力地推动地理信息产业更快、更好地发展。

1.3.3 地理国情监测的目标与任务

地理国情监测的根本目标是通过监测地理国情动态变化，分析评估地理国情时空特征及其变化发展趋势，形成权威、标准的地理国情信息产品，服务于自然资源开发利用与生态环境保护、城乡统筹与区域协调发展、产业布局与空间优化、重大战略与重大工程实施、突发事件与应急处置、地缘政治分析与重大国际问题应对等国家和地方各级政府重大决策与国民地理国情教育。

地理国情监测任务可以概括为三个主要方面：自然与人文地理要素信息的动态获取、综合分析与评估、产品生产与发布。其中，自然与人文地理要素信息的动态获取主要是利用测绘技术手段对地理要素量测及其动态变化的发现、识别、提取与数据更新，形成地理要素监测时空数据库。综合分析与评估是在地理要素监测时空数据库的基础上，综合运用空间统计分析、探测性空间分析、时空数据挖掘与知识发现技术，对地理要素的数量与质量统计特征、时空分布模式、发展趋势与演变规律等进行的地理国情时空特征的综合分析、时空变化的评估与趋势预测。产品生产与发布是面向国民经济与社会发展、重大工程与突发事件应急决策和国民地理国情教育等不同服务对象，设计不同类型的权威的、标准的地理国情信息产品，并通过新闻媒体、互联网等媒介进行产品发布，包括统计数据、图表、地图、影像、视频动画、语音、文字报告等基本形式。

1.3.4 地理国情监测的特点

地理国情监测是对特定时期的地表特征、地理现象及人文地理要素的异动状况，以及对经济社会发展大局和民生的影响进行监测。地理国情监测具有系统集成性、动态变化性、主动服务性、准确可靠性、过程完备性等特点。

（1）地理国情监测的系统集成性

地理国情监测起源于工程，是一项系统和集成性的多方位、多角度的对地球表面进行的周期性持续监测。从纵向上看，地理村镇监测、地理市情监测、地理省情监测是地理国情监测的有机组成部分，使得整个地理国情监测成为一个体系。从横向上看，各专业领域的监测系统也是地理国情监测整个系统的有机组成部分。

（2）地理国情监测的动态变化性

地理国情监测的是地表特征、地理现象及各类自然、社会人文地理要素在时间和空间中的变化，侧重于对“变化”的监测。自然界的变化是绝对的，与之对应的地理国情的监测过程必然是动态的，在地理国情突变时能及时提供可靠的监测对象的变化量、变化率和变化过程等信息。

（3）地理国情监测的主动服务性

地理国情监测的目的之一就是要为决策者和普通大众提供信息与数据的服务。地理国情监测的主动服务性表现在通过各种地理监测云存储监测的数据，为广大用户提供监测结果。

（4）地理国情监测的准确可靠性

可靠性的概念起源于对产品的可靠性的描述，指产品在规定的条件下和规定的时间内，完成规定功能的能力。地理国情监测的可靠性包括数据的可靠性、方法的可靠性、过程的可靠性和结果的可靠性。

（5）地理国情监测的过程完整性

地理国情监测的过程是指地理国情监测信息的获取、处理、存储管理、分析、发布、预测与控制的整个流程。地理国情信息是一个持续且不断变化的进程，因此需要不断地去监测其变化与发展趋势，持续不断和周期性的地理国情监测就是这一过程不断往复与循环。

1.4 地理国情监测的发展与应用

1.4.1 国外地理国情监测的发展与应用

国际上虽然没有明确提出地理国情监测的概念，但是很多国家和组织都开展了相应的工作，并且在规划计划制订方面、数据资源方面、技术装备方面和标准规范方面都取得了一定的成就。

(1) 规划和计划制订方面

美洲、欧洲、亚洲等发达国家普遍重视境外资源生态环境监测，通过制订综合或专业的中长期规划和计划，来促进可持续发展。这些规划和计划诸如美国的“地理分析和动态监测计划(GAM)”、欧洲的“欧洲全球环境与安全监测计划”、亚洲的“亚太地区环境革新战略项目(APEIS)”以及国际非政府组织的“国际全球环境变化人文因素计划(IHDP)”等。

(2) 数据资源方面

美国、英国、法国、德国、日本等国家和地区早已实现对包括边境地区在内的国土范围地理信息的合理覆盖，并建立了常态化的更新机制。鉴于地理信息对于维护国家安全，保护海外权益，应对资源枯竭、能源紧张、环境恶化、粮食安全、气候变化、灾害救援等全球性问题具有独特作用，发达国家地理信息资源开发建设不仅局限于本国以内，而且布局到全球重要地区。目前，国外先后研制了 4 套 1 km、1 套 300 m 分辨率的全球地表覆盖数据产品，即：① 美国马里兰大学的全球土地覆盖数据(UMD 数据集，1 km)；② 国际地圈-生物圈计划的全球地表覆盖数据(IGBP-DISCOVER 数据集，1 km)；③ 美国波士顿大学的全球地表覆盖数据(MODIS 数据集，1 km)；④ 欧盟联合研究中心的全球地表覆盖数据(GLC2000 数据集，1 km)；⑤ 欧洲空间局通过全球合作生产的全球地表覆盖数据产品数据集(GLOBCOVER 数据集，300 m)。这些全球数据产品已经在全球或区域尺度的生态学和地理学、气候变化评价和环境模拟等研究中发挥了重要作用。

(3) 技术装备方面

国外多个国家已构建对地监测网络，开展全球资源环境、气候气象、地表覆盖监测研究与应用，及时提供多样化的监测成果。国外积极发展测绘卫星，卫星遥感数据已成为中小比例尺测图的主要数据源，并广泛应用于大比例尺测图。

(4) 标准规范方面

国外资源、生态、环境监测开展较早，发展迅速，出台了比较完善的标准规范。目前使用较为广泛的 5 套全球地表覆盖数据产品都形成了较为完整的标准规范体系，其主要包括内容指标、处理方法、精度评价等。国外相关监测标准建设发展迅速，体现出对监测标准化工作的重视程度高，对我国地理国情监测有很好的借鉴作用。

1.4.2 国内地理国情监测的发展与应用

1.4.2.1 地理国情监测在我国的发展

国家明确要求测绘部门开展地理国情监测。《国务院关于加强测绘工作的意见》(国发

〔2007〕30 号)中指出:“测绘是准确掌握国情国力、提高管理决策水平的重要手段。提供测绘公共服务是各级政府的重要职能。加强测绘工作对于加强和改善宏观调控、促进区域协调发展、构建资源节约型和环境友好型社会、建设创新型国家等具有重要作用。”同时要求测绘部门,“全面贯彻落实科学发展观,把为经济社会发展提供保障服务作为测绘工作的出发点和落脚点,完善体制机制,着力自主创新,加快信息化测绘体系建设,构建数字中国地理空间框架,加强测绘公共服务”,强调“建立健全定期更新和动态更新相结合的更新机制,切实提高基础地理信息的现势性,实现基础地理信息资源数量增加、质量提高和结构优化”。还提出:“积极开展基础地理信息变化监测和综合分析工作,及时提供地表覆盖、生态环境等方面的变化信息,为加强和改善宏观调控提供科学依据。”

地理国情监测是信息化测绘体系建设的重要内容,是提高测绘公共服务的数量和质量的重要方式。2011 年 3 月,包括知名院士在内的我国测绘界的技术和管理精英们对地理国情监测项目进行了评审和论证。2011 年 3 月 7 日,国家测绘局和陕西省政府举行合作开展地理国(省)情监测试点签字仪式。可以说,地理国情监测从概念的提出到项目的规划再到地区试点,已逐渐成为测绘部门今后的一项重要使命。

地理国情监测是“十二五”国家测绘地理信息局推进信息化测绘的重大举措,是推动测绘地理信息工作转型、深层次服务经济社会发展、彰显测绘工作能力建设的重要突破。国家测绘地理信息局明确要求,一是做好组织实施。按照加强组织领导,统筹规划,合理分工、合同管理和责任明确的原则,进行统一部署、科学指导、分工协作,分步实施和成果共享,确保项目保质、保量按时完成。二是分阶段实施。第一阶段:2012～2013 年,以技术方案制订、试点和开展重要地理国情信息普查为主,建立本底数据库,并为下阶段开展监测做好准备;第二阶段:2014～2015 年,以重要及典型地理国情监测、统计分析和成果总结为主,为“十二五”持续开展地理国情监测奠定基础。三是进度安排。2012 年完成整体设计和监测试点工作,为普查工作完成本底数据库建设;2013 年开展全国性普查,对重要和典型地理信息变化监测;2014 年对监测成果进行统计分析,建立动态监测信息系统;2015 年开展监测成果应用服务,并对“十二五”常态化监测规划布局。

1.4.2.2 地理国情监测在我国的应用

地理国情监测的具体内容方方面面,也正在实践中探讨。例如,重要地理信息的监测、土地资源利用监测、环境监测、农情监测、森林和湿地监测、灾害动态监测、水文监测、海洋监测、矿产资源监测、气象监测等。

(1) 重要地理信息数据监测

重要地理信息数据是地理国情的重要组成部分,具有严格的政治性、严密的科学性、严格的法定性。依法测绘、公布国家重要地理信息数据是测绘地理信息部门的职责。

2006 年 6 月～2007 年 3 月,国家测绘局组织了第一批名山高程测量。2007 年 4 月 27 日,国务院新闻办公室举行新闻发布会,公布了第一批 19 座名山的高程数据,2008 年 9 月 28 日又公布了第二批 31 座名山的高程数据。

国家测绘局组织新疆测绘局开展重新测定中国陆地最低点新疆吐鲁番艾丁湖洼地海拔高程工作。2008 年 9 月 28 日,国家测绘局经国务院授权公布了中国陆地最低点高程新数据,成为继 2005 年发布世界最高峰——珠穆朗玛峰新高程后的又一重大数据发布。

国家测绘局与国家文物局联合启动长城资源调查与测量工作。2009 年 4 月 18 日,两局在北京八达岭长城脚下，联合公布了首次获得的明长城长度精确数据：8 851.8 km。

2008年青海省测绘局负责实施了三江源头科学考察工作，利用测绘高新技术，科学确定了长江、黄河、澜沧江源头地理位置，准确测定了坐标和高程等重要地理信息数据，建立了国家地理标志。

边界测绘是地理国情监测的重要内容。国家测绘局从20世纪五六十年代起先后参与了中巴（巴基斯坦）、中阿（阿富汗）、中蒙（蒙古）边界勘界，历时18年完成了中越（越南）陆地边界勘界测绘保障任务，为划界谈判、边界管理等提供了及时、精确、可靠的地理信息数据支持。

针对我国西部200余万平方千米的国土没有1∶5万地形图，严重制约西部大开发的现状。国家测绘地理信息局组织实施了西部测图工程，并在五年时间里圆满完成了西部1∶5万地形图空白区地形图测图及数据建库任务，为服务西部大开发、开展我国西部地区地理国情监测储备了丰富的数据资源。

地区的重要地理信息统计分析方面，也有大量成果。如“十一五”期间，浙江省测绘与地理信息局开展了多项地理国情监测工作，包括：全省面积量算，运用现代测绘技术量算出浙江省陆域面积、全省不同高程分级和不同坡度分级的面积、内海面积和领海面积，界定了主要河流的省内流域边界范围，并量算了流域面积，单独量算了八大水系的水域面积、长度，以及四大名湖与千岛湖的面积，同时对全省11个设区市、90个县（市、区）的面积进行了量算和统计，全面清查了全省滩涂资源总量、近期可围垦的资源数量以及地理分布情况，建立了滩涂资源数据库和围垦管理信息系统，并分析、总结了全省不同区域的滩涂淤涨规律，为制订滩涂围垦规划和年度计划提供了科学依据。山西省为了大幅度提高煤炭资源执法监察效率，该省遥感中心建设了山西省煤炭资源执法监察遥感动态监测系统。该系统于2010年12月正式运行，可对全省非法采煤活动实施全方位动态监测，并通过全省范围的卫星遥感监测及不定期的重点区域航空摄影及无人机遥感监测，实现了由传统人工监管向信息化监管的转变，为煤炭开采监管部门指挥决策提供了平台。

(2) 资源生态环境监测

为了评价三峡工程建设对周边生态环境产生的影响，测绘地理信息部门联合有关部门开展了三峡库区生态环境监测工作。通过采用先进测绘技术，结合生态环境综合监测站网，提供了三峡库区土地利用、植被覆盖、水环境、滑坡等生态环境的现势性地理信息。

青海湖是我国最大的内陆咸水湖。2010年6月，青海省测绘局建成了青海湖面积遥感动态监测地理信息系统，该系统利用高分辨率遥感卫星影像，每年在5月（枯水期）、9月（丰水期）分两期对青海湖面积进行监测，定期将监测成果向全社会公布，并提供多年数据的查询统计、面积及水位变化对比、影像变化对比、湖区动态变化展示等服务。此外，该局还建立了三江源区生态环境遥感动态监测地理信息系统，实现了三江源区生态环境监测成果发布、快速查询与综合分析，为宏观决策提供依据，并在三江源生态环境监测及应急事件处理中发挥重要作用。

2007年，江苏省测绘局组织开发太湖蓝藻水华遥感动态监测预警系统，并于2009年6月正式投入使用。此系统主要基于卫星影像，对太湖蓝藻水华的发生、发展与空间分布变化实施动态监测，为农业、渔业生产、人民生活用水等提供预警信息。

甘肃省政府办公厅和省测绘局联合实施了甘肃省退耕还林还草监测应用系统建设项目，该系统实现了精确监测的目标，监测对象是上一年度确定的退耕规划图斑，监测内容包括图斑的上报面积、退耕前作物种类、退耕与否、同一区域重复上报情况及荒山育林误报为退耕还林等情况，促进了退耕还林还草工程信息化管理。

（3）灾害动态监测

2008 年汶川大地震、2010 年青海玉树地震、2010 年甘肃丹曲山洪泥石流灾害、2011 年云南盈江地震发生后，测绘地理信息部门快速获取和集成灾后最新影像数据，通过与历史资料进行比对，确定了受灾范围、受灾面积、道路房屋等设施的损毁程度及地形地貌变化情况等，为抢险救灾、灾害评估和灾后重建提供了及时准确的测绘地理信息成果。

测绘地理信息部门通过对汶川地震灾区的 52 个堰塞湖进行持续监测，为堰塞湖风险评估和应急处置提供了测绘地理信息保障。

2010 年 6 月，内蒙古、黑龙江大兴安岭林区发生历史罕见的火灾。在扑灭林火战役中，黑龙江省测绘局向省委省政府、军区、武警总队提供各类图件 50 多套，研制了黑龙江森林防火电子沙盘指挥系统，火场前线测绘人员随时利用无线网络获取卫星拍摄的火场信息，做好火点标绘标注，及时更新电子沙盘指挥系统，为扑火指挥决策提供了保障。

2010 年 6 月，贵州省关岭县岗乌镇大寨发生特大地质灾害。贵州省测绘局利用无人机航摄系统，快速获取了清晰的低空航摄遥感影像资料，并在 1 h 内提供给抢险救灾指挥部，满足了抢险工作的急需。

2010 年 8 月，云南怒江傈僳族自治州贡县突发泥石流灾害。云南省测绘局立即派出无人机航摄应急小分队，拍摄了 148 张 7 km^2 的 0.3 m 高分辨率的影像图，及时、全面、真实地反映了灾情。

（4）土地利用动态监测

及时准确掌握土地利用变化情况，是加强国土资源管理、切实保护耕地的必要前提，为此，测绘地理信息部门长期以来在土地利用动态监测方面做了大量工作。

1999 年以来，测绘地理信息部门配合国土资源部门，大范围、大批量应用高分辨率卫星遥感数据，对全国 66 个 50 万人口以上的城市进行了监测，占全国土地面积的 7.4%。通过对全部直辖市、省会和自治区首府城市的监测，全面了解了 20 世纪 70 年代至 21 世纪初这些城市的扩展规模、用地面积等，并分析了这一扩展过程的时间特点及区域差异。

遥感监测还是土地执法监察的重要手段之一。它与土地执法动态巡查相结合，可以及早发现土地违法行为，特别是能够及时发现因执法监察工作不到位而遗漏，以及因交通不便不易通过巡查发现的土地违法行为。

（5）城镇建设管理监测

测绘地理信息部门采用遥感等技术，快速、持续地监测城镇建设的宏观发展情况，包括城市扩展规模、扩展方向、配套设施建设等。通过持续不断的影像监控成果和分析成果，实现对城镇化发展情况的总体把握，预测城镇化发展趋势，从而推动城镇的科学规划与管理。

"十一五"期间，重庆市地理信息中心连续多年开展了重庆主城区城市建设用地动态监测工作，找出了重庆城市建设发展特征，有力支持了城乡总体规划实施评估、规划编制及城市管理。中心还开展了重庆主城区内森林资源监测，每年为重庆市规划局提供监测结果，及时掌握城区内森林资源的变化情况，保护好城市"肺叶"。

在城市精细化管理中，北京市测绘地理信息部门配合相关部门，利用"北京一号"小卫星和航空遥感技术，开展了全市地表河湖水系及湿地动态监测、水土侵蚀调查、森林资源统计调查等工作，准确掌握了城市地表资源现状和发展趋势。

(6) 农林水利监测

测绘地理信息部门配合农业部门，对全国小麦、稻米、玉米、大豆等农作物进行估产及长势监测，为国家掌握粮食生产、粮食储运、粮食调配和粮食安全情况提供了重要依据。

多年来，测绘地理信息部门配合林业部门，通过综合运用遥感、地理信息系统等技术，对国家级和区域级林火监测和管理进行了系统研究，特别是在森林火险预报、林火卫星监测、林火信息管理等方面取得了多项科技成果，在历年林火监测、防治与扑救中提供了技术服务。在2011年4月发生的威胁泰山安危的济南长清区山火扑救中，山东省国土测绘院采用无人机遥感技术，对火情进行实时监测，并将最新影像叠加到三维地理信息系统中，用于领导指挥决策。

2010年9月至10月，海南遭遇强降雨，引发大面积洪涝灾害。灾情发生后，海南测绘局迅速对灾区进行航空摄影，实时获取灾区最新影像资料，制作并提供了高分辨率影像图，有力保障了防汛救灾工作的急需。

(7) 地面沉降监测

长江三角洲是我国发生地面沉降现象最具典型意义的地区之一。为应对地面沉降对长江三角洲地区的影响，上海、江苏、浙江等测绘地理信息部门建立了覆盖长江三角洲的地面沉降监测网络，实现了监测数据自动采集、传输。区域地面沉降每年监测一次，中心城市每年至少监测一次，从而为城市规划、建设提供了及时、准确的地面沉降信息，为制订科学的地面沉降防控措施打下了良好的基础。

本章小结

本章介绍了地理国情、地理国情调查、地理国情监测的相关概念及其国内外的发展现状。作为地理国情监测的率先提出国家，中国从国家层面到地方层面都已具备开展地理国情监测的基础，但目前的工作还限于较为独立的专业领域，处于非系统的初级阶段。地理国情监测作为一个新兴领域，已在国内外取得了一定的成果，地理国情的动态监测、深层次的综合分析和地理国情的变化规律的挖掘等还需深入研究。

练习与思考题

1. 地理国情的概念是什么？
2. 地理国情调查的目的与意义是什么？
3. 地理国情监测的概念是什么？
4. 地理国情有哪些特点？
5. 简述地理国情监测与地理信息产业的联系。
6. 国内地理国情监测主要应用领域有哪些？

第2章　地理国情数据获取与处理

知识目标

1. 掌握地理国情监测的数据来源。
2. 掌握获取各种地理国情数据的手段。
3. 会专业软件的基本数据处理操作。

技能目标

1. 能够用遥感图像处理软件ENVI进行简单的图像处理。
2. 熟练使用GNSS后处理软件进行GNSS数据处理。
3. 熟练使用南方CASS进行数字测图数据处理。
4. 能够用VirtuoZo进行基于立体影像的数字化测图。
5. 能够用SPSS对统计调查数据进行简单整理。

2.1　遥感数据获取与处理

遥感泛指通过非接触传感器遥测物体的几何与物理特性的技术，遥感技术主要建立在物体反射或发射电磁波的原理基础之上。遥感技术由遥感图像获取技术和遥感信息处理技术两大部分组成。遥感主要回答观测目标是什么（定性）、分布在何处（定位）、有多少（定量）的问题。

2.1.1　遥感基础

（1）电磁波谱

太阳不断向外发射出大量的电磁波辐射，是电磁波的主要辐射源，也是被动遥感的主要能源。将这些电磁波根据其波长加以排列，可以形成一个电磁波谱。卫星遥感中常用的几个波谱为：紫外线、可见光、红外线、微波。

（2）大气窗口

遥感接收的电磁波信号需要穿过介于地表与高空之间厚厚的大气层，大气层中的水汽（H_2O）、二氧化碳（CO_2）和臭氧（O_3）等对某些波段的电磁波具有散射和吸收影响，其余的在通过大气层时较少被散射、吸收和发射，具有较高的透过率，这些波段称为“大气窗口”。常用的大气窗口包括：紫外线、可见光、红外线（近红外、中红外、远红外）、微波。

（3）地物波谱特性

应用遥感技术对地面物体进行探测，是以各种物体对电磁波辐射的反射、吸收和发射为基础的。地物波谱特性是指地面物体具有的辐射、吸收、反射和透射一定波长范围电磁波的特性。地物波谱的变化与太阳和测试仪器的位置、地理位置、时间环境（季节、气候、温度等）和物体本身有关。

目前对地物波谱的测定主要分三部分，即反射波谱、发射波谱和微波波谱。

（4）遥感图像特征

遥感图像特征可归纳为几何特征、物理特征和时间特征，这三方面的表现特征即为空间分辨率、光谱分辨率和时间分辨率。

① 空间分辨率

空间分辨率是指遥感图像上能够详细区分的最小单元的尺寸或大小，通常用地面分辨率和影像分辨率来表示。一般来说，空间分辨率越高，其识别物体的能力越强。

② 光谱分辨率

光谱分辨率是指传感器所能记录的电磁波谱中某一特定波长范围值，波长范围值越宽，光谱分辨率越低。一般来说，传感器波段数越多，波段宽度越窄，地面物体的信息越容易区分和识别，针对性越强。在某些情况下，波段太多，分辨率太高，反而会“掩盖”地物辐射特性，不利于快速探测和识别地物。

③ 时间分辨率

对同一目标进行重复探测时，相邻两次探测的时间间隔，称为遥感影像的时间分辨率。利用时间分辨率可以进行动态监测和预报，可以进行自然历史变化和动力学分析，可以对历次获取的数据资料进行叠加分析以提高地物识别精度。

2.1.2　遥感图像获取

任何地物都有空间明确的位置、大小和形状，这是其空间属性；任何地物都有其辐射特征，反映为影像的灰度值；任何地物对不同波段有不同的光谱反射强度，从而构成其光谱特征。地物所具备的这些特征决定了人们可以利用相应的遥感传感器，将它们放在遥感平台上去获取数据。再利用这些数据实现对地观测，对地物的影像和光谱记录进行计算机处理，测定其几何和物理属性。

（1）遥感传感器

地物发射或反射的电磁波信息，通过传感器收集、量化并记录在胶片或磁带上，然后进行光学或计算机处理，最终才能得到可供几何定位和图像解译的遥感图像。所以，遥感信息获取的关键是传感器。

传感器按照工作的波段不同分为可见光传感器、红外传感器和微波传感器。按照工作方式不同分为主动传感器和被动传感器。主动式传感器能够向目标发射强大电磁波，然后接收目标反射回波，主要指各种形式的雷达；被动式传感器接收目标自身的热辐射或反射太阳辐射，如各种相机、扫描仪、辐射计等。按照记录方式不同分为成像方式传感器和非成像方式传感器。成像方式传感器中，按成像原理分为摄影成像和扫描成像两大类。非成像的传感器记录的是一些地物的物理参数。

传感器由收集系统、探测系统、信号处理系统和记录系统四个部分组成，如图 2-1 所示。

① 收集系统

该系统的功能是把地物辐射的电磁波进行收集，然后聚焦并送往探测系统。扫描仪用

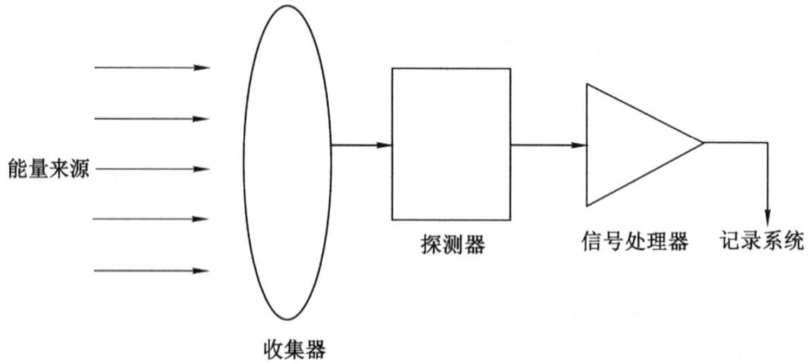

图 2-1　传感器的结构组成

各种形式的反射镜以扫描方式收集电磁波，雷达的收集元件是天线。如果进行多波段遥感，收集系统还包括按波段分波束的元件，一般采用各种色散元件和分光元件，如滤色片、分光镜和棱镜等。

② 探测系统

该系统是传感器中最重要的部分，用于探测地物电磁辐射的特征。常用的探测元件有胶片、光电敏感元件和热电灵敏元件。探测元件探测的原理是，探测器在光子（电磁波）作用下发生了某些物理化学变化，这些变化被记录下来并经过一系列处理成为人眼能看到的像片。

③ 信号处理系统

扫描仪、雷达探测到的都是电信号，这些电信号都是很微弱的，需要进行放大处理，另外有时为了监测传感器的工作情况，需要适时将电信号在显像管的屏幕上转换为图像，这就是信号处理的工作内容。

④ 记录系统

遥感影像的记录方式分为直接记录和间接记录两种。直接记录方式有摄影胶片、扫描航带胶片、合成孔径雷达的波带片，还有一种是在显像管的荧光屏上显示图像，再用相机翻拍成的胶片。间接记录方式有模拟磁带和数字磁带。模拟磁带回放出来的电信号，通过电光转换可显示为图像；数字磁带记录时要经过模数转换，回放时则要经过数模转换，最后仍通过电转换显示图像。

（2）遥感平台

遥感中搭载传感器的工具统称为遥感平台，包括人造卫星、航天航空飞机乃至气球、地面测量车等。表 2-1 中列出了可能用到的平台及其高度和使用的目的。

表 2-1　　常用遥感平台信息

遥感平台	高度	目的和用途	其他
静止轨道卫星	36 000 km	定点地球观测	气象卫星（风云 2 号、GMS 等）
圆轨道卫星（地球观测卫星）	500～1 000 km	定期地球观测	Landsat、SPOT、MOS 等
航天飞机	240～350 km	不定期地球观测；空间实验	

续表 2-1

遥感平台	高度	目的和用途	其他
无线探空仪	100 m～100 km	各种调查(气象等)	
超高度喷气飞机	10 000～12 000 m	侦察;大范围调查	
中低高度飞机	500～8 000 m	各种调查;航空摄影测量	
飞艇	500～3 000 m	空中侦察;各种调查	
直升机	100～2 000 m	各种调查;摄影测量	
无线遥控飞机	500 m 以下	各种调查;摄影测量	飞机、直升机
牵引飞机	50～500 m	各种调查;摄影测量	牵引滑翔机
系留气球	800 m 以下	各种调查	
索道	10～40 m	遗址调查	
吊车	5～50 m	地面实况调查	
地面测量车	0～30 m	地面实况调查	车载升降台

遥感平台中，最高的是气象卫星 GMS 风云 2 号等所代表的地球同步静止轨道卫星，位于赤道上空 36 000 km 的高度上。静止轨道卫星又称地球同步卫星，位于 30 000 km 外的赤道平面上，与地球自转同步，相对于地球是静止的。不同国家的静止轨道卫星在不同经度上，实现对该国的有效对地重复观测。圆轨道卫星一般又称为极轨卫星，是太阳的同步卫星。它使得地球上同一位置能重复获得同一时刻的图像。该类卫星按其通过赤道面的时间又分为 AM 卫星和 PM 卫星，一般将上午 10:30 通过赤道面的极轨卫星称为 AM 卫星，将下午 1:30 通过赤道的卫星称为 PM 卫星。

2.1.3　遥感图像处理

遥感图像处理是对图像进行辐射校正和几何纠正、图像整饰、投影变换、镶嵌、特征提取、分类以及各种专题处理等一系列操作，以求达到预期目的的技术。主要经过遥感信息传输、遥感影像数据预处理、遥感影像数据处理三个阶段实现。

(1) 遥感信息传输

传感器收集到的地物目标的电磁波，经不同形式直接记录在感光胶片或磁带上，或者通过无线电发送到地面被记录下来。遥感信息的传输方式有模拟信号传输和数字信号传输。模拟信号传输是指将一种连续变化的电源与电压表示的模拟信号，经过放大和调制后用无线电传输。数字信号传输是指将模拟信号转换为数字形式进行传输。

(2) 遥感影像数据预处理

遥感影像数据预处理包括数据转换、数据压缩、数据校正、辐射校正和几何校正。

① 数据转换

由于所接收到的遥感数据记录形式与数据处理系统的输入形式不一定相同，而处理系统的输出形式与用户要求的形式也可能不同，所以必须进行数据转换。数据转换的形式与方法有模数转换、数模转换、格式转换等。

② 数据压缩

传送到遥感图像数据处理机构的数据量是十分庞大的。目前虽然用电子计算机进行数据预处理，但数据处理量和处理速度仍然跟不上数据收集量。所以在图像预处理过程中，还要进行数据压缩,其目的是去除无用的或多余的数据,并以特征值和参数的形式保存有用的数据。

③ 数据校正

环境条件的变化、仪器自身的精度和飞行姿态等因素的影响,会导致一系列的数据误差。为了保证获取信息的可靠性,必须对这些有误差的数据进行校正。校正的方法主要是辐射校正和几何校正。

④ 辐射校正

遥感图像在获取过程中,受到如大气吸收与散射、传感器定标、地形等因素的影响,且它们会随时间的不同而有所差异。辐射校正是消除非地物变化所造成的图像辐射值改变的有效方法,按照校正后的结果可以分为绝对辐射校正方法和相对辐射校正方法。绝对辐射校正方法是将遥感图像的 DN(Digital Number)值转换为真实地表反射率的方法,它需要获取图像过境时的地表测量数据,并考虑地形起伏等因素来校正大气和传感器的影响,因此这类方法一般都很复杂,目前大多数遥感图像都无法满足上述条件。相对辐射校正是将一图像作为参考(或基准)图像,调整另一图像的 DN 值,使得两时相图像上同名的地物具有相同的 DN 值,这个过程也叫多时相遥感图像的光谱归一化。这样我们就可以通过分析不同时相遥感图像上的辐射值差异来实现变化监测。因此,相对辐射校正就是要使相对稳定的同名地物的辐射值在不同时相遥感图像上一致,从而完成地物动态变化的遥感动态监测。

⑤ 几何校正

遥感器在获取数据时,会引起影像变形,传感器自身的移动、地球曲率等影响都会引起像点发生位移,投影方式不同会引起部分影像被拉伸等。几何校正就是利用地面控制点(GCP)纠正各种因素引起的遥感图像的几何变形,对影像进行地理坐标定位,获得真实坐标信息,从而实现与标准图像或地图的几何整合。几何校正的基本方法是先建立几何校正的数据模型,然后利用已知条件确定模型参数,最后根据模型对图像进行几何校正。通常分为以下两个步骤完成:图像空间坐标变换,首先建立图像像点坐标(行、列号)和物方对应点坐标间的映射关系,求解映射关系中的未知参数,然后根据映射关系对图像各个像素坐标进行校正;确定各像素的灰度值(灰度内插)。

(3) 遥感影像数据处理

遥感影像数据的处理分为几何处理、灰度处理、特征提取、目标识别和影像解译。

① 几何处理

几何处理按照不同传感器的成像原理有所不同,对于无立体重叠的影像,主要是几何纠正和形成地学编码;对于有立体重叠的卫星影像,还要求解地面目标的三维坐标,建立数字高程模型(DEM)。几何处理分为星地直接解和地星反求解。星地直接解是依据卫星轨道参数和传感器姿态参数对地直接求解。地星反求解是依据地面若干控制点的三维坐标反求变换参数,有各种近似和严格解法。利用求出的变换参数和相应的成像方程,便可求出影像上目标点的地面坐标。

② 灰度处理

影像的灰度处理包括图像复原和图像增强、影像重采样、灰度均衡、图像滤波。图像增强包括反差增强、边缘增强、滤波增强和彩色增强。不同传感器、不同分辨率、不同时期的数据,可以通过数据融合的方法获得更高质量、更多信息的影像。

③ 特征提取

从原始影像上通过各种数学工具和算子提取用户有用的特征，如结构特征、边缘特征、纹理特征、阴影特征，称为影像特征提取。

④ 目标识别

从影像数据中通过人工或自动/半自动的方式提出所要识别的目标，称为影像目标识别。

⑤ 影像解译

影像解译是对所获得的遥感图像用人工或计算机方法对图像进行判读，对目标进行分类。

影像解译中遥感解译人员需要通过遥感图像获取三方面的信息：目标地物的大小、形状及空间分布特点，目标地物的属性特点，目标地物的变化动态特点。遥感信息的提取主要有两个途径：一是目视解译，二是计算机的数字图像处理。

图像解译的首要一步是图像识别，其实只是个分类过程，即根据遥感图像的光谱特征、空间特征、时间特征，按照解译者的认识程度或自信程度和准确度，逐步进行目标的探测、识别和鉴定过程。遥感图像的解译是从遥感影像的特征入手的。影像特征不外乎色、形两个方面。前者指影像色调、颜色、阴影等，其中色调与颜色反映了影像的物理性质，是地物电磁波能量的记录，而阴影则是地物三维空间在影像色调上的反映；后者指影像的图形结构特征，如大小、形状、纹理结构、图形格式、位置、组合等，它是色调、颜色的空间排列，反映了影像几何性质和空间关系。遥感图像的解译，依赖于具体应用的目的和任务。但是，任何目的的解译都要通过基本解译要素和具体解译标志来完成。

2.1.4　遥感图像处理软件

遥感图像处理平台 ENVI(Environment for Visualizing Images)是美国 Exelis Visual Information Solutions 公司的旗舰产品。它是由遥感领域的科学家采用交互式数据语言 IDL(Interactive Data Language)开发的一套功能强大的遥感图像处理软件。下面用 ENVI 5.1 介绍遥感图像处理几个关键的操作步骤。

(1) 几何校正

第一步：打开并显示图像文件。

选择“开始→程序→ENVI 5.1→Tools→ENVI Classic”，打开如图 2-2 所示的窗口，选择主菜单“File→Open Image File”，将 “taian-drg.tif”文件打开，并显示在 Display 视图中。

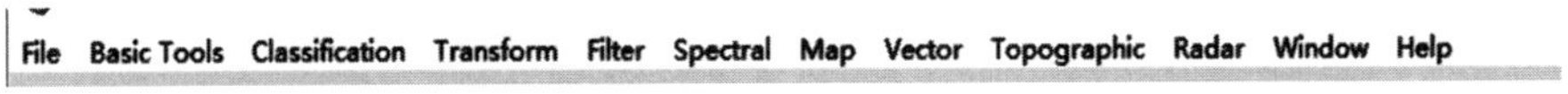

图 2-2　ENVI 窗口

第二步：启动几何校正模块。

① 主菜单选择“Map→Registration→Select GCPs：Image to Map Registration”，打开几何校正模块。

② 在“Image to Map Registration”面板中，选择 Beijing_1954_GK_Zone_20，X/Y Pixel Size，分别输入 4，单击“OK”，打开“Ground Control Points Selection”面板，如图 2-3 所示。

图 2-3　选择坐标系及输出网格大小

③ 在 Displsy 视图中，定位到左上角第一个公里网交互处，从图上读取 X：20501000，Y：4003000，填入“Image to Map Registration”面板中的“E”和“N”，单击“Add Point”按钮，增加第一个控制点，如图 2-4 所示。

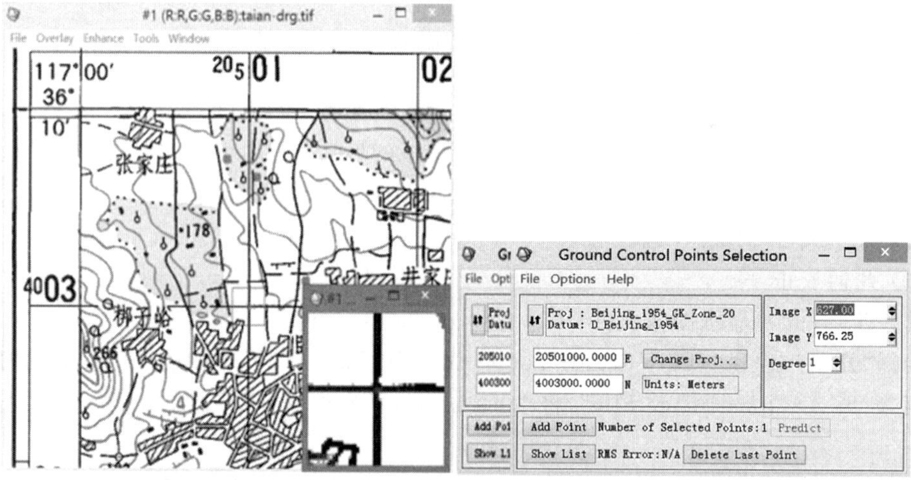

图 2-4　读取控制点坐标信息并手动输入

④ 在 Displsy 视图中，向右平移 10 个公里网，即到 X：2051100 处，在“Image to Map Registration”面板中 E：20511000 和 N：4003000。单击“Add Point”按钮，增加一个控制点。

⑤ 当选择 3 个点时候，“Pretict”按钮亮起，可以在“E”和“N”中输入坐标，单击“Pretict”按钮，自动在图上大致定位，或者选择“Options→Auto Pretict”，可以自动根据坐标值在图上定位。

⑥ 用同样的方法在图上均匀添加 9 个控制点。

⑦ 在“Ground Control Points Selection”上选择 “Options→Warp File”，选择校正文件“taian-drg.tif”，点击“OK”。

⑧ 在校正参数面板中，校正方法选择多项式(2 次)。

⑨ 重采样选择“Bilinear”，背景值(Background)为 0。

⑩ 选择输出路径和文件名，单击“OK”按钮，如图 2-5 所示。

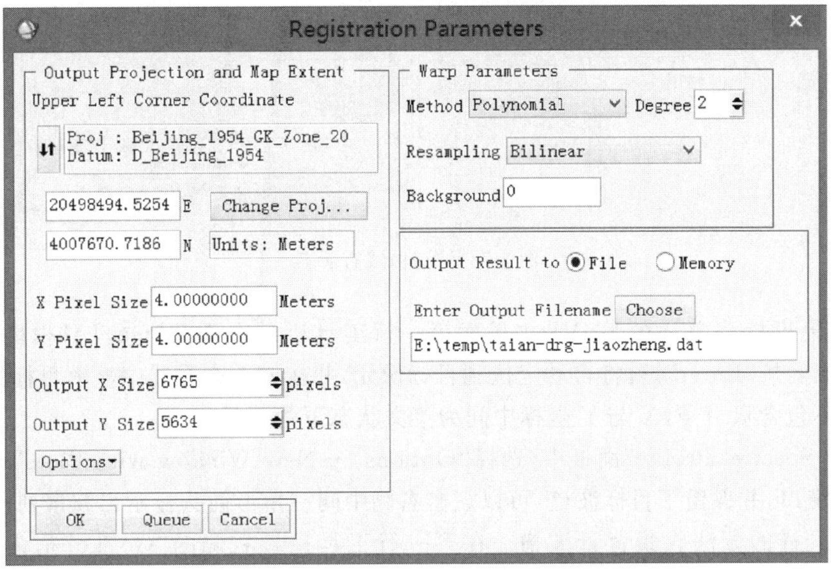

图 2-5　参数输出设置面板

(2) 目标探测

① 启动 ENVI 5.1，打开“File→ Open”，选择示例图像“sandiego_reflectance.img”文件，并加载到视图中，如图 2-6 所示。

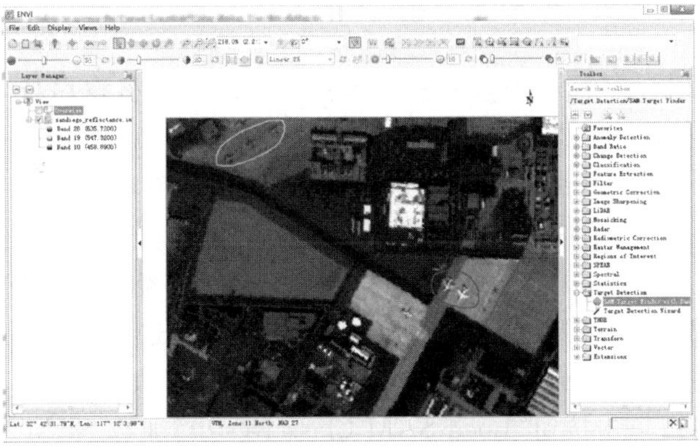

图 2-6　数据加载与目视解译

② 从图 2-6 中可以看出，影像中包含了一些飞机。左上角圆圈选中的三架飞机是需要探测的目标，像元位置为[88,10]和[142,337] 等。另外最明显的中间偏右圆圈选中的两架飞机将是我们需要抑制的背景，像元位置为[231,135]和[243,143]。

③ 启动光谱曲线查看器，菜单为“Spectral →Profiles → Spectral”，如图 2-7 所示。

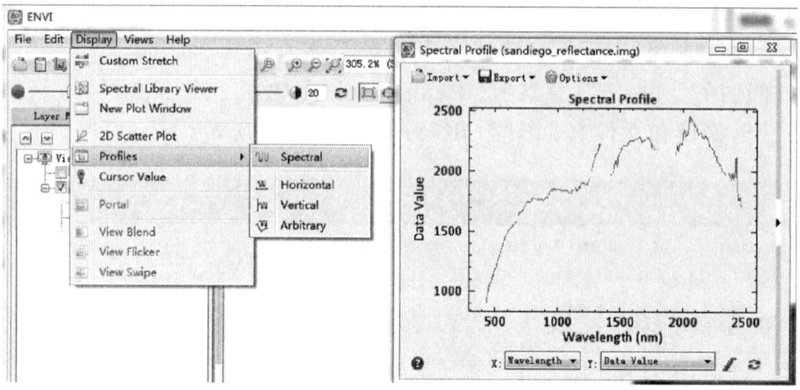

图 2-7　波谱曲线查看器

④ 收集目标波谱。在 ENVI 主界面第一行工具栏最右侧的“Go To”框内手动输入“88，10”，然后按“Enter”键，将自动定位到目标像元，并在波谱查看器中显示目标波谱。注：输入坐标不包含双引号，X 与 Y 坐标中间为英文状态下的逗号。

⑤ 在“Spectral Profile”面板中，选择“Options → New Window with Plots”，打开一个新的 Plot 窗口，并保留了目标波谱，可以点击右侧中间三角形箭头显示出波谱列表。

⑥ 以同样的方法收集背景波谱。在第一行工具栏最右侧的“Go To”框内手动输入“243，143”，然后按“Enter”键，将自动定位到背景像元，波谱将自动显示在“Spectral Profile”面板中，点击右侧中间三角形箭头，可以显示波谱列表。

⑦ 启动工具“Toolbox →Target Detection →SAM Target Finder with BandMax”，工具第一步左侧文字介绍了工具的功能与操作步骤，点击“Next”进入下一步。

⑧ 点击“Select Input File”，选择输入文件，即“sandiego_reflectance.img”，ENVI 会自动设置输出文件夹路径，可以点击“Select Output Root Name”按钮修改输出路径。点击“Next”进入下一步。

⑨ 在“Target Spectra”面板中需要输入目标波谱。在表格空白处右键选择[88，10]波谱曲线，将自动加载到波谱列表中，如图 2-8 所示。点击“Next”进入下一步。

⑩ 选择“Select Backgrounds to Reject”为“Yes”，在下面用同样的方法将[243，143]输入作为背景波谱，点击“Next”进入下一步。

⑪ 在此步骤，将“Band Significance Threshold”设置为“0.277 5”，“Number of Significant Bands”将变为“32”，如图 2-9 所示。点击“Next”进入下一步。

⑫ 设置“SAM Maximum Angle”为“0.08”，点击“Next”执行 SAM 分析。

⑬ 在此步骤，可以点击按钮“Load SAM Class Result”加载 SAM 分类结果，如图 2-10 所示，点状区域为目标探测结果。

（3）图像镶嵌处理

图像镶嵌，指在一定数学基础控制下把多景相邻遥感图像拼接成一个大范围、无缝的图像的过程，下面以 TM5 影像为例介绍图像镶嵌的处理。

① 打开示例图像“mosaic_1.img”和“mosaic_2.img”。

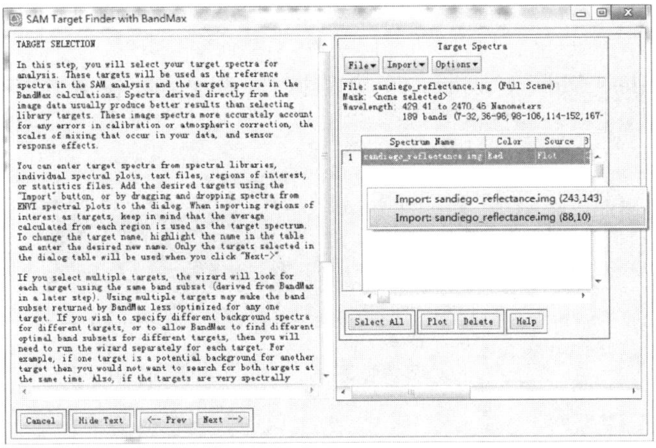

图 2-8　输入目标波谱

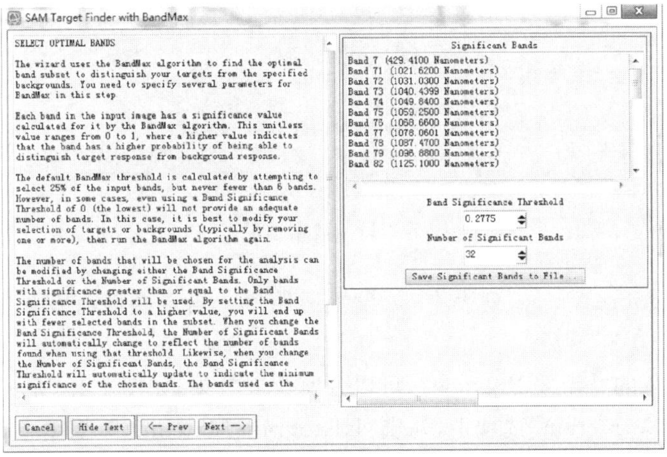

图 2-9　设置特征值阈值和波段子集数

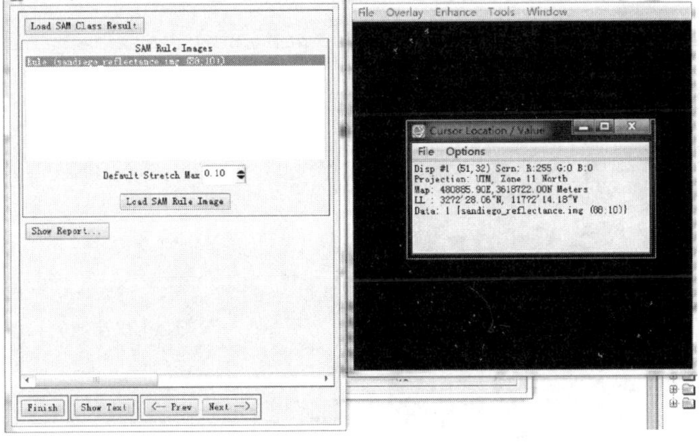

图 2-10　加载结果

② 在 Toolbox 中，打开“Mosaicking →Seamless Mosaic”，启动图像无缝镶嵌工具“Seamless Mosaic”。

③ 点击“Seamless Mosaic”面板左上方的加号，添加需要镶嵌的影像数据，如图 2-11 所示。

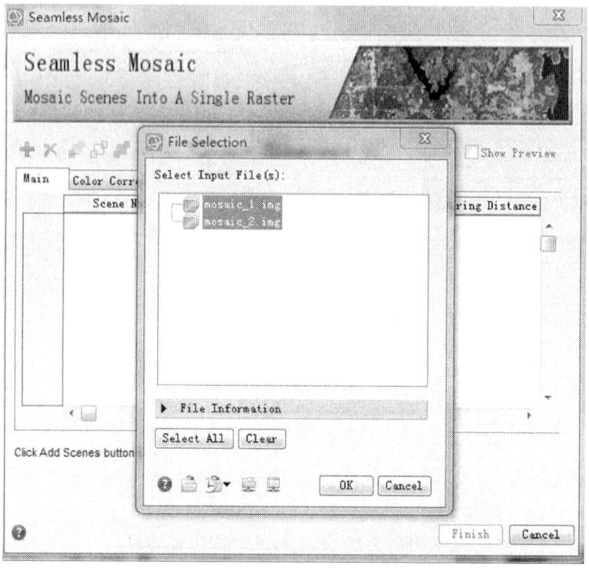

图 2-11　数据加载

④ 在“Data Ignore Value”列表中，可设置透明值。当重叠区有背景值的时候，可设置这个值。

⑤ 勾选右上角的“Show Preview”，可以预览镶嵌效果，如图 2-12 所示。

⑥ 在“Color Correction”选项中，勾选“Histogram Matching”，如图 2-13 所示。Overlap Area Only：重叠区直方图匹配；Entire Scene：整景影像直方图匹配。

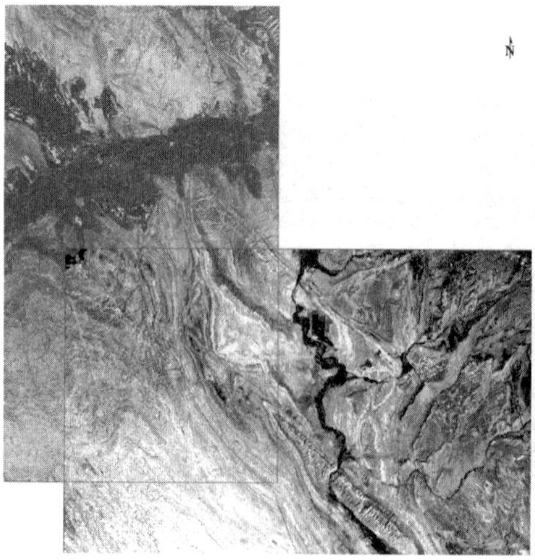

图 2-12　镶嵌效果预览

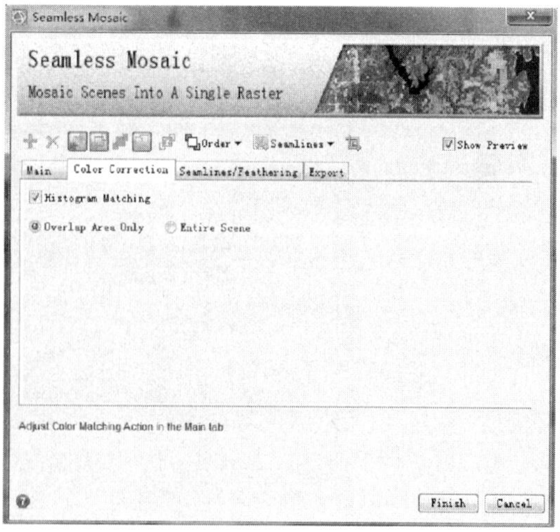

图 2-13　Color Matching Action 匀色选项面板

⑦ 在“Main”选项面板中，在“Color Matching Action”上单击右键，设置参考(Reference)和校正(Adjust)，根据预览效果确定参考图像，如图 2-14、图 2-15 所示。

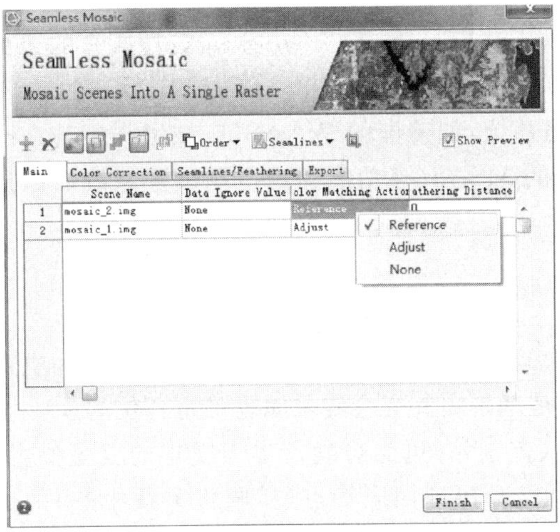

图 2-14　Main 选项面板

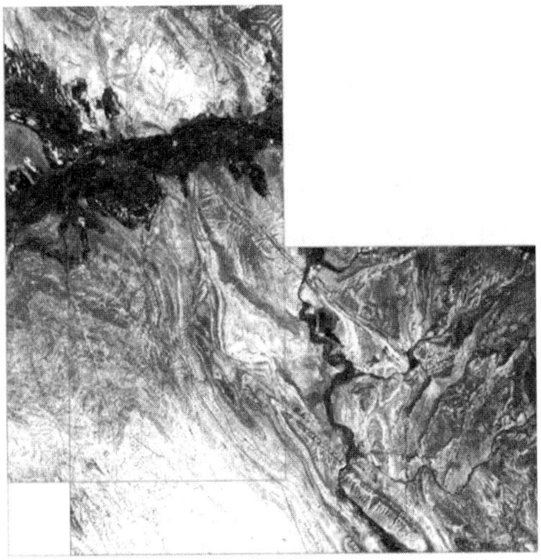

图 2-15　直方图匹配匀色效果

⑧ 选择下拉菜单“Seamlines → Auto Generate Seamlines”，自动绘制接边线，如图 2-16 所示，自动裁剪掉 TM 边缘“锯齿”。

⑨ 自动生成的接边线比较规整，可以明显看到由于颜色不同而显露的接边线。下拉菜单“Seamlines → Start Editing Seamlines”，可以编辑接边线。通过绘制多边形重新设置接边线。

⑩ 在“Export”面板中，设置重采样方法(Resampling Method)：Cubic Convolution。

⑪ 设置背景值 Output Background Value：0。

⑫ 选择镶嵌结果的输出路径。

⑬ 单击“Finish”执行镶嵌，如图 2-17 所示。

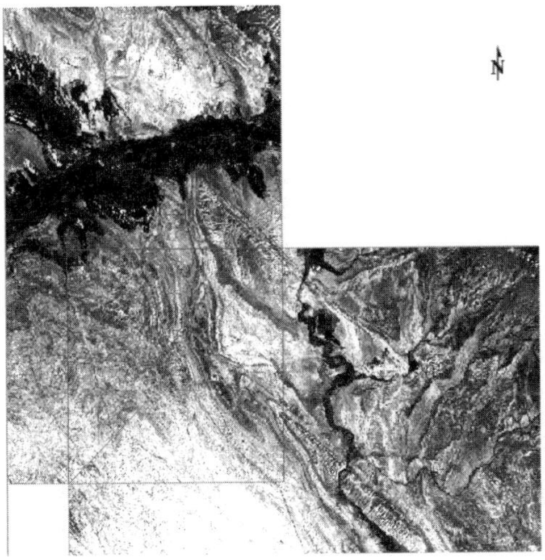

图 2-16　接边线(绿色)

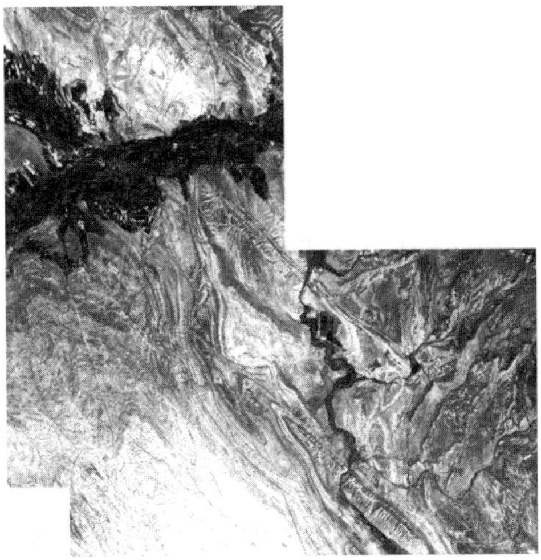

图 2-17　镶嵌结果

2.2 全球卫星导航数据获取与处理

全球导航卫星系统(Global Navigation Satellite System,简称 GNSS),泛指所有的卫星导航系统,包括全球的、区域的和增强的,如美国的 GPS、俄罗斯的 GLONASS、欧洲的 Galileo、中国的北斗卫星导航系统,以及相关的增强系统,如美国的 WAAS(广域增强系统)、欧洲的 EGNOS(欧洲静地导航重叠系统)和日本的 MSAS(多功能运输卫星增强系统)等,还涵盖在建和以后要建设的其他卫星导航系统。

2.2.1 GNSS 测量基础

(1) 导航定位基本原理

由距离交会定点的原理,在二维平面上两个边长就能确定另一个点,而在三维空间里需要三条边确定第三个点。GNSS 的定位原理也是基于距离交会定位原理确定点位的。

利用固定于地球表面的三个及以上地面点(控制站)可交会确定出天空中的卫星位置,反之利用三个及以上卫星的已知空间位置又可交会出地面未知点(接收机天线中心)的位置。如图 2-18 所示,地球表面某点的位置 position,用接收机测量其与某颗卫星之间的距离后,以 position 为圆心,以测得的距离为半径,在空间形成的圆球上确定有 position 所在的位置;当接收机测量到其与第二颗卫星之间的距离时,同样以 position 为圆心,以它与第二颗卫星之间的距离为半径形成的圆球与刚才的圆球相交,相交形成的圆环上确定有 position 所在的位置;当接收机测量到其与第三颗卫星之间的距离时,同样的方法得到的圆球与之前的圆环形成了两个交点,通过交点的地理方位即可唯一定位出 position。

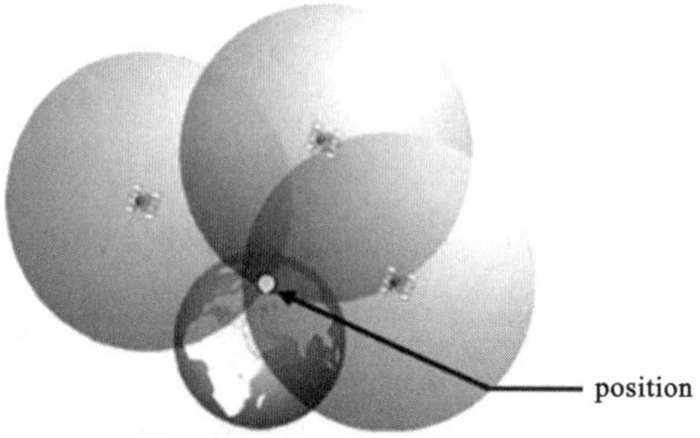

图 2-18 GNSS 导航定位原理

(2) 全球卫星导航定位系统

卫星导航定位系统一般包括卫星星座、地面控制部分和用户部分,如图 2-19 所示。多个卫星组成的星座系统向地面发送某种时间信号、测距信号和卫星瞬时的坐标位置信号;地面监控部分通过接收上述信号来精确测定卫星的轨道坐标、时钟差异,监测其运转是否正常,并向卫星注入新的卫星轨道坐标,进行必要的卫星轨道纠正和调整控制等。用户部分通过用户的卫星信号接收机接收卫星广播发送的多种信号并进行处理计算,确定用户的最终位置。用户接收机一般固定连接在地面某一确定目标上或运载工具上,以实现定位和导航的目的。

(3) GNSS 测量中的几个基本概念

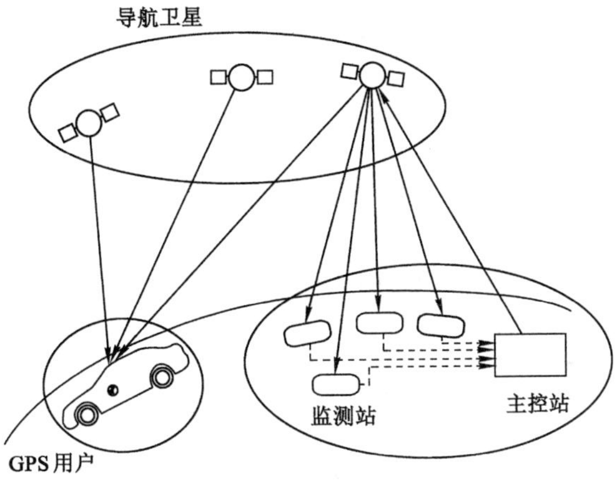

图 2-19　卫星导航定位系统的组成

① 观测时段

它是测站上接收机开始观测到结束的时间段，简称时段，如图 2-20 所示。

② 基线向量

它是利用同步观测接收机所采集的观测数据计算出的接收机间的三维坐标差，如图 2-21 所示。

图 2-20　观测时段

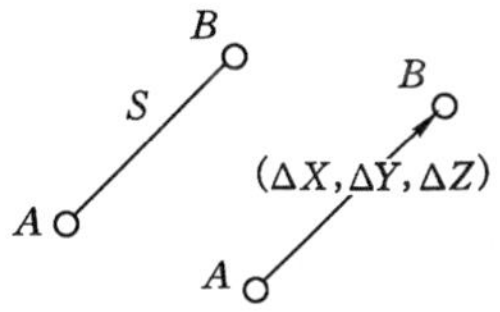

图 2-21　基线边长(左)与基线向量(右)

③ 同步观测

它是两台及两台以上的接收机对同一组卫星进行的观测。

④ 同步观测环(同步环)

它是三台或三台以上的接收机同步观测获得的基线向量(完全由同一观测时段的基线向量)构成的闭合环。

⑤ 异步观测环(异步环)

在构成多边形环路的基线向量中，只要有非同步观测基线，则该多边形环路叫异步观测环，如图 2-22 所示。

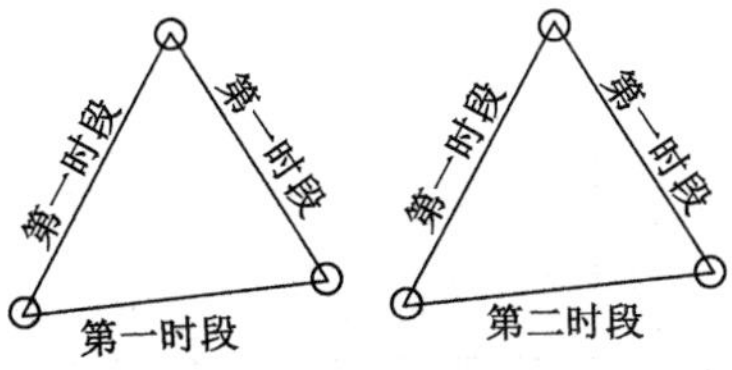

图 2-22　同步环(左)与异步环(右)

⑥ 独立基线

N 台接收机观测构成的同步环，有 $N(N-1)/2$ 条同步观测基线，但只有 $N-1$ 条是独立基线。

⑦ 非独立基线

除独立基线外的其他基线叫非独立基线。

2.2.2 GNSS 数据获取

测绘相关法律法规规定，测绘任务的实施原则是“先设计、后生产”。GNSS 外业数据获取首先进行 GNSS 网技术设计，再用接收机按照设计方案观测采集数据。

2.2.2.1 GNSS 网技术设计

(1) 技术设计依据

技术设计的依据包括测量任务书或测量合同书、GNSS 测量规范及规程、其他规范及规程。

测量任务书是由上级事业性单位主管部门下达给测量实施单位的具有强制约束力的指令性文件。测量合同书是由业主方(或上级主管部门)与测量实施单位所签订的合同，该合同经双方协商同意并签订后具有法律效力。技术设计必须保证测量任务书或合同书所提出的各项技术指标均能得以满足。

GNSS 测量规范及规程是由国家机构或行业主管部门(如技术监督局、国家测绘局、建设部)制定的测量技术标准，这些标准规定了测量成果的质量，规范了测量实施的步骤和要求。常用的 GNSS 测量规范有《全球定位系统(GPS)测量规范》(GB/T 18314—2009)、《全球导航卫星系统连续运行参考站网建设规范》(CH/T 2008—2005)、《卫星定位城市测量技术规范》(CJJ/T 73—2010)。

若暂无与工程相对应的 GNSS 规范，可参照与该工程对应的常规测量规范中的质量要求，然后以此为依据。

(2) 精度设计

在《全球定位系统(GPS)测量规范》中，GNSS 测量按精度分为 A、B、C、D、E 五个精度级别，A 级 GNSS 网主要用于全球动力学、精密定轨、地壳形变及国家基本大地测量；B 级主要用于局部形变监测和各种精密工程测量；C 级主要用于大中城市及工程测量的基本控制网；D、E 主要用于中小城市、城镇及地图、地籍、地信、房产、物探、勘测、建筑工程等的控制测量。《卫星定位城市测量技术规范》中所规定的网的等级见表 2-2。

表 2-2　GNSS 测量精度分级

等级	平均边长	a/mm	$b/10^{-6}$	最弱边相对中误差
二等	9	≤5	≤2	≤1/120 000
三等	5	≤5	≤2	≤1/80 000
四等	2	≤10	≤5	≤1/45 000
一级	1	≤10	≤5	≤1/20 000
二级	<1	≤10	≤5	≤1/10 000

注：a 为固定误差，b 为比例误差。

各等级相邻点间基线长度标准差按照下列公式计算，作为其他精度要求的基础。

$$\delta = \sqrt{a^2 + (b \times d \times 10^{-6})^2} \tag{2-1}$$

（3）密度设计

《全球定位系统（GPS）测量规范》中对 GNSS 网中相邻点间的平均距离做了要求，具体见表 2-3。测量单位根据项目要求的等级确定点位密度。

表 2-3　　GNSS 网相邻点间的平均距离

级别	A	B	C	D	E
平均距离/km	300	70	10～15	5～10	0.2～5

（4）基准设计

GNSS 测量获得的是 GNSS 基线向量，属于 WGS-84 坐标系的三维坐标向量，而实际工作中需要的是国家坐标系或地方独立坐标系的坐标，所以，在 GNSS 网的技术设计时，必须明确 GNSS 成果转换时所采用的坐标系统和起算数据，这项工作称为 GNSS 基准设计。GNSS 网的基准设计包括位置基准设计、尺度基准设计和方位基准设计。

位置基准考虑以下优先顺序进行设计：

① 如果网中有国家 A、B 及 GNSS 网控制点或其他高等级 GNSS 网控制点，应优先采用这些点在 WGS-84 坐标系的转换参数。

② 若网中的点具有较高等级的国家坐标系下或地方坐标系下的坐标，可以通过它们所属的坐标系与 WGS-84 坐标系的转换参数，求得它们在 WGS-84 坐标系的坐标值，把它们作为 GNSS 网的固定位置基准。

③ 若网中无任何其他已知起算数据，可选网中长时间观测的点，将其长时间观测的单点定位结果作为基线向量解算的位置基准。

尺度基准一般由地面电磁波测距边确定，也可以由两个以上起算点间的距离确定，还可以由 GNSS 基线向量的距离确定。在网中选择一条长基线，对该基线应尽可能多地长时间、多次观测，最后取其平均值作为 GNSS 网的尺度基准。

方位基准一般以给定的起算方位角确定，也可以由 GNSS 基线向量的方位作为方位基准，还可以利用其他空间技术（如 VLBI）提供的方位。

（5）图形设计

① GNSS 网的基本图形

GNSS 网的基本图形和特点以及提高图形强度的方法见表 2-4。

表 2-4　　GNSS 网的图形

GNSS 网基本图形	定义	示意图	特点	提高图形强度的方法
三角形网	以三角形作为基本图形所构成的 GPS 网	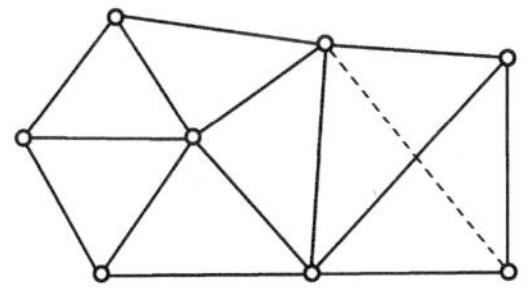	几何强度高、抗粗差能力强、可靠性高，工作量大	加测对角线

续表 2-4

GNSS 网基本图形	定义	示意图	特点	提高图形强度的方法
多边形网	以多边形(边数≥4)作为基本图形所构成的 GPS 网	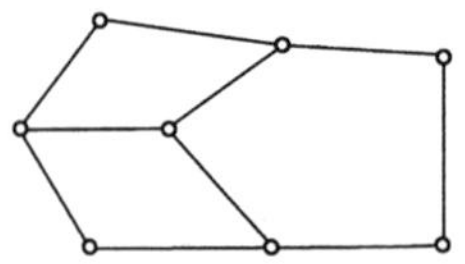	效率高、工作量小,图形强度不如三角形网	对多边形边数加以限制
附合导线网	附合导线作为基本图形所构成的 GPS 网	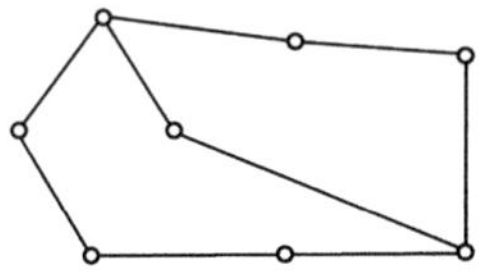	效率高、工作量小,图形强度不如三角形网和多边形网	对多边形边数加以限制,仍能保证一定的强度
星形网	从一个已知点上分别与各待定点进行相对定位(待定点间一般无任何联系)所构成的 GPS 网	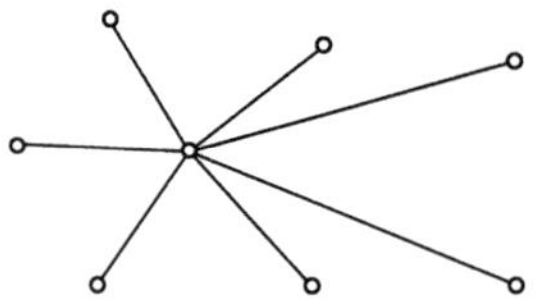	作业速度快,但抗粗差能力极差	从两个已知点(基准站)上对同一待定点(流动站)进行观测,适当复测

② GNSS 网图形设计步骤

GNSS 网图形设计可以按照以下过程进行:测区踏勘→收集已有控制点资料和已有图纸资料→根据测量任务书、工程特点和测区面积确定控制网的精度等级→根据接收机的数量确定同步观测图形→选取适当比例尺地形图→在地形图上展绘已有控制点→根据选点要求和精度等级在地形图上选取新点→将所选取新点构成同步观测图形,并逐步扩展为 GNSS 网图形。

2.2.2.2 GNSS 数据采集

(1) 观测时依据的技术指标

GNSS 外业观测依据以表 2-5 中的基本技术规定进行。

表 2-5　各级 GNSS 测量基本技术要求

项目	等级	二等	三等	四等	一级	二级
卫星高度角/(°)	静态	≥15	≥15	≥15	≥15	≥15
	快速静态					
有效观测同类卫星数	静态	≥4	≥4	≥4	≥4	≥4
	快速静态	—	≥5	≥5	≥5	≥5
平均重复设站数	静态	≥2	≥2	≥2	≥1.6	≥1.6
	快速静态	—	≥2	≥2	≥1.6	≥1.6
时段长度/min	静态	≥90	≥60	≥60	≥45	≥45
	快速静态	—	≥20	≥20	≥15	≥15
数据采样间隔/s	静态	10～60	10～60	10～60	10～60	10～60
	快速静态					

（2）安置仪器

首先，在选好的观测站点上安放三脚架。注意观测周围的环境，要求净空条件好，远离反射器，避开电磁场干扰等。安放时尽量避免将接收机放在树阴、建筑物下，也不要在靠近接收机的地方使用对讲机、手机等无线设备。

然后，小心打开仪器箱，取出基座及对中器，将其安放在脚架上，在测站点上对中、整平基座。

最后，从仪器箱中取出 GNSS 天线或内置天线的 GNSS 接收机，将其安放在对中器上，并将其紧固，再分别取出电池、电缆等其他配件，并将它们安装在脚架上，同时连接 GNSS 接收机。

安置好仪器后，应在各观测时段的前、后各量测天线高一次，量至毫米。量测时，由标志中心顶端量至天线中规定量测天线的位置。两次量测结果之差不应超过 3 mm，并取其平均值。

（3）观测作业

观测作业的主要目的是捕获 GNSS 卫星信号，并对其进行跟踪、处理和量测，以获得所需要的定位信息和观测数据。在天线安置完成后，在离开天线适当位置的地面安放 GNSS 接收机，并连接接收机电源，经过预热和静置，即可启动接收机进行观测。

当接收机锁定卫星并记录数据后，观测员便可进行输入和查询操作，应注意在未掌握有关操作系统之前，不要随意按键和输入，一般在正常接收过程中禁止更改任何设置参数。观测过程中，严格按照《全球定位系统（GPS）测量规范》的技术要求执行。

2.2.3　GNSS 数据处理

GNSS 数据处理是利用专业处理软件对外业采集的原始观测数据进行处理，从而得到最终测量成果的过程。主要包括数据传输、格式转换、基线处理和网平差等几个阶段，具体流程如图 2-23 所示。

（1）数据传输

外业观测的数据存储在接收机的内部存储器上，将其下载到计算机上的过程称为数据传输。

（2）格式转换

不同厂商的接收机有不同的数据存储格式，若采用的数据处理软件不能读取该格式的数据，则需事先进行数据格式转换，通常转换为 GNSS 标准数据格式——RINEX 格式，以便数据处理软件读取。

（3）基线解算

通过对多台接收机的同步观测数据进行复杂的平差计算，得到基线向量及其相应的方差—协方差矩阵，这一过程称为基线解算。基线解算的处理流程包括数据预处理、建立数学模型、确定基线向量浮动解、确定整周未知数和确定基线向量的固定解等几个阶段，这些流程由数据处理软件在内部完成。基线解算的结果除了用于后续的网平差之外，还被用于检验和评估外业观测数据质量，它提供了点与点之间的相对位置关系，可以确定网的形状和方向，而要确定网的位置基准就需要引入外部起算数据。

（4）网平差

网平差是将基线计算所确定的基线向量作为观测值，将基线向量的验后方差—协方差

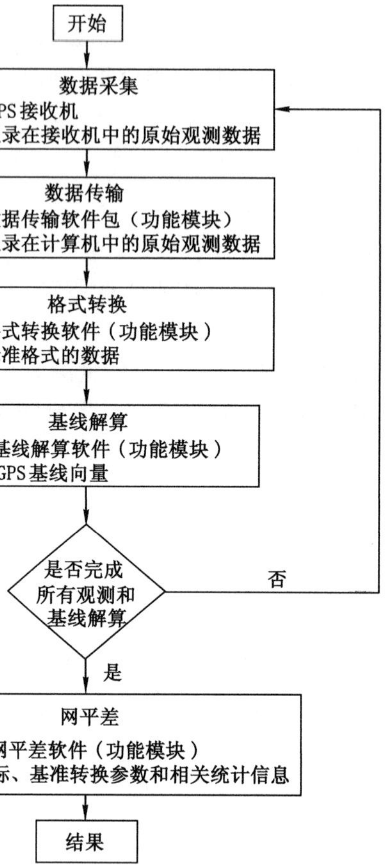

图 2-23　GNSS 数据处理流程

矩阵作为确定观测值的权阵；同时，引入适当的起算数据，进行整网平差，确定网中点的坐标。

① 网平差的目的

基线解算所得的基线向量仅能确定 GNSS 网的几何形状，无法提供网中各点的绝对坐标所需的绝对坐标基准。GNSS 网平差中，通过起算点坐标可以达到进入绝对基准的目的。具体来讲分为以下三个目的：

a. 消除 GNSS 网几何上的不一致性。如闭合环的闭合差不为 0，重复基线较差不为 0，由基线向量形成的附合导线闭合差不为 0。

b. 评定 GNSS 网的内符合精度。

c. 确定点在指定参照系下的坐标。通过引入位置基础和其他的起算条件，最终确定点在指定参考系下的坐标和其他参数。

② 网平差的类型

GNSS 网平差的类型包括无约束平差（最小约束平差）、约束平差和联合平差。无约束平差指在平差时不引入会造成 GNSS 网由非观测值所引起的变形的外部起算数据；约束平差引入国家大地坐标系或地方坐标系的某些点的固定坐标、固定边长及固定方位为网的基准，将其作为平差的约束条件，并在平差中考虑 GNSS 网与地面网之间的转换参数；联合平差引入了边长观测值、角度观测值和方向观测值等地面观测值，采用地面点的三维坐标、已知边长和已知方位作为起算数据。

③ 网平差的流程

网平差的步骤包括提取基线向量构建 GNSS 基线向量网、三维无约束平差、约束平差/联合平差和质量分析及控制等几个步骤，具体流程如图 2-24 所示。

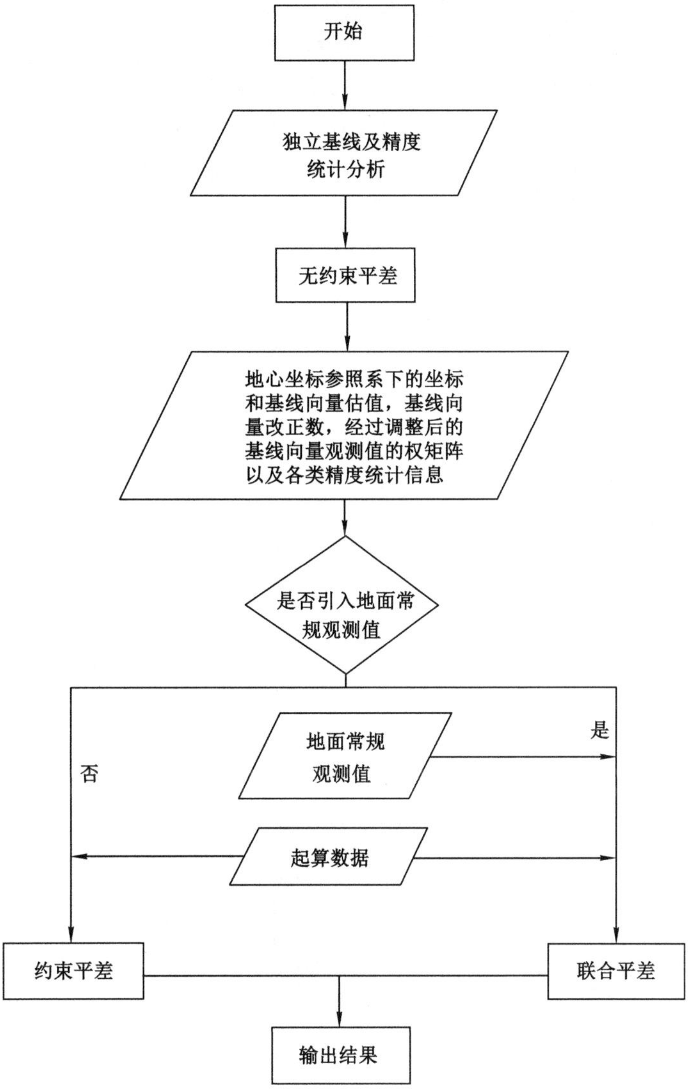

图 2-24　GNSS 网平差流程

2.2.4　GNSS 数据处理软件

GNSSADJ 基线处理与平差软件由南方测绘仪器公司开发，主要是对 GNSS 星历数据进行基线处理，并将结果进行约束整网平差，得出控制网最后成果。软件界面友好，采用全中文操作环境，流程化管理与操作，具有出色的图形操作界面和良好的图形服务功能。

下面用 GNSSADJ 软件处理系统自带的控制网数据为例，介绍如何进行 GNSS 数据的内业处理。

第一步：选择“新建→文件”，打开“建立项目”对话框，如图 2-25 所示，填写后点击“确定”完成。在选择坐标系时若是自定义坐标系，点击“定义坐标系统”按钮，打开如图 2-26 所示的对话框，根据系统参数中的配置完成自定义坐标系。

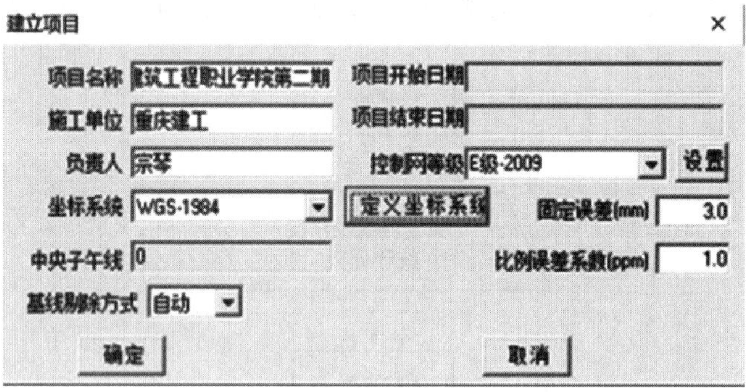

图 2-25　建立项目

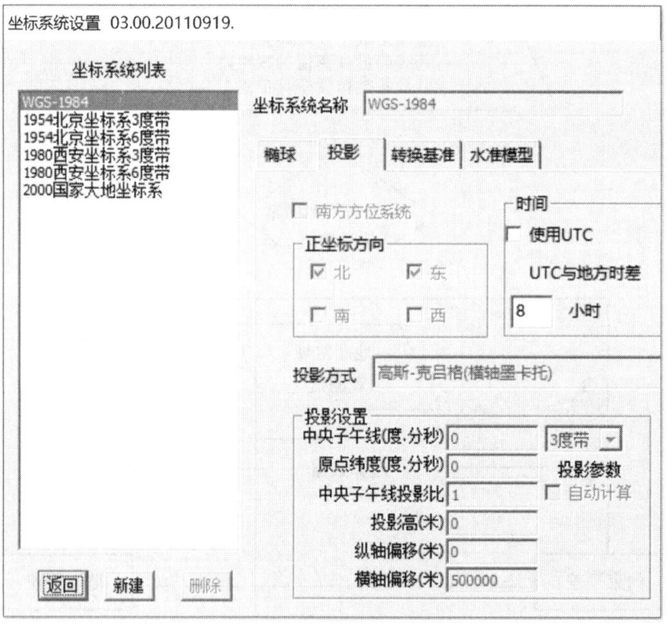

图 2-26　自定义坐标系

第二步：选择“数据输入→增加观测数据文件”，打开如图 2-27 所示的对话框，点击“全选”，点击“确定”完成数据的导入。

第三步：选择“基线计算→全部解算”，系统进入如图 2-28 所示的基线计算状态，颜色已由原来的绿色变成红色或灰色，基线双差固定解方差比大于 2.5 的基线变红（软件默认值 2.5），小于 2.5 的基线颜色变灰。灰色基线方差比过低，可以进行重解。鼠标双击任意一条基线可以打开如图 2-29 所示的对话框，通过改变设置可以重新解算基线。

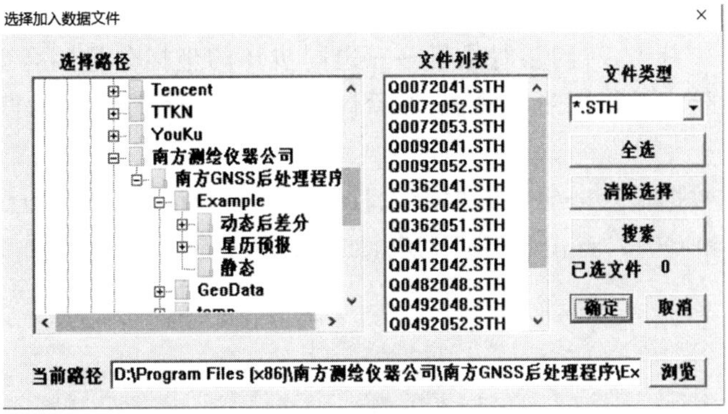

图 2-27　加入数据文件

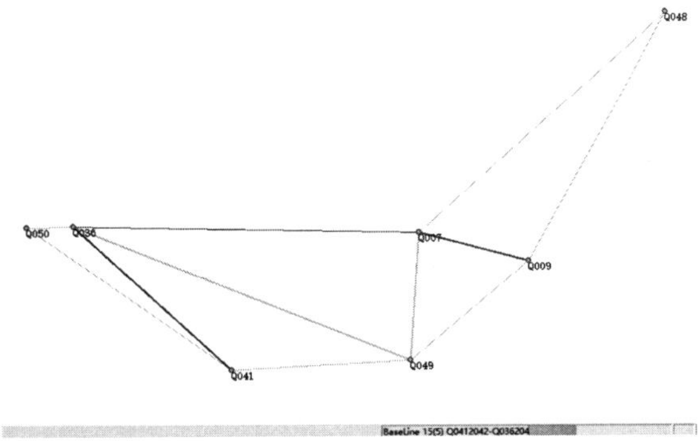

图 2-28　基线计算

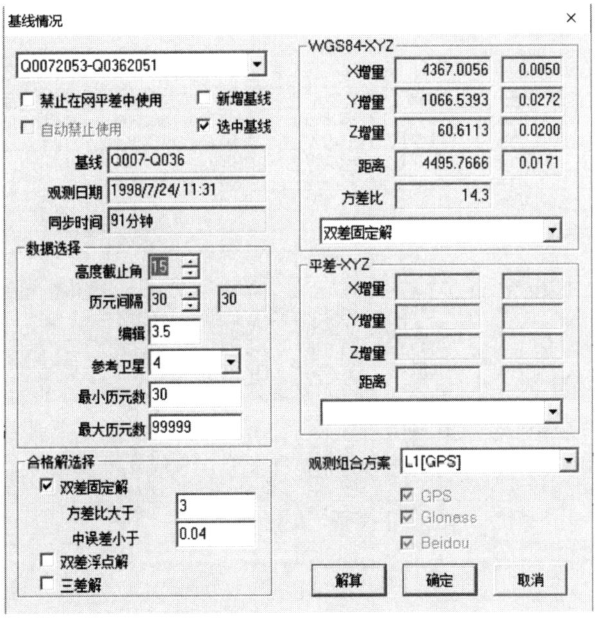

图 2-29　基线情况

待基线解算合格后(少数几条解算基线不合格可让其不参与平差),在“闭合环”窗口中进行闭合差计算。首先,对同步时段任一三边同步环的坐标分量闭合差和全长相对闭合差按独立环闭合差要求进行同步环检核,然后计算异步环。程序将自动搜索所有的同步、异步闭合环。

第四步:选择“数据输入→坐标数据录入”,在打开的对话框中选择已知点坐标,本例的已知点位是 Q007 和 Q049,点击“确定”完成,如图 2-30 所示。

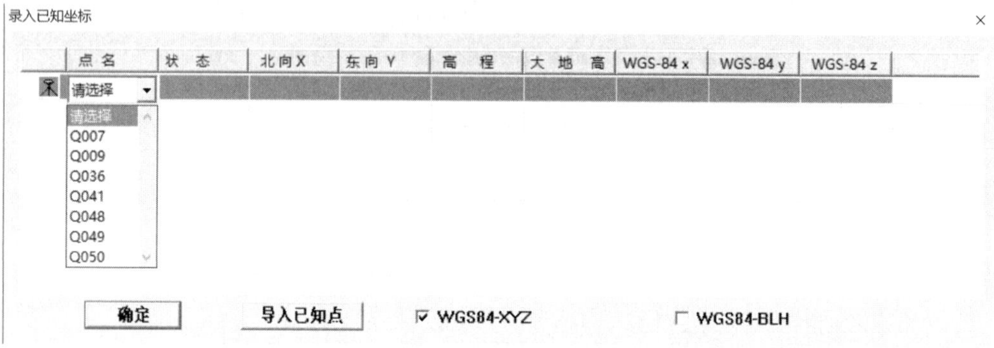

图 2-30 录入已知坐标

第五步:选择“平差处理→自动处理”,最终得到平差报告,如图 2-31 所示。

闭合环最大节点数: 3
闭合环总数: 16
同步环总数: 5
异步环总数: 11
超限闭合环数 6
闭合差最大值 0.0526
闭合差最小值 0.0029
相对 闭合差最大值 4.82ppm
相对 闭合差最小值 0.31ppm

同步环情况:

环号	环总长	相对误差	△Xmm	△Ymm	△Zmm	△边长mm	分量限差	闭合限差	环中的点
1	9390.919	1.4Ppm	-6.753	-5.896	9.357	12.959	1.50	2.60	Q048 Q007 Q009
4	5165.149	1.7Ppm	0.627	-7.009	-5.019	8.643	1.20	2.08	Q049 Q007 Q009
10	10912.186	0.3Ppm	1.323	-3.168	0.080	3.434	1.63	2.83	Q049 Q036 Q007
12	9829.623	3.0Ppm	24.437	14.439	6.080	29.028			Q049 Q036 Q041
15	6628.147	0.4Ppm	-1.289	1.480	2.068	2.851	1.29	2.24	Q050 Q036 Q041

异步环情况:

环号	环总长	相对误差	△Xmm	△Ymm	△Zmm	△边长mm	分量限差	闭合限差	环中的点
2	9390.921	3.0Ppm	-0.464	-28.404	2.636	28.530			Q048 Q007 Q009
3	5165.146	3.2Ppm	-5.661	15.500	1.703	16.589			Q049 Q007 Q009
5	5165.147	2.1Ppm	-7.832	3.846	-6.140	10.670			Q049 Q007 Q009
6	5165.149	4.4Ppm	-1.544	-18.663	-12.862	22.718			Q049 Q007 Q009
7	10912.153	3.6Ppm	21.769	22.573	24.125	39.566			Q049 Q036 Q007
8	10912.186	1.5Ppm	-0.848	-14.822	-7.763	16.753			Q049 Q036 Q007
9	10912.153	4.8Ppm	23.940	34.227	31.968	52.598			Q049 Q036 Q007
11	9829.616	2.9Ppm	17.201	21.879	5.379	28.346			Q049 Q036 Q041
13	9829.649	3.2Ppm	-5.416	-15.517	-26.509	31.190			Q049 Q036 Q041
14	9829.656	3.5Ppm	1.820	-22.956	-25.808	34.588			Q049 Q036 Q041
16	6628.154	1.3Ppm	5.947	-5.959	2.769	8.863			Q050 Q036 Q041

图 2-31 平差报告

2.3　数字测图数据获取与处理

随着电子技术、计算机技术和通信技术的迅猛发展，人类进入了信息时代。数字技术作为信息时代的工具，是实现信息采集、存储、处理、传输和再现的关键。数字技术也对测绘科学产生了深刻的影响，改变了传统的地形测图方法，使测图领域发生了革命性的变化，从而产生了一种全新的地形测图技术——数字测图。

2.3.1　数字测图基础

(1) 数字测图定义

利用全站仪、GNSS-RTK 接收机等测量仪器进行野外数据采集，或利用纸质扫描数字化及利用航测像片、遥感影像数字化进行室内数据采集，并把采集到的地形数据传输到计算机，由数字成图软件进行数据处理，形成数字地形图的过程，称为数字测图。

数字测图根据采集方式不同分为全野外数字测图和数字摄影测量与遥感测图。

数字测图的本质是将地面上的地形和地理要素转换为数字量，然后由电子计算机对其进行处理，得到内容丰富的电子地图，需要时由图形输出设备(如显示器、绘图仪)输出地形图或各种专题图图形。

(2) 数字测图系统

数字测图是通过数字测图系统来实现的。数字测图系统由硬件、软件、人员和数据组成。

① 数字测图系统硬件

硬件系统包括测绘仪器硬件和计算机硬件。测绘仪器硬件包括用于外业数据采集的各种仪器设备，如全站仪、GPS-RTK 接收机等；计算机硬件包括用于内业处理的计算机及其外设，如扫描仪、数字化仪等输入设备，绘图仪、打印机等输出设备。

② 数字测图系统软件

数字测图系统软件包括为完成数字化成图工作用到的所有软件，包括系统软件(如操作系统软件 Windows XP)、支撑软件(如计算机辅助设计软件 AutoCAD)和实现数字化成图功能的应用软件(如南方测绘公司的 CASS 成图软件)。

③ 数字测图系统人员

一个周密规划的数字测图系统应包括负责系统设计和执行的项目经理、信息管理技术人员、系统开发人员以及系统应用人员。系统开发与管理人员是系统应用的关键，应用人员是系统运行的保障。

④ 数字测图系统数据

数字测图系统中的数据包括采集数据、处理数据和数字地形图数据。采集数据可能是野外测量与调查的结果(如碎部点坐标、地物属性)，也可能是内业直接从已有的纸质地形图或图像数字化或矢量化后得到的结果(如地形图数字化数据和扫描矢量化数据等)。处理数据指系统运行中的一些过渡性数据文件。数字地形图数据是指生成的数字地形图数据文件，一般包括空间数据和非空间数据。

2.3.2　摄影测量基础

摄影测量是利用光学或数码摄影机摄影得到的影像，研究和确定被摄物体的形状、大小、位置、性质和相互关系的一门科学和技术。摄影测量的基本原理是建立影像获取瞬间像点和对应物点之间所存在的几何关系。

(1) 像点位移

像片倾斜引起的像点位移称为倾斜误差,这种位移的结果使得像片上的几何图形与地面上的几何图形产生变形,而且像片上影像比例尺处处不等。地面起伏引起的像点位移称为投影差,这种位移使得地面目标物体在航摄像片上的构象偏离了其正射投影的正确位置。

(2) 内、外方位元素

① 内方位元素

描述摄影中心与像片之间相互位置关系的参数称为内方位元素,包括三个参数,即像主点在像片框标坐标系中的坐标(x_0,y_0)及摄影中心到像片的垂距 f(主距)。内方位元素一般视为已知,它可以通过对摄影仪进行鉴定得到。

② 外方位元素

确定摄影光束在摄影瞬间的空间位置和姿态的参数,称为外方位元素。一张像片的外方位元素包括六个参数:三个线元素(X_S,Y_S,Z_S)和三个角元素(φ,ω,κ),如图 2-32 所示。线元素用来描述摄影瞬间,摄影中心 S 在所选定的地面空间坐标系中的坐标值;角元素用来描述摄影瞬间,摄影像片所选定的地面空间坐标系中的空间姿态。

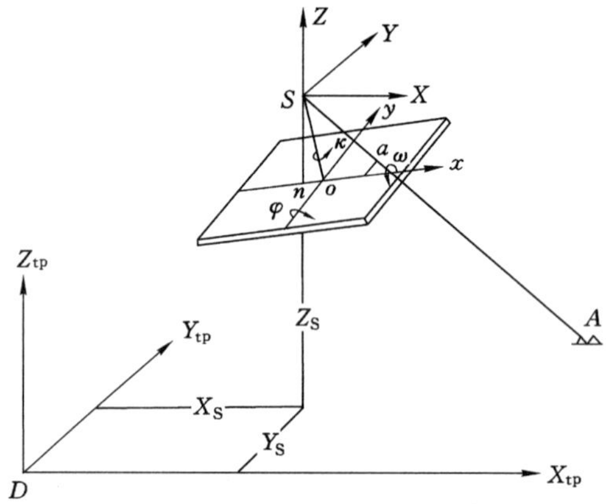

图 2-32 外方位元素

(3) 影像定向

① 内定向

摄影测量中采用以像主点为原点的像平面坐标来建立像点和地面点的坐标关系。内定向是将扫描坐标系转换为以像主点为原点的像平面坐标系。

② 相对定向

确定两张像片相对位置关系的过程称为相对定向。相对定向不需要外业控制点就能建立地面的立体模型。用于描述两张像片相对位置和姿态关系的参数,称为相对定向元素。相对定向元素有五个,数字摄影测量系统中,通常自动量测六对以上同名点的像点坐标,即可解出五个相对定向元素。

③ 绝对定向

将相对定向建立的立体模型进行平移、旋转和缩放，纳入到地面测量坐标系中的过程称为立体模型的绝对定向。绝对定向元素有七个，至少需要两个平高点（平面坐标和高程都已知的点）和一个高程点列出七个方程求解七个参数。

2.3.3　数字测图数据获取与处理

2.3.3.1　全野外数字测图

全野外数字测图有数字测记法和电子平板法两种作业模式。数字测记模式是利用全站仪或 GNSS 全野外采集地物地貌特征点坐标，内业利用数字测图软件进行数字地形图的绘制与编辑。电子平板模式是在野外将全站仪采集的数据实时传输到笔记本电脑（或掌上电脑），现场利用数字测图软件绘制数字地形图。

（1）全野外数字测图作业流程

① 接收任务

明确任务的来源、性质、开工及完成期限，测区位置及范围，平面坐标系和高程系统，比例尺及等高距，提交成果的内容及要求。

② 资料收集

收集已有控制成果和地形图。

③ 技术设计

根据任务要求、测区条件和本单位设备技术力量情况，确定作业方案、人员安排和主要技术依据。

④ 基本控制测量

在已有控制点的基础上，加密控制点，以满足图根控制测量对已知点密度和精度的要求。一般平面控制采用 GPS 测量或导线测量方法，高程控制采用水准测量或三角高程测量。

⑤ 图根控制测量

在基本控制点的基础上，布设直接供野外数据采集所需的控制点。一般采用导线测量或 GNSS 实时动态（GNSS-RTK）定位方法。

⑥ 碎部点数据采集

利用全站仪或 GNSS-RTK 全野外采集地物地貌特征点坐标，并现场绘制草图。

使用全站仪采集碎部点点位信息时，因外界条件影响，不可能全部都能直接采集到碎部点点位信息，也不可能对所有碎部点直接采集，那样工作量大、效率低，因此，可采用“测、算结合”的方法（即利用全站仪通过极坐标方法采集部分基本碎部点，结合勘丈的方法测定出一部分碎部点，再通过运用共线、对称、平行、垂直等几何关系最终测定出所需要的所有碎部点）测定碎部点的点位信息，以便提高作业效率。

全站仪采集野外碎部点的操作步骤归结为：仪器安置→输入数据采集文件→输入测站点数据→输入后视点数据→定向→侧视点测量检查→碎部测量。

利用 GNSS-RTK 进行野外数据采集步骤大同小异，一般归结为：架设基准站（架设完成后，打开电台，设置电台频率和发射频道）→启动基准站（打开 GNSS-RTK 手簿，建立、设置项目名称，坐标系统等）→启动移动站→点校正→碎部点数据采集。

（2）内业数字成图

以南方测绘公司的 CASS 9.0 为例，介绍内业数字成图的具体过程。

① 定显示区

选择菜单栏“绘图处理→定显示区”，如图 2-33 所示，在打开的对话框中通过“查找范围”选择正确路径，如图 2-34 所示，在出现的文件列表中选择要展点的坐标数据文件。

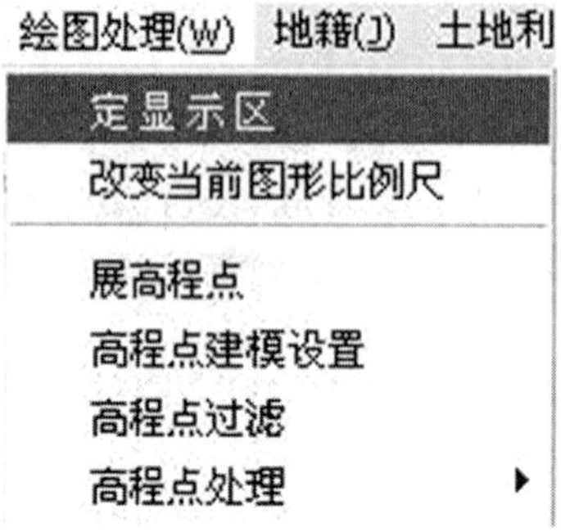

图 2-33 定显示区

图 2-34 选择定显示区数据文件

② 选择定点方式

在屏幕右侧菜单区选择“坐标定位→点号定位”，弹出“选择点号对应的坐标点数据文件名”对话框，如图 2-35 所示，选择要展点的数据文件，点击“打开”。

图 2-35 选择点号定位数据文件

③ 展点

选择菜单栏“绘图处理→展野外测点点号”，在命令行中输入当前图形的比例尺后回车。在弹出的打开文件对话框中的“查找范围”选择正确路径，在出现的文件列表中选择要展点的坐标数据文件，单击“打开”完成展点操作，形成如图 2-36 所示的展点图。

④ 地物绘制

在屏幕菜单中选择要绘制地物的大类，然后在弹出对话框中点击要绘制的具体地物地形图图示符号。如房屋的绘制，作一个多点房屋。选择右侧屏幕菜单的“居民地→一般房屋”，弹出如图 2-37 所示的界面。

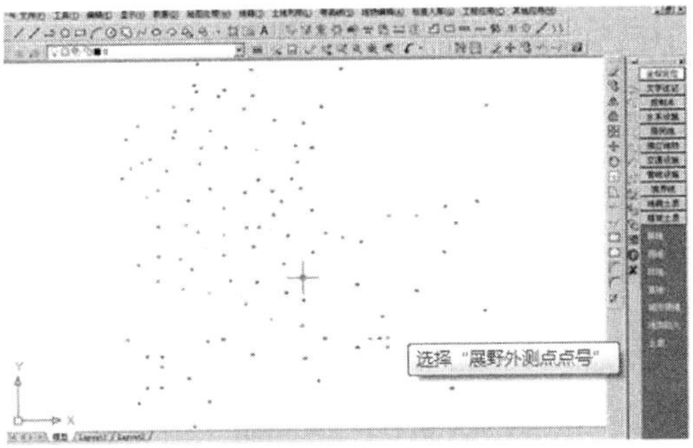

图 2-36　展点图

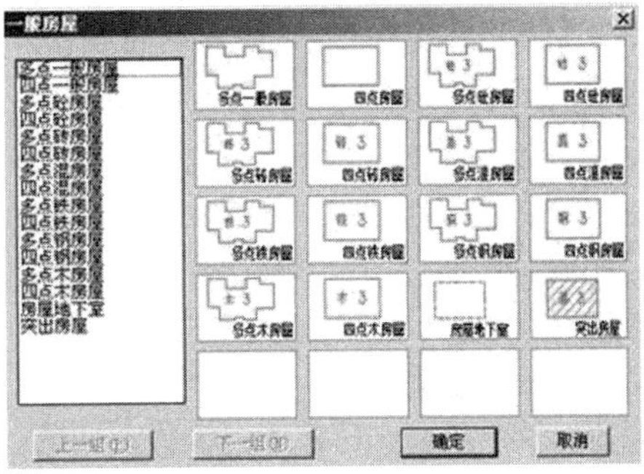

图 2-37　一般房屋

先用鼠标左键选择“多点砼房屋”，再点击“OK”按钮。命令区提示：

第一点：

点 P/＜点号＞输入 49，回车。

指定点：

点 P/＜点号＞输入 50，回车。

闭合 C/隔一闭合 G/隔一点 J/微导线 A/曲线 Q/边长交会 B/回退 U/点 P/＜点号＞输入 51，回车。

闭合 C/隔一闭合 G/隔一点 J/微导线 A/曲线 Q/边长交会 B/回退 U/点 P/＜点号＞输入 J，回车。

点 P/＜点号＞输入 52，回车。

闭合 C/隔一闭合 G/隔一点 J/微导线 A/曲线 Q/边长交会 B/回退 U/点 P/＜点号＞输入 53，回车。

选择屏幕菜单“居民地→一般房屋”。

闭合 C/隔一闭合 G/隔一点 J/微导线 A/曲线 Q/边长交会 B/回退 U/点 P/＜点号＞输入 C，回车。

输入层数：＜1＞回车(默认输 1 层)。

完成房屋的绘制，如图 2-38 所示。

⑤ 绘制等高线

完成“定显示区”操作后，选择“绘图处理→展高程点”，在弹出的对话框选择高程数据文件；选择“等高线→建立 DTM”，在弹出的对话框中选择要建立 DTM 的坐标数据文件；选择“等高线→绘制等高线”，完成弹出的对话框设置，点击“确定”完成等高线的绘制。

⑥ 图形输出

绘制完成的地物和等高线根据实际需要编辑修剪，完成图幅整饰后即可输出地形图。

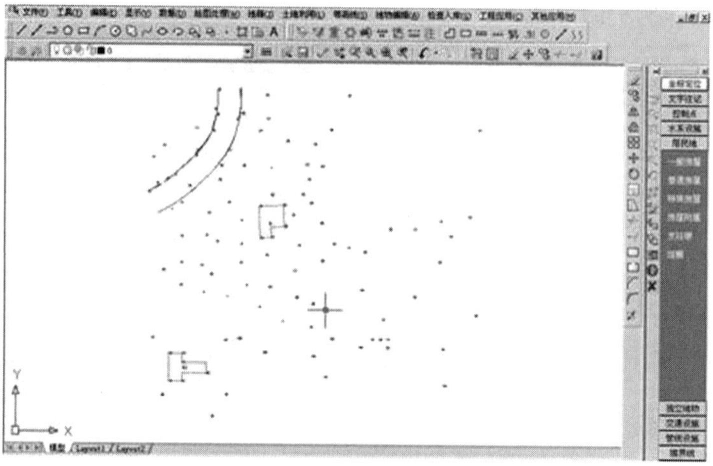

图 2-38 绘制两栋房子图形

2.3.3.2 数字摄影测量与遥感测图

全数字摄影测量系统是利用数字影像或数字化影像完成摄影测量作业的。由计算机视觉(其核心是影像匹配与影像识别)代替人眼的立体量测与识别,不再需要传统的光机仪器。从原始资料、中间成果到最后产品都是数字形式,克服了传统摄影测量只能生产单一线划图的缺点。这种系统可集数据获取、存储、处理、管理、成果输出为一体,在单独的一套系统中即可完成所有摄影测量任务,因而有人建议把它称为数字测图仪。由于它可产生三维显示的形象化产品,其应用将远远超过传统摄影测量的范畴,因此人们更倾向于称其为数字摄影测量工作站或软拷贝摄影测量工作站,甚至更简单、更概括地称之为数字站。

以武汉适普软件有限公司与武汉大学遥感学院共同研制的全数字摄影测量系统(VirtuoZo)为例,介绍内业测图的过程。

(1) 建立测区与模型的参数设置

进入 VirtuoZo 主界面,选择"文件→打开测区",新建一个测区;系统自动弹出"设置测区"对话框(图 2-39),填写之后保存退出。

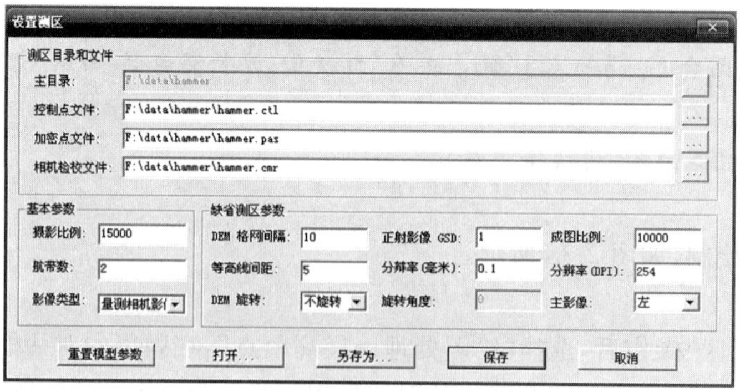

图 2-39 设置测区

(2) 内定向

选择“处理→定向→内定向”，建立框标模版，移动鼠标完成左、右影像的内定向，如图 2-40 所示。

(3) 相对定向

选择“处理→定向→相对定向”，系统读入当前模型的左、右影像数据，屏幕显示相对定向界面；单击鼠标右键，弹出菜单，选择“自动相对定向”，系统自动寻找同名点，进行相对定向；完成后，影像上显示相对定向点(红十字丝)，如图 2-41 所示。

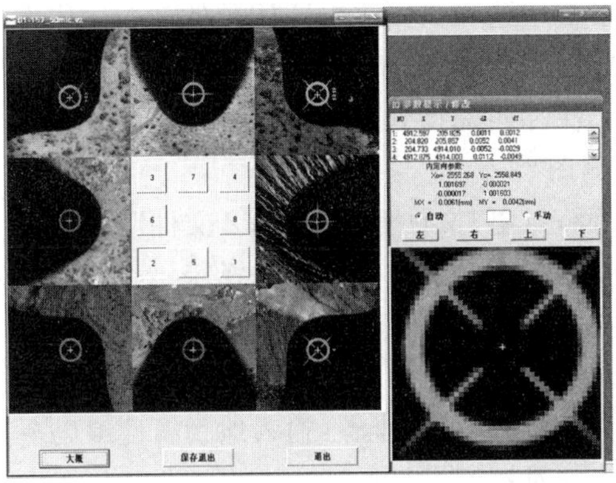

图 2-40　内定向

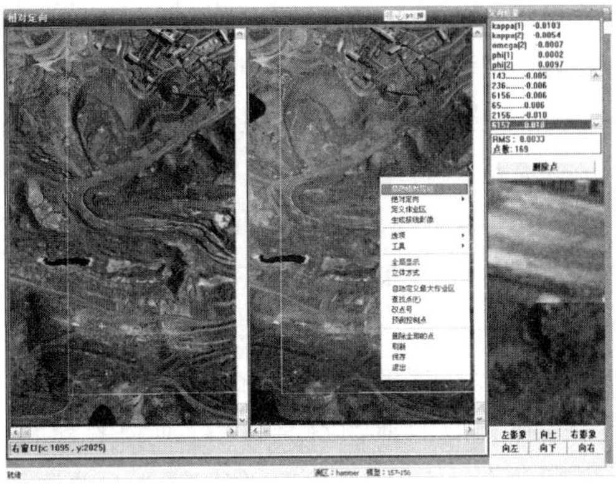

图 2-41　相对定向

(4) 绝对定向

在相对定向界面下(图 2-42)，按照控制点的真实地面位置，在影像上逐个量测。依次量测三个控制点后(三个控制点不能位于一条线上)，可进行控制点预测，即单击鼠标右键弹出菜单，选择预测控制点。随即影像上显示出几个蓝色小圈，以表示待测控制点的近似位置。接着继续量测蓝圈所示的待测控制点。

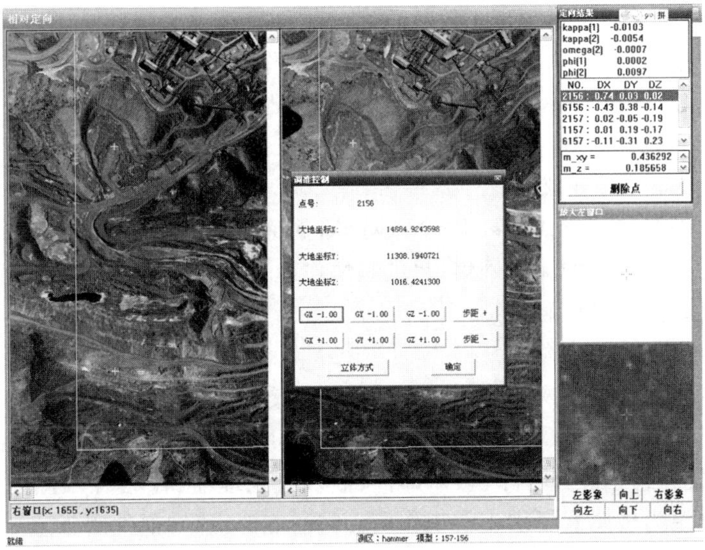

图 2-42　绝对定向

(5) 同名核线的采集与匹配

在相对定向界面点击鼠标右键，选择“全局显示”，界面显示模型的整体影像，然后再弹出菜单，选择“定义作业区”，然后用鼠标在影像上拖出一个作业区域，作业区用绿色的线条显示其边框。单击鼠标右键弹出菜单，选择“生成核线影像→非水平核线”，程序依次对左、右影像进行核线重采样，生成模型的核线影像。单击鼠标右键弹出菜单，进行保存，选择退出。

点击“处理→匹配预处理”，进入匹配预处理模块，在“匹配预处理”窗口中单击“文件→打开模型”菜单项，在系统弹出的“打开模型”对话框中选择需要进行匹配预处理的立体模型文件，然后单击“打开”按钮打开一个模型；通过“立体显示”按钮，通过立体眼镜观察立体显示，从而使测标切准地面，进行特征地物的绘制。保存匹配预处理结果，退出。

(6) 基于立体影像的数字化测图(IGS 数字测图)

单击“测图→IGS 数字化测图”，进入 IGS 界面；点击“文件→新建 XYZ 文件”，设置相应的参数和坐标范围；单击“装载→立体模型”菜单项，在弹出的对话框中选择需要载入的立体模型或正射影像，确认后，系统即在 IGS 界面中打开一个窗口显示立体模型或正射影像；点击“文件→设置”模型边界，在弹出的对话框中进行相应的设置，完成模型的参数设置工作。

选择相应的地物符号，进行地物的绘制。地物量测的基本步骤：输入地物属性编码→进入量测状态→根据需要选择线型或辅助测图功能→对地物进行量测。地物量测一般在影像窗中进行，通过立体眼镜对需要量测的地物进行观测，用鼠标或手轮脚盘移动影像并调整测标，立体切准某点后，按鼠标左键或踩左脚踏开关记录当前点，按鼠标右键或踩右脚踏开关结束量测。

2.4 无线传感器网络数据获取与处理

无线通信和低功耗嵌入式技术的飞速发展，孕育出无线传感器网络，并以其低功耗、低成本、分布式和自组织的特点带来了信息感知的一场变革。无线传感器网络是近年来发展的一种实时监测的新兴技术。通过传感器节点以协作的方式进行实时监测、感知和采集各种环境或监测对象的信息，并对其进行处理，最终传送到需要这些信息的用户。

2.4.1 无线传感器网络概述

(1) 无线传感器网络定义

无线传感器网络(Wireless Sensor Network，简称 WSN)是大量静止或移动的传感器以自组织和多跳的方式构成的无线网络，目的是协作地采集、处理和传输网络覆盖地域内感知对象的监测信息，并报告给用户。

(2) 无线传感器网络结构

一个典型的无线传感器网络如图 2-43 所示，连接节点之间的线段表示对应节点之间能够进行无线通信。基站节点(也称 sink 节点)是连接用户和无线传感器网络的桥梁。

一个传感器节点通常由电源、感知部件、嵌入式处理器、存储器、通信部件和软件等几个部分构成。电源为传感器提供正常工作所必需的能源；感知部件用于感知、获取外界的信息，并将其转换为数字信号；处理部件负责协调节点各部分的工作，如对感知部件获取的信息进行必要的处理、保存，控制感知部件和电源的工作模式等；通信部件负责与其他传感器或用户之间的通信；软件则为传感器提供必要的软件支持，如嵌入式操作系统、嵌入式数据

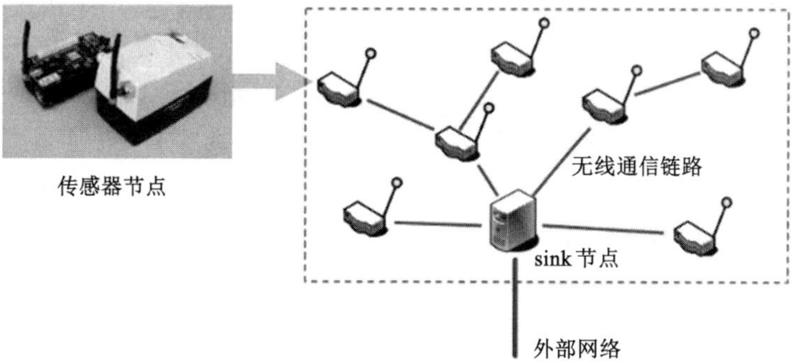

图 2-43　典型无线传感器网络

管理系统等。

传感器节点在工作时，按用户的需求持续或周期性地感知周围环境的特定对象，包括地震、电磁、温度、湿度、噪声、光强度、压力、土壤成分、移动物体的大小、速度和方向等周边环境中多种多样的现象。传感器节点以无线方式与其他节点通信，组成一个无线传感器网络。每个节点都可以通过多次无线传输将数据送达目的节点，因此每个节点都可以充当路由器的角色。

(3) 无线传感器网络特点

① 网络建设成本低

无线传感器网络不需要预先铺设电缆、光缆和基站等通信基础设施，从而节约了大量的硬件成本和施工费用，因此是一项成本低廉、组网快捷的通信技术。构成网络的传感器节点数目巨大，而且价格也较便宜，甚至可以通过飞机抛洒方式将节点置入目标区域，通常在自然灾害的应急通信场合可以体现出经济和时间的优势。

② 节点的计算能力和存储容量有限

相比计算机等移动终端，传感器节点计算、通信和存储能力都较弱，因此，传感器节点并不能执行很复杂的计算和通信任务，同时也不能存储大量数据。除极少数特殊用途的节点使用风能、太阳能等供电方式之外，大部分传感器节点靠电池提供，一旦电量耗尽，节点失去功效，所以，传感器节点的能量效率决定了整个网络的生命周期。

③ 节点具有数据融合能力

无线传感器网络中的节点数目巨大，很多节点采集到的数据具有重复性，这就要求一些节点自身具有数据融合能力。传感器节点的数据融合能力，可以减少冗余数据，进而减少在传送过程中的能量消耗，延长网络的寿命。

2.4.2　无线传感器网络数据获取与处理

与传统互联网不同，无线传感网络可以看作一种获取数据的方法，传感器节点本身就是数据源，周期性地对环境参数进行采样并通过多跳路由把数据传回到一个或多个汇聚节点。因此，无线传感器网络的一个主要任务是传感器节点协作地感知和收集数据，并将其传送到节点，由感兴趣的用户进行处理。

(1) 无线传感器网络数据的获取方式

根据获取数据的时效性，无线传感器网络数据获取方式可以分为周期采集型和监控查询型。周期采集型注重数据收集的长期有效和稳定性，数据的产生速率比较均匀，存在明显的周期性，通常时延要求不高；后者注重数据的现势性，平时可能没有数据产生，一旦检测到目标事件或者目标对象，则需要尽快将检测数据发送给汇聚节点以提醒用户。

根据网络中是否有可移动采集节点，无线传感器网络数据获取分为静止传感器网络数据获取技术和移动节点辅助的数据获取技术。前者的工作过程是：传感器节点与汇聚节点位置固定，节点采集到数据后，直接向汇聚节点发送。后者的工作过程是：在传统的静止网络中，引入可移动汇聚节点或者可移动采集节点，如可移动小车、控制飞行器及便携式采集器等。

（2）无线传感器网络数据的获取技术

目前，国内外研究无线传感器网络数据收集中，网内处理技术主要包含数据挖掘、聚集函数、数据压缩和数据融合等。

传感器收集到的数据多种多样，而用户感兴趣的检测目标与传感器节点的感知对象不尽相同。一方面，用户可能对传感器节点采集到的原始数据感兴趣；另一方面，用户可能对隐藏在原始数据中的有用信息和知识感兴趣，这就需要数据挖掘技术的支撑，对节点协同感知的数据进行加工和处理。无线传感器网络中的数据挖掘是将传统的数据挖掘算法，如主分量分析、神经网络、贝叶斯网络、回归分析和聚类方法等，应用到无线传感器网络，避免原始传感数据的传输，减少数据收集的数据量。

聚集函数是对无线传感器网络中的数据进行查询而不是收集原始传感数据。由于观察者有时候感兴趣的是监测到的事件，而不是传感器节点本身或者大量无关的原始观测数据，此时需要对传感器中的数据进行时空查询，也就是计算相应的聚集函数，如 COUNT（计算一个数据集中元素的个数）、SUM（求和）、AVG（平均）、MAX（最大值）和 MIN（最小值）等。

数据压缩技术在对无线传感器网络中的数据进行压缩获取时，较好地保持了传感数据的完整性，相比数据挖掘和聚集函数两种技术，保留了大量传感数据的原始结构和有重要价值的局部细节。

数据在采集、利用过程中，传感器采集数据的特征性差异，造成数据存在模糊性、互补性或矛盾性，有效并准确地处理传感器所采集的数据便需要数据融合技术的参与。数据融合技术是指利用计算机对按时序获得的若干观测信息，在一定准则下加以自动分析、综合，以完成所需的决策和评估任务而进行的信息处理技术。人类通过人体器官感受外部信息，转换成生物电，并通过人的中枢神经传送到大脑进行综合分析处理，然后对外面环境进行判断和控制。而多传感器数据融合的基本原理就如同人脑综合处理所感受的信息：利用多个传感器感测外部环境信息，再把多个传感器的数据根据某种准则进行组合，以获得对被测对象的一致性解释和描述，从而得出更为准确的可信的结论。

2.4.3 无线传感器网络的应用

无线传感器网络以自组织、无线通信的方式采集和传输信息，不需要任何基础设施（如通信电缆和通信基站）的支持，也不需要人为干预，就可以使人们非常方便地获取大量翔实可靠的信息。因此，无线传感器网络还可应用于军事、航空、防爆、救灾、环境、医疗、保健、家居、工业、商业等领域。

（1）生态环境监控

无线传感器网络在生态环境监控方面的应用项目较为广泛，普林斯顿大学设计了 ZebraNet，给斑马脖子上安装低功耗的无线传感器节点，用来追踪非洲草原的斑马的踪迹，以此研究斑马的迁徙。国内中科院计算所和故宫博物院合作实施了无线传感器网络在文物保护中的应用，利用传感器节点获取文物陈列处的环境温度、湿度等数据。

(2) 无线医疗

无线传感器网络用于监测人体生命脉搏、血压、血氧、心电图等体征参数，形成了“人体传感网”(或“体域网”)这一新概念。传统的监护设备笨重昂贵，无线体域网节点能在人体移动中对生命体征参数进行 24 h 不间断监测，给予需监护人员更大的行动自由和便利。

(3) 军事与安防

在军事领域，无线传感器网络可用来侦查敌军情报、敌方部署情况、装备和物资，判断核生化武器供给和定位导航等多方面的用途。美国国防部和各军事部门都对传感器网络给予了高度重视，强调战场情报的感知能力、信息的综合能力和信息的利用能力，把传感器网络作为一个重要研究领域，设立了一系列的军事传感器网络研究项目，如智能微尘、目标定位网嵌入式系统技术、灵巧传感器网络、无人值守地面传感器群、战场环境侦察与监视系统、防生化网络、网状传感器系统、喷气推进实验室传感器网等。

(4) 智能交通

无线传感器网络在智能交通中的应用主要体现在微观的交通信息采集、交通控制等方面，通过对交通信息的有效使用和管理来提高交通系统的效率。国外这方面的应用较早，我国近年来在一线城市已建立了成熟的智能交通系统。无线传感器网络监测实时交通情况，将采集到的信息传输到调度中心，从而实现有效的交通控制。

2.5　自动专业监测站网数据获取与处理

一些专业监测部门，如水文、气象、环境、海洋等，都建立了为数众多的自动监测或观测站，形成了不同专业数据自动获取的网络。各专业监测站构成的网络中，通过各自的数据采集器获得的数据便构成了自动专业监测站网数据。例如，自动气象站监测的湿度、总辐射、土壤湿度和温度、光合有效辐射、净辐射、紫外辐射、叶片湿度、土壤热通量、地下水位、大气压力、蒸发量、二氧化碳含量等数据；环境监测站监测的 SO_2、NO_x、CO、O_3、PM10、PM2.5 等空气质量参数，风速、风向、大气压、环境温度、相对湿度、雨量、太阳辐射等气象参数，苯、甲苯、二甲苯、非甲烷烃、硫化氢、氨、氯气等有毒有害气体的持续观测数据。各专业的自动监测站在数据获取和处理上大同小异，本节只对自动气象站数据的获取和处理做简单介绍。

2.5.1　自动气象站概述

(1) 自动气象站构成

自动气象站是一个自动化的传统气象站，用于对大气温度、相对湿度、风向、风速、雨量、气压、太阳辐射、土壤温度、土壤湿度、能见度等众多气象要素进行全天候现场监测。自动气象站由气象传感器、微电脑气象数据采集仪、电源系统、防辐射通风罩、全天候防护箱和气象观测支架、通信模块等部分构成。

(2) 自动气象站分类

① 数字高精度自动气象站

数字高精度自动气象站的显著特点是性能稳定、检测精度高、无人值守、观测要素齐全。可观测的气象要素有：环境温度、环境湿度、露点温度、风速、风向、气压、太阳总辐射、降雨量、地温(包括地表温度、浅层地温、深层地温)、土壤湿度、土壤水势、土壤热通量、蒸发、二氧化碳、日照时数、太阳直接辐射、紫外辐射、地球辐射、净全辐射、环境气体共20项数据指标。

② 移动式自动气象站

移动式自动气象站采用一体化设计,它具有移动观测能力,测量精度高,是集成多项气象要素的可移动观测系统。可测量风向、风速、温度、湿度、气压、雨量、光照度、土壤温度、土壤湿度、露点温度、太阳辐射量、太阳紫外线等多项信息并可做公告和趋势分析,可以通过多种通信方法将气象数据传输到气象中心计算机气象数据库中,便于用户对气象数据的使用、分析和处理。可根据需要(测量的气象要素)灵活增加或减少相应的模块和传感器,任意组合,方便、快捷。

③ 便携式自动气象站

便携式自动气象站是一款便于携带、使用方便、测量精度高、集成多项气象要素的可移动观测系统。该系统采用新型一体化结构设计,做工精良,开箱即可测量,测量位置灵活可变(田间、树丛、建筑、山谷等)。核心监测部分整体质量不超过5 kg,高度集成,体积小巧,携带方便。

④ 车载自动气象站

最常用的是将气象站置于车顶棚之上,这样只要车可以到达的地方都可以变成监测点。但是传统的自动气象站在车载应用时,车辆在行进过程中不断发生方向和速度的改变,致使测量结果中的风速风向值存在较大的偏差。为解决这一问题,车载自动气象站通过在气象站内置的GPS和电子罗盘来突破这一局限,完成了车载自动气象站的研发,实现了真正的移动观测。

⑤ 光伏电站环境监测系统

光伏电站环境监测系统是专业针对光伏发电站的环境监测系统,该设备采用新型一体化结构设计,便于携带,测量精度高,使用方便,可采集温度、风速、风向、太阳辐射、雨量、气压、电池板背板温度等多项信息并可做公告和趋势分析,同时可通过多种通信方式将气象数据传输到气象中心计算机气象数据库中,便于对气象数据的使用、分析和处理,是光伏电站监测环境因素的理想设备。

⑥ 旅游自动气象站

旅游自动气象站是针对各大景区及城市用户的一种实用型自动气象站,它除可测量常规气象要素(如风向、风速、温度、湿度、气压、雨量)外,还可对紫外线、特零地温(即零厘米土面、水泥面、沥青面、草坪)进行观测,也可以根据用户的需要增加能见度、花粉浓度及二氧化碳、二氧化硫、一氧化碳、噪声等污染指数的监测,为景区及城市环境保护提供科学依据。观测要素可以根据需求灵活调整和增减,还可以配套多种户内、户外型显示屏,为游客及市民提供各类实时的气象资料。

⑦ 校园自动气象站

校园自动气象站专业针对与生活环境息息相关的观测指标进行设备配置,自动气象站采集的数据信息以图表、数据的形式真实、直观地反映当前环境的数据指标。可通过各种传感器对气压、气温、相对湿度、风向、风速、雨量、太阳辐射、空气质量等要素进行采集、存储和显示。自动气象站也可以通过外接气象信息显示屏发布相关信息,也可通过校园网站对气象站采集到的数据信息进行查询,方便师生对天气变化情况进行随时掌握,促进科学探究在中小学科学教育中的开展。

2.5.2　自动气象站数据获取

（1）传感器

自动气象站测量的气象数据由传感器获取，传感器能感受被测气象要素的变化并按一定的规律转换成可用输出信号的器件或装置，通常由敏感元件和转换器组成。

图 2-44　风向传感器

自动气象站常用的传感器有：监测气压的振筒式气压传感器和膜盒式电容气压传感器、监测气温的铂电阻温度传感器、监测湿度的湿敏电容湿度传感器、监测风向的单翼风向传感器（图 2-44）、监测风速的风杯风速传感器、监测雨量的翻斗式雨量传感器、监测蒸发情况的超声测距蒸发量传感器、监测辐射的热电堆式辐射传感器、监测地温的铂电阻地温传感器、监测日照的双金属片日照传感器等。

（2）采集器

数据采集器是自动气象站的核心，其主要功能是数据采样、数据处理、数据存储及数据传输。采集器的电源能保证采集器至少七天正常工作，数据存储器至少能存储三天的每分钟气压、气温、相对湿度、平均风向和风速、降水量及各项目的每小时正点观测数据，能在计算机中形成规定的数据文件。

（3）自动气象数据采集系统

国内自动气象数据采集系统研制工作始于 20 世纪 60 年代，到了 70 年代初研制出 5 台无人自动气象站，在青海进行试验。到了 90 年代初，中小尺度天气自动气象监测网在长江三角洲、珠江三角洲地区建站运行，我国第一批自动气象数据采集系统设计定型。到目前为止，中国气象局已经建成了覆盖全国的气象观测系统，其中地面气象台站有 2 416 个，高空气象台站 60 个，新一代天气雷达站 150 个，酸雨观测站 337 个，大气本底站 7 个，大气成分站 28 个，沙尘暴观测站 29 个。这些台站的建成，不仅需要统一的站网规划方案，更需要相关技术标准的支撑，包括统一观测仪器的技术要求、观测方法、数据传输格式、资料共享共用等。

自动气象站数据自动采集系统具有以下优点：

① 自动收集气压、温度、湿度等气象数据。最大的优点就是能够增加观测密度，为大幅度提高定时、定点气象预报水平提供详细的气象数据。

② 减少了人工观测的误差。观测温度时，反映温度变化的是传感器，根据传感器的变化就可以准确地记录温度，结果直接传输给数据采集系统，再在现有极其发达的局域网（LAN）上进行传输和存储。

③ 减少人员需求。自动气象要素采集系统的使用可以精简气象站的人员。

2.5.3　自动气象站数据处理

自动气象站软件界面友好，可通过表格或曲线视图对数据进行分析，具备有线和无线多种通信方式，可动态组网，也可支持百台以上监测站点并发通信。

自动气象站管理软件在 Windows 2000 以上环境即可运行并支持 Win 7 操作系统，实时显示各路数据，每隔 10 s 更新一次，每组数据自动存储（存储时间可以设定），与打印机相连可自动打印存储数据，生成标准气象图文报表及统计分析曲线，存储量达数年以上，数据存储格式为 Excel 标准格式，可供其他软件调用，拥有强大的数据库管理功能，支持 SQL、Access、Oracle 等多种数据库，并可以将数据上传至中心管理网站，进行实时数据更新发布，便于查询。

2.6 统计调查数据获取与处理

有些国情信息往往并非通过测量手段就能获得，而需要通过基本的统计调查，如空间分布、植被覆盖、交通网络等属性特征统计，距离指数、集聚指数等经济指标统计等。随着互联网＋和大数据时代的到来，传统的统计调查数据获取方法日新月异，朝着更方便快捷的方向发展。同时，统计调查数据的处理手段也逐渐被更成熟可靠的软件所替代，诸如 SAS、SPSS、Minitab、Excel 等。为进一步做好统计软件规范化工作，根据统计工作和信息化发展建设的需要，国家统计局还制定了《统计调查数据处理软件基本功能规范(试行)》。同样，测绘地理信息行业内常用专业软件 ArcGIS、MAPGIS、SuperMap 等也有统计分析处理模块，专门针对地理国情数据进行分析处理。

2.6.1 统计调查数据理论基础

(1) 统计调查的概念

统计调查是根据调查的目的与要求，运用科学的调查方法，有计划、有组织地搜集数据信息资料的统计工作过程。统计调查数据是指通过普查、抽样、统计等方法获取的非空间报表数据，如人口普查数据、社会经济数据等。

(2) 统计调查的分类

统计调查根据是否包括全部调查单位分为全面调查和非全面调查，前者是对调查对象中的全部单位一一加以调查，如统计报表、普查；后者是对调查对象中的部分单位进行调查，如抽样调查、典型调查和重点调查。

根据调查资料登记实践是否具有连续性，统计调查分为经常性调查和一次性调查。经常性调查是随着调查对象的变化而进行的经常、连续不断的登记调查；一次性调查是间隔一段时间对调查对象进行的登记调查，如人口普查。

2.6.2 统计调查数据的获取

统计调查数据根据数据来源途径不同分为直接统计调查数据和间接统计调查数据。直接统计调查数据的搜集方法主要分为统计调查法和科学实验法两大类。统计调查方法包括访问调查、邮寄调查、电话调查、电脑辅助、座谈会、个人深度访问和直接观测法。

(1) 直接统计调查数据获取

① 访问调查

访问调查是调查人员直接向被调查者口头提问，并当场记录答案的一种面对面的调查。访问调查分为标准式访问和非标准式访问，前者按照事先设计好的问卷进行，后者事先一般不制作问卷。

② 邮寄调查

邮寄调查也称问卷调查，是一种标准化调查。调查者与被调查者没有直接的语言交流，信息的传递依赖于问卷。调查者通过某种方式将调查表或问卷送至某被调查者手中，由被调查者填写，然后将问卷寄回指定收集点。问卷或表格的发放方式有邮寄、宣传媒介传送、专门场所分发三种。

③ 电话调查

电话调查指调查者利用电话与被调查者进行语言交流以获得信息。这种调查方式时效快、成本低，但考虑到被调查者的耐心和占用的时间，问题的数量不能过多。

④ 电脑辅助调查

电脑辅助调查又称电脑辅助电话调查，电脑与电话结合完成调查的全过程。这种统计调查法一般需要借助专门的软件进行，对硬件设备要求较高。近年高速发展的通信技术及计算机信息处理技术与传统的电话访问结合后得到的产物便是计算机辅助电话调查系统(Computer Assisted Telephone Interviewing System，简称 CATI)。

⑤ 座谈会

座谈会也称集体访谈，将一组被调查者集中在调查现场，让他们对调查的主题发表意见以获得资料。参加座谈会的人数不宜过多，一般为 6～10 人。

⑥ 个人深度访问

个人深度访问指一次只有一名受访者参加、针对特殊问题的调查。这种统计调查方法适合于较隐秘的问题或较敏感的问题，如个人隐私问题、政治方面的问题。

⑦ 直接观测法

直接观测法由调查人员深入调查现场，根据研究目的，运用感觉器官或借助科学仪器，对调查对象进行现场直接观察、点数、计量或测量，以此获取所需数据资料的一种调查方法。

⑧ 科学实验法

在设定的特殊实验场所、特殊状态下，对调查对象进行实验以获得所需资料。

(2) 间接统计调查数据获取

统计调查数据的间接来源包括以下途径：

① 统计部门和政府部门公开的有关资料。如各种统计年鉴。

② 各类经济信息中心、信息咨询机构、专业调查机构等提供的数据。如各类测绘咨询公司。

③ 各类专业期刊、报纸、书籍所提供的资料。如《测绘学报》和中国测绘新闻网等。

④ 各种会议，如全国地理国情普查工作会议之类专业性、学术性研讨会上交流的有关资料。

⑤ 从互联网或图书馆查阅到的相关资料。

表 2-6 和表 2-7 是一些提供了统计数据的部分政府网站。

表 2-6　　中国政府及相关机构

中国政府及相关机构	网址	数据内容
国家统计局	http://www.stats.gov.cn	统计年鉴、统计月报等
国务院发展研究中心信息网	http://www.drcnet.com.cn	宏观经济、财经、货币金融等
中国经济信息网	http://www.cei.gov.cn	经济信息及各类网站
华通数据中心	http://data.acmr.com.cn	国家统计局授权的数据中心
中国决策信息网	http://www.juece.gov.cn	决策知识及案例
三农数据网	http://www.sannong.gov.cn	三农信息、论坛及相关网站

表 2-7　　美国政府结构

美国政府机构	网址	数据内容
人口普查局	http://www.census.gov	人口和家庭等
联邦储备局	http://www.bog.frb.fed.us	货币供应、信誉、汇率等
预算编制办公室	http://www.whitehouse.gov/omb	财政收入、支出、债券等
商务部	http://www.doc.gov	商业、工业等

2.6.3　统计调查数据的处理

统计调查数据的处理指对调查所得原始材料进行科学分组与汇总和对以往的材料进行再加工，使之条理化、系统化的工作过程，主要包括统计调查数据预处理(包括数据的审核、筛选、排序)、统计分组、资料汇总和编制统计表或统计图。

(1) 统计调查数据预处理

① 数据审核

检查数据是否真实反映客观实际情况、内容是否符合实际，检查数据是否有错误，计算是否正确等。弄清楚数据的来源、数据的口径以及有关背景材料，确定数据是否符合自己分析研究的需要。尽可能使用最新的数据，确认是否有必要做进一步的加工整理。

② 数据筛选

当发现数据中的错误不能予以纠正，或者有些数据不符合调查的要求而又无法弥补时，需要对数据进行筛选。数据筛选包括将某些不符合要求的数据或有明显错误的数据予以剔除，将符合某种特定条件的数据筛选出来，不符合特定条件的数据予以剔出。

③ 数据的排序

把定量数据按从大到小或从小到大的顺序排列，把定性数据按习惯的文字顺序排列，便于研究其条理。

(2) 统计调查数据分组

统计调查数据分组是指根据统计研究任务的要求和现象总体的内在特点，把统计总体按照某一标志划分为若干性质不同又有联系的几个部分。

按照分组标志个数不同，可以分为简单分组和复合分组。简单分组把总体数据只按一个标志分组；复合分组则对同一总体数据选择两个或两个以上标志层叠起来进行分组，例如，同时选择学科、学制、性别三个标志对某学院全体在校学生这个总体进行分组。

按照分组标志种类不同，分为品质标志分组和数量标志分组。品质标志分组也叫单项式分组，即把变量的一个取值视为一组，如家庭人口数分组：1 人，2 人，3 人，4 人，5 人，6 人；数量标志分组也称为组距(指一个组的上限与下限之差)式分组，即每一组有一个上限值和一个下限值所形成的区间，如土地面积分组：5 亩以下，5～20 亩，20～40 亩，40～60 亩，60～80 亩，80 亩以上。组距可以根据全部数据的最大值和最小值及所分的组数来确定，计算公式如下：

$$组距=(最大值-最小值)/组数$$

(3) 资料汇总

统计分组完成以后，对各项指标进行汇总，计算各组总体单位数，计算分组标志总量和总体总量以及各组次数(也称频数或频率)。频率为各组次数与总次数之比。

（4）编制统计表或统计图

① 统计表

统计表由主词和宾词两个部分组成。主词可以是各个总体单位的名称，总体的各个组，或者是总体单位的全部；宾词说明总体的统计指标，包括指标名称和指标数值。统计表的结构分布见表 2-8。

表 2-8　　地理国情要素核查统计表

地理国情要素核查统计表						
区域名称：××县（L51G073071）						
核查类型代码	核查类型名称	要素数量	核查数量	正确数量	核查百分率	内业正确率
0620	公路	1	1	1	100.0%	100.0%
0640	乡村道路	13	11	9	84.6%	81.8%
0610	有轨道路路面	1	1	1	100.0%	100.0%
1011	河流	2	2	2	100.0%	100.0%
1012	水渠	5	5	5	100.0%	100.0%
1032	坑塘	17	15	12	88.2%	80.0%
0721	堤坝	15	13	11	86.7%	84.6%
0723	排灌泵站	1	1	1	100.0%	100.0%
0736	加油（气）、充电站	2	2	2	100.0%	100.0%
1117	行政村	2	2	2	100.0%	100.0%
1142	工矿企业	1	1	1	100.0%	100.0%

统计者：×××　　检查者：×××　　2014 年 06 月 10 日

按照主词是否分组和分组的程度，统计表分为简单表、分组表和复合表。简单表如按总体各单位排列的统计表，按地区、国家、城市等目录组成的区域表，按时间顺序排列的统计表；分组表用来揭示不同类型现象的不同特征，研究总体的内部构成，分析现象间的依存关系；复合表能更深入地分析社会经济现象的特征和规律性。

② 统计图

统计图是根据统计数字，用几何图形、事物形象和地图等绘制的各种图形。统计图有饼形图、柱形图、散点图、直方图等。

饼形图（图 2-45）以一个图形图案来描绘统计资料所反映的结构性或比例性的数量特征。

柱形图（图 2-46）以各种直立或横置的长条图形来描绘统计资料的数量特征，长者表示数量多，短者表示数量少。

散点图（图 2-47）适宜于描述两个变量间的相互关系，既可以用直线段反映时间的变化趋势，又可以用光滑曲线或一系列散点来描述数据。

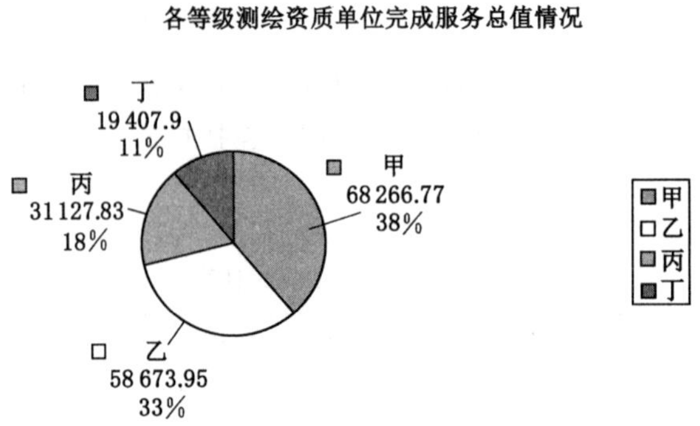

图 2-45　饼形图示例

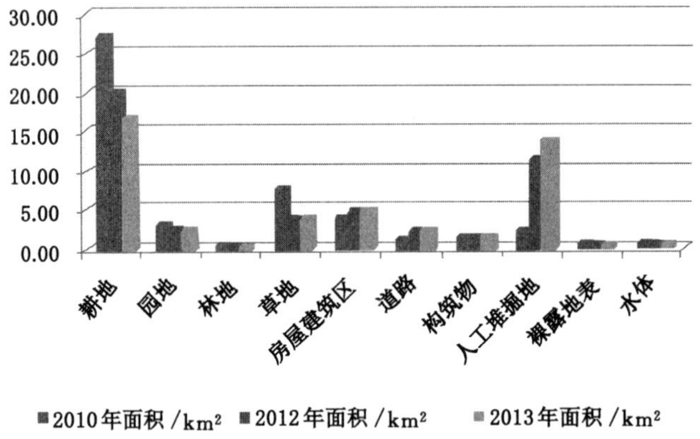

图 2-46　柱形图示例

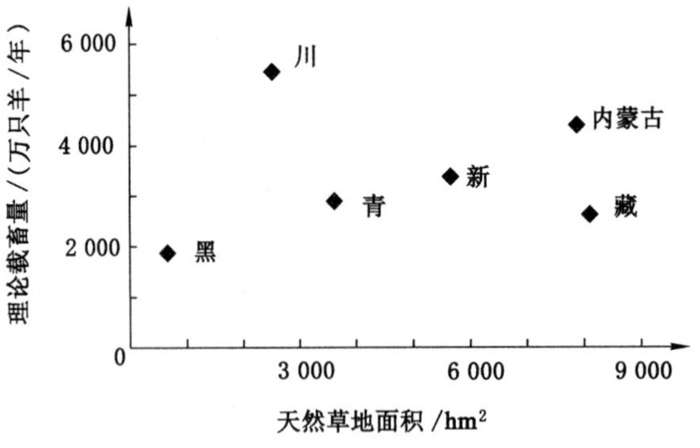

图 2-47　散点图示例

直方图(图 2-48)用面积表示各组频数的多少,矩形的高度表示每一组的频数或百分比,宽度则表示各组的组距,其高度与宽度均有意义。

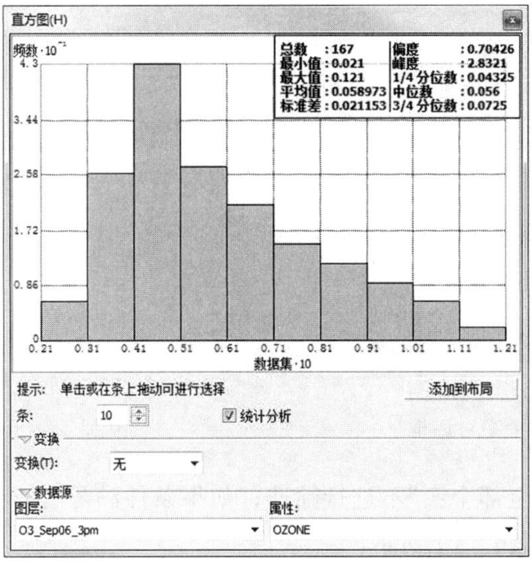

图 2-48　直方图示例

2.6.4　统计调查处理软件

SPSS(Statistical Product and Service Solutions)是“统计产品与服务解决方案”软件。SPSS 为 IBM 公司推出的一系列用于统计学分析运算、数据挖掘、预测分析和决策支持任务的软件产品及相关服务的总称。SPSS 是世界上最早采用图形菜单驱动界面的统计软件之一,最突出的特点就是操作界面极为友好,输出结果美观漂亮。它将所有的功能都以统一、规范的界面展现出来,使用 Windows 的窗口方式展示各种管理和分析数据方法的功能,对话框展示出各种功能选择项。SPSS 采用类似 Excel 表格的方式输入与管理数据,数据接口较为通用,能方便地从其他数据库中读入数据。其统计过程包括了常用的、较为成熟的统计过程,完全可以满足非统计专业人士的工作需要。输出结果十分美观,存储时则是专用的 SPO 格式,可以转存为 HTML 格式和文本格式。

(1) SPSS 基本整理

在 SPSS 中,数据整理的功能主要集中在“数据”和“转换”两个主菜单下。

① 数据排序

对数据按照某一个或多个变量的大小排序将有利于对数据的总体浏览,以 SPSS 安装配套数据文件 Growth study.sav 为例,选择“文件→打开→数据”,找到“grocery_1month_sample.sav”打开数据文件。选择“数据→排序个案”,打开对话框,如图 2-49 所示。可以按照选择的项目升序或者降序排列。

② 抽样

在统计分析中,有时不需要对所有的观测进行分析,而可能只对某些特定的对象有兴趣。利用 SPSS 的“Select Case”命令可以实现这种样本筛选的功能。以 SPSS 安装配套数据文件 Growth study.sav 为例,选择年龄大于 10 的观测,基本操作说明如下:

打开数据文件 Growth study.sav,选择“数据→选择个案”命令,打开对话框,如图 2-50 所示。

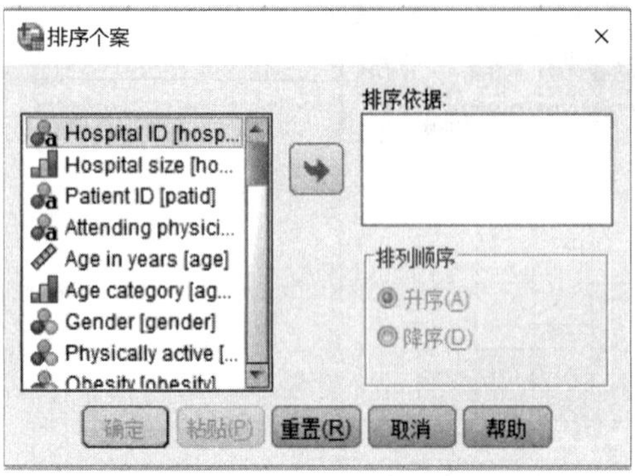

图 2-49 排序个案对话框

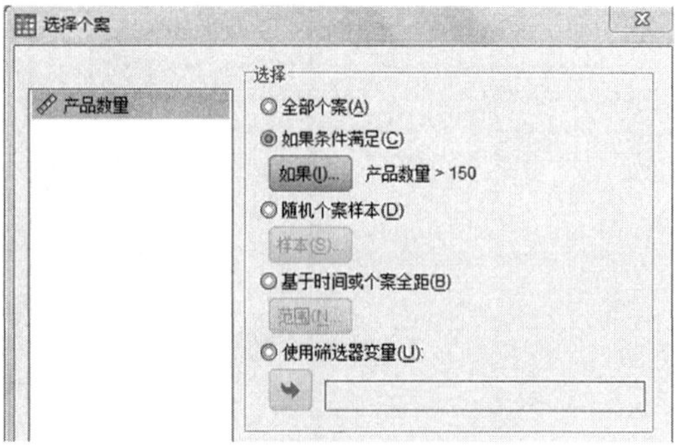

图 2-50 选择个案对话框

指定抽样的方式:“全部个案”不进行筛选;“如果条件满足”按指定条件进行筛选。本例设置:产品数量>150,如图 2-51 所示。

图 2-51 选择个案对话框

设置完成以后,点击“继续”,进入下一步。

确定未被选择的观测的处理方法,这里选择默认选项“过滤掉未选定的个案”。

单击“OK”进行筛选,结果如图 2-52 所示。

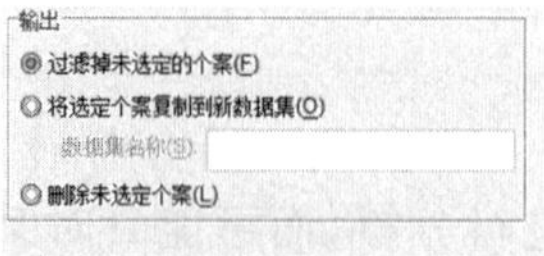

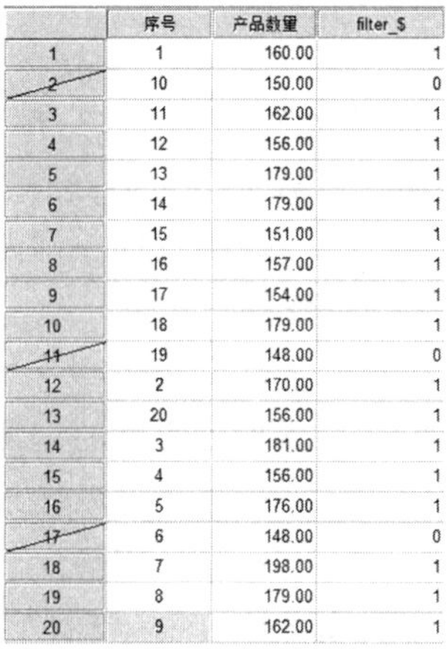

	序号	产品数量	filter_$
1	1	160.00	1
2	10	150.00	0
3	11	162.00	1
4	12	156.00	1
5	13	179.00	1
6	14	179.00	1
7	15	151.00	1
8	16	157.00	1
9	17	154.00	1
10	18	179.00	1
11	19	148.00	0
12	2	170.00	1
13	20	156.00	1
14	3	181.00	1
15	4	156.00	1
16	5	176.00	1
17	6	148.00	0
18	7	198.00	1
19	8	179.00	1
20	9	162.00	1

图 2-52 选择个案的结果

③ 增加变量的数据合并

增加变量是指把两个或多个数据文件实现横向对接。例如，将不同课程的成绩文件进行合并，收集来的数据被放置在一个新的数据文件中。在 SPSS 中实现数据文件横向合并的方法如下：

选择菜单“数据→合并文件→添加变量”，选择合并的数据文件，单击“打开”，弹出添加变量，如图 2-53 所示。

单击“确定”执行合并命令。这样，两个数据文件将按观测的顺序一对一地横向合并。

④ 计算新变量

在对数据文件中的数据进行统计分析的过程中，为了更有效地处理数据和反映事务的本质，有时需要对数据文件中的变量加工产生新的变量。例如，经常需要把几个变量加总或取加权平均数，SPSS 中通过“计算”菜单命令来产生这样的新变量，其步骤如下：

选择菜单“转换→计算变量”，打开对话框，如图 2-54 所示。

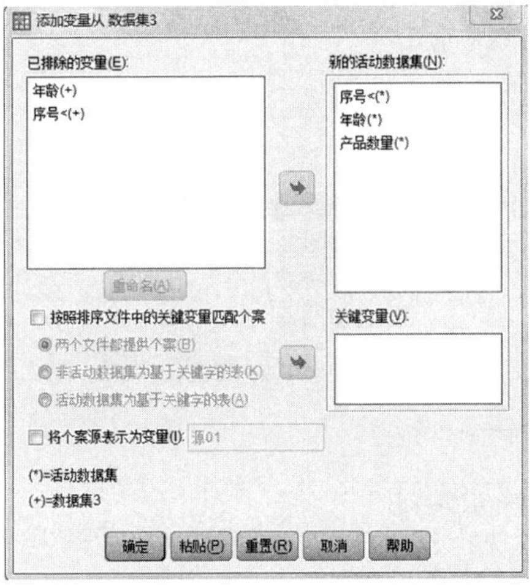

图 2-53　添加变量

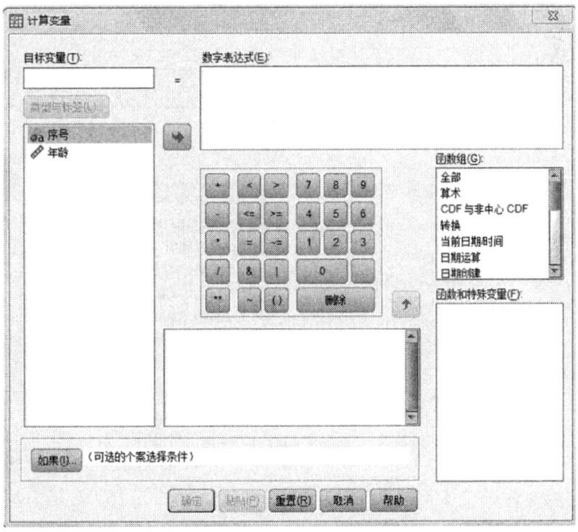

图 2-54　计算变量对话框

在目标变量输入框中输入生成的新变量的变量名。单击输入框下面“类型与标签”按钮，在跳出的对话框中可以对新变量的类型和标签进行设置。

在数字表达式输入框中输入新变量的计算表达式。例如，“年龄＞20”。

单击“如果”按钮，弹出子对话框，如图 2-55 所示。“包含所有个体”：对所有的观测进行计算；“如果个案满足条件则包括”：仅对满足条件的观测进行计算。

单击“确定”按钮，执行命令，则可以在数据文件中看到一个新生成的变量。

(2) SPSS 制作统计图表

下面用 SPSS 软件介绍统计图表的制作，给出示例数据是 SPSS 软件自带的数据文件“Employee.data”，该文件包含某公司员工的工资、工龄、职业等变量。

选择菜单“文件→打开→数据”在对话框中找到需要分析的数据文件“SPSS/Employee data”，然后选择“打开”。选择菜单“分析→描述统计→频率”。如图 2-56 所示。

确定所要分析的变量，本例选择“Gender”，在变量选择确定之后，在同一窗口上点击

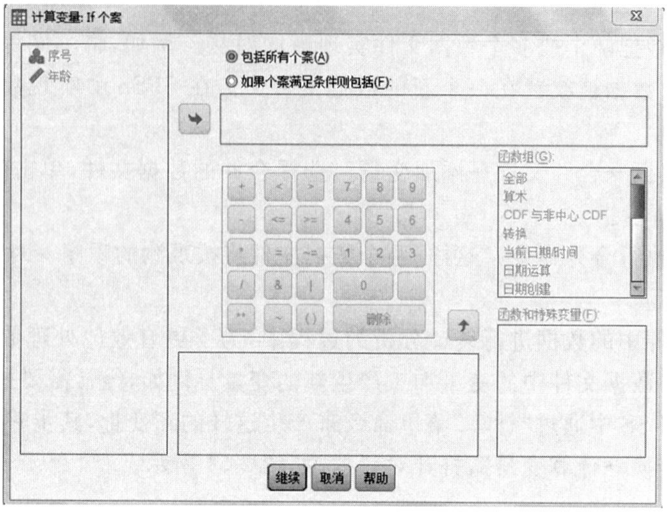

图 2-55　“如果”子对话框

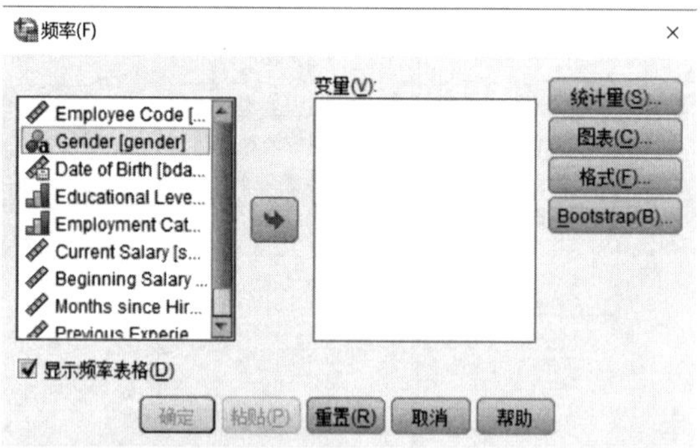

图 2-56　Frequencies 对话框

“统计量(S)”按钮，打开统计量对话框，如图 2-57 所示，选择统计输出选项。

点击“继续”回到图 2-56 所示的对话框，点击“图表”，打开如图 2-58 所示的图表对话框，选择“饼图”。

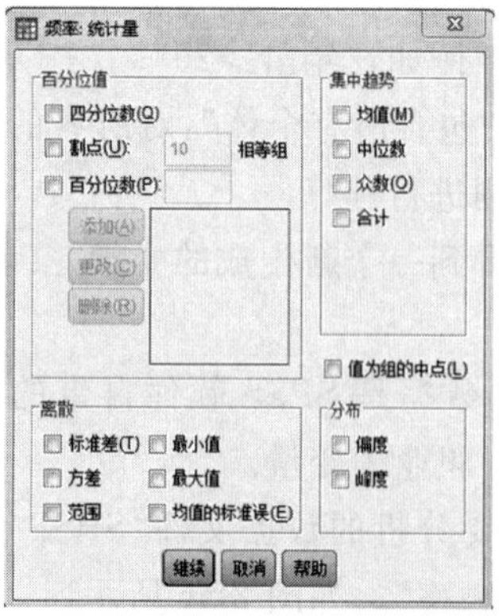

图 2-57　统计量子对话框

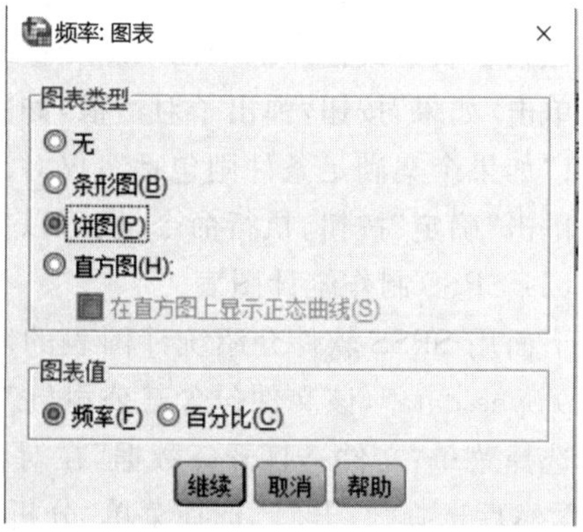

图 2-58　图表对话框

点击“继续”回到的图 2-56 所示的对话框，点击对话框中的“确定”按钮，即得到表 2-9 和表 2-10 的结果。

表 2-9　描述性统计量

统计量		
Gender		
N	有效	474
	缺失	0

表 2-9 中给出了总样本量(*N*)，其中变量“Gender”的有效个数为 474 个，缺失值为 0。

表 2-10　Gender 频数分布表

		频率	百分比/%	有效百分比/%	累积百分比/%
有效	Female	216	45.6	45.6	45.6
	Male	258	54.4	54.4	100.0
	合计	474	100.0	100.0	

根据计算的变量“Gender”的饼图如图 2-59 所示。

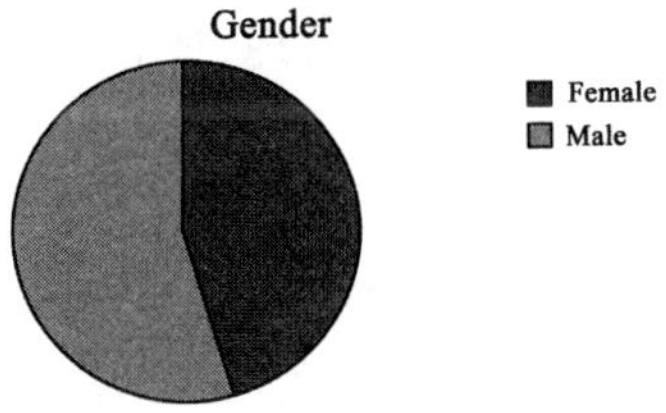

图 2-59　变量“Gender”的饼图

2.7 公众参与式 GIS 技术

公众参与式地理信息系统(Public Participation GIS，PPGIS)最早于 20 世纪 90 年代中期被提出，在美国加州圣巴巴拉召开的“赋权、边缘化、公共参与式 GIS”国际会议上首次提出了 PPGIS 概念。PPGIS 克服了传统 GIS 中公众难以参与决策的缺点，成为地理信息技术公众化后的新新产物。

2.7.1 PPGIS 理论体系

公众参与式地理信息系统理论基础主要有两个支撑点：一个是地理信息系统理论；另一个是社会组织理论。前者是一门复杂的地球空间信息科学，涵盖了地球科学、信息科学以及这两门学科所涉及的地物空间信息及其关系信息的相关理论问题和实践问题。后者涉及组织理论及社会、经济、人文等复杂多视角的相关理论与实践问题。

2.7.1.1 地理信息系统理论

(1) 地理系统

地理系统指某一个特定时间和特定空间的，由两个以上相互区别又相互联系、相互制约的地理要素或过程所组成的，并具有特定的功能和行为，与外界环境相互作用，并能自动调节和具有自组织功能的整体。地理系统的自组织是指系统在无外界的强迫条件下，系统自发形成有序行为及能自身调节功能的行为。地理系统及各子系统（如河流、湖泊子系统、森林、草原子系统），都具有自组织功能，如沙漠中的灌木、高山岩石中的树木。

（2）地理信息理论

地理信息理论是地理科学理论与信息科学理论相结合的产物。主要研究地理信息熵、地理信息流、地理空间场、地理实体电磁波、地理信息关联等的理论。地理信息熵是地理信息载体的信息与噪声之比；地理信息流是由于物质和能量在空间分布上存在着不均衡现象而产生的，是地理系统的纽带，有了地理信息流，地理系统才能运转；地理空间场理论即地理能量场信息理论，对于不同的地理实体，它们的物质成分可能不同，这样就可形成不同的地理空间或地理空间场；地理实体电磁波能量信息理论的代表是遥感信息，任何物体都具有反射、吸收、透射外来电磁波的特征，任何地理实体由于它们的物质成分、物质结构、表面形状及特征的不同，都具有不同的电磁波辐射特征；地理信息关联性理论，是从事物间的联系、依存和制约的普遍性原则出发，研究地理信息间的内在联系和机理，把握庞杂和瞬间变化的信息之间的相互关系，发挥地理信息综合集成的优势，更全面、客观、及时地认识世界。

（3）地理信息系统

地理信息系统是在计算机硬件、软件系统支持下，对整个或部分地球表层（包括大气层）空间中的有关地理分布数据进行采集、存储、管理、计算、分析、显示和描述的技术系统。

2.7.1.2 公众参与式地理信息系统理论

（1）公众的界定

一般来讲，我们对公众的理解是：在各类团体中起组织作用的个人或者组织者选定的人。这种理解在 PPGIS 技术中稍微片面，相关学者认为 PPGIS 技术中的“公众”应界定为：对目标感兴趣的人，应该被包括在决策过程中，确认“公众是谁”取决于特定的规划决策过程，在公众参与过程中确定参与者的范围。

（2）PPGIS 的定义

截至目前，学术上对 PPGIS 没有严格统一的定义，2002 年在美国新泽西州 Rutgers 大学召开的第一次公众参与地理信息系统国际会议上，专家们给 PPGIS 下了如下定义：a. 是一种对地理信息或者地理信息系统技术的研究；b. 既可由个体也可以由草根阶层的普通公众使用；c. 是参与影响他们生活的公众过程（数据获取、制图、分析以及决策）。

PPGIS 技术区别于一般的 GIS 技术的本质是社会性，可以从以下几个方面进行深入比较和理解。

① 决策对象

PPGIS 的用户群体是广大民众，它所面对的决策问题必须是公众关心的、政府提供信息的、允许公众参与决策的各种社会问题，如环境监测、城市公众设施建设、城市大型工程建设、土地利用开发等和公众生活密切相关的社会公众事务。这一类空间问题往往涉及多个制约因素和不同个人或集体的利益，因此，合理的决策不仅需要尽可能地综合现有的信息，而且要能够支持多人共同决策，得到一个尽可能保证大家都满意的最优方案。PPGIS 的目标就是针对和公众密切相关的各种社会事务，利用给予分布式的空间决策支持系统，通过基于网络的公众参与和网络信息服务的方法，帮助公众和决策者协同磋商一个大家都能接受的解决方案，从而充分发挥民众参与社会生活的积极性和主动性，提高整个社会的民主意识。

② 软件平台

在PPGIS中，GIS的角色不再仅是提供地图显示、数据获取、查询、数据管理、分析的工具，用户的角色也不仅仅是简单被动地应用这个工具，而是借助于这个系统提供的友好人机交互界面参与到系统中，借助于系统提供的各种网络信息服务和其他参与者进行网络交流、讨论。可以通过图形、文字、声音等方式反馈意见和表达观点，进行双向交流，协同决策。

③ 系统功能

PPGIS系统可以允许各种类型的公众参与到决策系统中，因此系统需要提供基本的信息查询浏览功能，帮助用户尽可能全面地了解决策问题的内容和目标；提供用于公众表达思想的工具，包括对空间图层的可视化修改和编辑，以及简单的空间分析工具用于对空间决策问题的分析和探讨；系统可以根据参与者提供简单有效的决策模型，帮助用户分析问题、评估方案；系统提供评估权限，参与者都可以被赋予一定的参与方案的权限；系统支持集体讨论，投票和达成最后决议。

④ 研究范围

PPGIS应用系统的实现，需要WebGIS技术、协同式空间决策以及地理信息服务的相关理论和技术支撑，同时，公众的参与行为已经不单单受到参与的技术工具和方法的影响，还受到国家的政策法规、社会的发展、民主化进程等各种社会问题的制约和影响。因此，PPGIS除了研究GIS的相关技术、软件和分析工具外，还要研究和其他相关学科与PPGIS之间的关系和相互影响，它所涉及的行业和学科包括社会学、心理学、政治学、组织行为学、规划学、系统科学、经济学、工程学、计算机科学、地理学，等等。

(3) PPGIS的内涵和特征

传统GIS作为规划决策的工具，在解决诸如城市规划、资源管理、土地利用等问题时由专家掌控和操作，如“黑盒”专家系统。PPGIS的应运而生避免了黑盒操作，践行了以人为本的系统理念，具有如下内涵和特征。

① 以人为本

公众参与式地理信息系统虽然与GIS有区别，但和GIS一样，也涵盖了地理信息理论，从地理信息关联性理论的维度来看，人是自然和社会的中心，可以作为地理信息关联体系的原点；有了人就存在人地关系，这样可以划分出人类系统和自然环境两维，它们涵盖和贯穿整个人地关系；人的能动性是决定人类社会发展方向的重要因素，因此能动性作为地理信息关联体系的第三维。所以，自然维、人类系统维和能动维构成了地理系统的三维模式，如图2-60所示。

以人为本并不是PPGIS在GIS基础上的新的提炼，而是地理信息理论最本质的回归。在地理系统的三维空间里，以人为本才是系统和谐稳固的支点和核心。PPGIS将地理系统三维模式中的人的能动性进行强化突出，并将“人”这原点推广至人民大众，让公众参与到系统从设计到最终决策乃至系统维护的每一个环节中。

② 跨学科融合

GIS本身是与多个学科和技术交叉发展产生的，PPGIS在此基础上跨学科集成，横跨

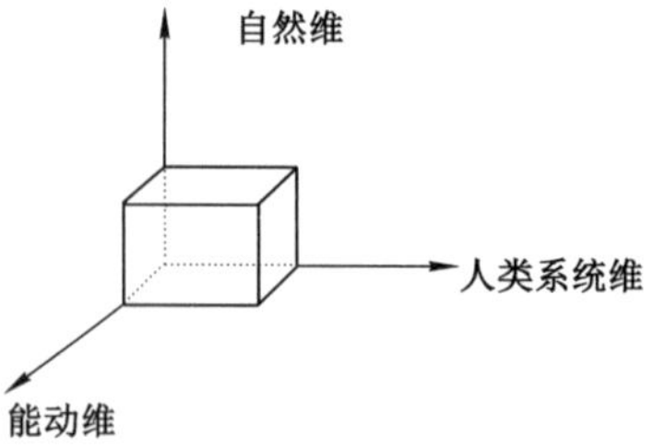

图 2-60　地理系统的三维模式

了社会科学和自然科学。在理论方面，集成了信息科学与系统科学、地球科学及信息与系统科学相关工程与技术、测绘科学技术、计算机科学技术、社会学、心理学、政治学、经济学等学科理论；在技术方面，计算机图形学、数据库原理、数据结构、地图学、人工智能、知识工程为PPGIS提供了方法和技术，计算机网络、现代通信技术、计算机技术、WebGIS技术、协同空间决策则是PPGIS的支撑技术。因此，PPGIS可构建完整的理论体系，具体如图2-61所示。

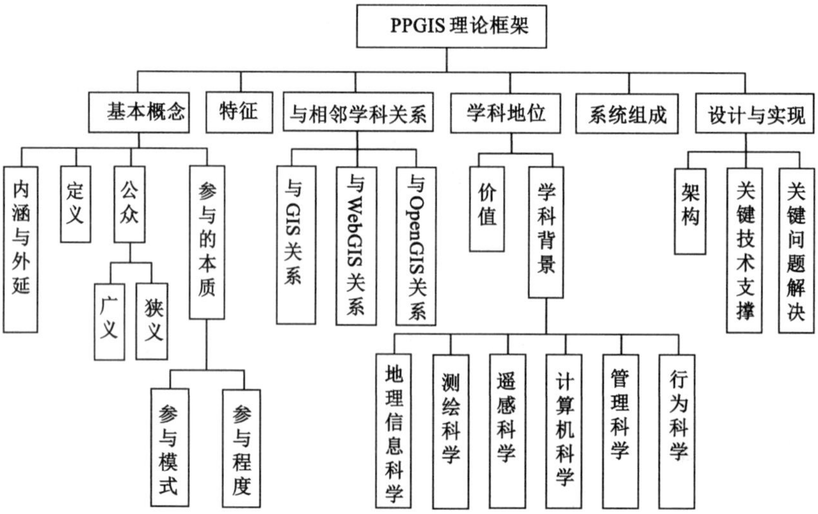

图 2-61　PPGIS理论体系

③ 基于Web

传统GIS依靠GUI(图形用户界面)使用户和系统进行交互，PPGIS则支持一系列从面对面接触到基于网络功能的交互方法并且更依靠网络，它通过网络实现地理信息系统数据的获取、分享和交互处理，使参与者交互地在网上(包括无线网络)处理地理信息数据和地图，以及通过网络浏览器和其他网络功能来进行各种空间检索和空间分析等GIS功能，并能自由地表达他们的意见。因此，网络成为PPGIS的一个平台。

④ 以过程为导向

PPGIS除了直接的系统功能需求外，更重要的是其过程，而过程的重点就在于参与，参与者从GIS平台获取信息，并且回馈信息，作为后续讨论的意见；以GIS平台所提供的信息为沟通媒介，可以避免面对面的争执，并且保障所有民众的参与机会，是真正的民主决策过程，而参与者彼此之间也因此而更加信任。从这个意义上说，PPGIS以一个理想的方法来整合各方的不同意见，是一个完全民主化的决策方式。

2.7.1.3 PPGIS与GIS的关系

PPGIS与GIS都包含了地理系统理论、地理信息理论和地理信息系统理论，从某些方面来讲，它们之间存在着必然的联系，但也有明显的区别。从方法上来讲，PPGIS强调自下而上，而GIS则是自上而下；从技术特点上来讲，PPGIS根据需求推进，而GIS采用供给驱动、技术推进的方式；从原始结构上来讲，PPGIS是灵活开放的，而GIS则是固定的、继承的、庞大臃肿的；从实现细节上来讲，PPGIS是由用户界定的，GIS是由技术专家界定的；从作业范围上来讲，PPGIS针对特定的和项目范围内的活动，而GIS是针对总目标和多个分目标。

2.7.2 PPGIS技术体系

(1) 公众参与方式

PPGIS技术的核心不是技术，而是人。这里的人不再局限为系统开发、管理、维护人员，而是前文释义过的公众。那么，公众通过怎样的方式参与进来成为PPGIS的又一关键问题。这里将公众参与方式归纳为以下几种：

① 可以利用广播、电视等各种媒体进行宣传，并在相关地区张贴布告，在一定时间内听取民众的反馈意见。这种方式可以使得很多民众得到非常详细的参与的决策信息及规划信息。

② 进行广泛的民意调查，设计民意调查问卷。针对公众关心的规划和决策问题设计民意调查问卷，在相关的地区发放，进行民意的搜集和整理。利用这种方式，民众可以广泛地了解相关信息，而且可以自由地发表自己的意见和建议。

③ 制定政策法规，将公众参与公共事务决策作为一种法规和制度确定下来。使公众有参与到公众事务决策中的权利，同时也承担规划和决策顺利实施的义务。这跟国家的法律和制度相联系，涉及民主建设的目的和内容。

④ 召开民众代表参与的听证会、座谈会。介绍、讲解规划，直接听取意见，实现规划和决策的信息公开，鼓励公众参与，积极提出意见和建议。这种方式可以广泛听取民众的意见和建议，并且可以很快得到解决方案。

⑤ 举办多种形式的规划展示会、专题系列讲座等。通过展示规划成果，向公众介绍规划项目和信息，并且通过规划知识专项讲座，向公民传达各种规划知识和注意事项，积极鼓励公众参与。

⑥ 基于网络的公众参与式GIS的应用。首先，这种参与方式没有地域和时间的限制，在整个公共项目规划和各种事务的决策过程中，任何人、任何时间里都可以通过网络浏览和查询各种相关的社会、经济和区域环境数据。其次，参与分析过程直观、真实。利用GIS技术的可视化功能，公众可以将这些信息、数据通过网络，直观地、栩栩如生地展示出来，增强了参与过程的可操作性。第三，参与结果迅速、准确。这种方式允许公众按照自己的意愿和想法进行分析和统计并实时查看分析结果，避免了传统参与方式效率低、过程冗长等缺陷。

(2) PPGIS主要支撑技术

公众可能是PPGIS集成的某个学科的专业人士，也可能对地理信息系统一窍不通，要让不同专业背景的公众比较容易地参与进来,首先需要一个友好、易懂、易操作的界面。面对某个小区道路规划方案的优选,公众面对文案描述一方面难以留下深刻的印象,另一方面缺乏信心和兴趣,如果能够针对不同的方案,建立一个可视化的动态模型,并在模型中链接声音、视频动画等,那么公众就能身临其境地感受到不同方案的效果,再有效地参与到方案的决策中。因此,一个成功的 PPGIS 需要 WebGIS 技术、人机交互和多媒体技术、协同式空间决策技术、分布式空间数据库技术的支撑。

① WebGIS 技术

WebGIS 是一种基于 Internet/Intranet 技术标准和通信协议的网络化地理信息系统,它是 GIS 技术和 Internet/Intranet 技术相结合的产物。WebGIS 不但具有大部分乃至全部传统 GIS 软件具有的功能,而且还具有利用 Internet 优势的特有功能,即用户不必在自己的本地计算机上安装 GIS 软件就可以在 Internet 上访问远程的 GIS 数据和应用程序,进行 GIS 分析,在 Internet 上提交交互地图和数据。WebGIS 主要为公众参与提供可视化和方便的参与工具和分析平台。

② 人机交互与多媒体技术

用户界面又称人机界面或人机交互界面,是人与计算机之间传递和交换信息的接口,由人、计算机硬件和软件三个部分构成。人机交互界面经历了智能用户界面和支持协同的个性化用户界面,借助于这样的人机交互,用户对于一个决策问题的了解速度和程度可以大大加快,对于协同式决策问题的最快决策结果的生成也有重大作用。

多媒体是融合两种或两种以上媒体的一种人机交互信息交流和传播媒体,使用的媒体包括文字、图形、图像、声音、动画和电视图像等。将多媒体技术应用到 PPGIS 中,公众就能够接触到声情并茂的规划和决策方案,从而激发公众的热情和信心。

③ 协同式空间决策技术

空间决策支持系统在地理信息系统(GIS)和决策支持系统(DSS)基础上应运而生,随着社会和科技的快速发展,支持单一用户的空间决策支持系统难以胜任面向工作组的群体协同决策,因而,很有必要对空间决策支持系统进行扩展,以能够支持工作组对可选择方案进行生成、分析、解释,以获得一致认识,计算机支持的协同工作技术的产生为满足需求提供了条件。空间决策支持系统和计算机支持的协同工作的结合便产生了协同空间决策支持系统。

④ 分布空间数据库技术

空间数据库是管理空间数据的数据库,是传统数据管理技术与 GIS 技术结合并发展而产生的交叉、综合体。PPGIS 需要的数据类型多,数据量大,包括空间数据、属性数据、经济数据、统计数据、人口数据、环境数据等。这些数据分属于不同的行业部门,在网络中处于不同的节点上,这就需要分布式空间数据库技术的支撑。

分布式空间数据库系统由若干个站点(也称为节点)集合而成,它们通过网络连接在一起。每个节点都是一个独立的空间数据库,它们拥有各自的数据库和相应的管理系统和分析工具。整个数据库在物理上存储于不同的设备上,而在逻辑上则是一个统一的数据库,用户在应用时可以不考虑数据存储的具体物理位置,就像对集中式数据库一样来访问分布式数据库。

2.7.3　PPGIS 技术的发展与应用

随着 PPGIS 技术的发展与成熟，将 PPGIS 应用于城市规划、国土空间规划以及主体功能区划等重大公共事务规划决策，有效地激发了公众参与公共事务规划决策的积极性，极大地提高了公众参与的广度和深度，从而，当公众参与到公共事务中后，对其后期的关心和爱护程度有了更高的提升。

地理国情监测作为重大公共事务的一部分，应用 PPGIS 技术实现土地资源、环境、农情、森林和湿地、灾害动态、水文水利、海洋、矿产资源、气象的监测，也将得到公众参与后的另一番成效。地理国情的变化无外乎自然因素造成和人类活动引起两种情况，由此可见，地理国情监测离不开广大社会公众的参与。一方面，社会公众经常是地理国情变化的造成者或发现者，它们能够利用自己的手机、电脑等移动设备快速及时地提供地理国情变化情况。另一方面，公众是地理国情数据的最终用户，它们应当具有参与地理国情变化监测的权利或有机会发表数据变化监测的意见。此外，地理国情变化监测的分析结果是否正确、是否符合要求，公众具有权威意见，因为他们清楚甚至亲身经历数据变化的内容，能够根据变化情况衡量数据分析结果是否正确。

本章小结

地理国情监测的数据源归纳为遥感数据、全球卫星导航数据、数字测图数据、无线传感器网络数据、自动专业监测站网数据、统计调查数据等六种。本章对每种数据源的获取以及数据的处理工艺进行了详细介绍，同时将每种数据处理的理论与实践进行对应，通过软件的操作示例让数据处理流程更加清晰。公众参与式地理信息系统的引入，使其以人为本的公众参与优势在地理国情监测中得以发挥，恰当地调动公众在地理国情监测中的自主性将是国情信息获取的重要方向。

练习与思考题

1. 什么是遥感数据的空间分辨率、时间分辨率和光谱分辨率？
2. 简要叙述遥感信息传输的流程和遥感图像数据处理的流程。
3. 采用三角形作为基本图形构建 GNSS 控制网具有哪些优点？
4. 由 5 台接收机观测构成的同步环，有多少条同步观测基线？多少条独立基线？
5. 简述 GNSS 平差的流程。
6. 一个完整的数字测图系统由哪些部分构成？
7. 为了求解影像的七个相对定向元素，至少需要多少个已知三维坐标的点？说明理由。
8. 一个典型的无线传感器网络包括哪些要素？
9. 简述自动气象站数据获取的方式。
10. 座谈会调查中一般参加座谈会的人数控制在多少人？为什么不宜过多？
11. 试查找并列举几个地理国情监测相关的年鉴网站。
12. 简述公众参与式 GIS 中公众参与的方式。

第3章　地理国情调查内容与指标

知识目标

1. 掌握地理国情调查内容的分类方法与原则。
2. 了解地理国情信息数据分层与组织。
3. 掌握地理国情调查总体内容与指标。
4. 熟练掌握地理国情调查详细指标与内容。

技能目标

1. 能够熟练判别遥感影像图。
2. 能够利用遥感影像图对12个大类进行归类。
3. 熟练掌握每个小类的类型定义或说明。
4. 掌握每个小类地表覆盖分类要求与地理国情要素采集要求。

3.1　概述

3.1.1　地理国情调查内容分类原则

(1) 以需求为导向

分析国家重大战略和发展规划的需求，综合考虑各个行业在规划、管理等日常业务工作中对地理环境、资源、设施等的需求，确定地理国普查内容具体要求。

(2) 以现有基础测绘成果为基础进行拓展

分析现有基础地理信息数据内容和生产技术方法，寻找其与地理国情常态化监测需求之间的异同，确定普查需派生、拓展或补充的内容和指标。

(3) 适用可行

地理国情监测是一个战略方向，确立的内容体系需要充分考虑地理国情监测的业务特点，针对的信息必须有用、易用，相关信息的采集、存储、分析和应用必须可行。地理国情普查是开展地理国情监测的基础，内容满足普查的需要，同时对今后监测具有指导意义。

3.1.2　地理国情调查内容分类对象

综合考虑地理国情普查需求和可行性，分类对象主要包括地表形态、地表覆盖和重要地理国情要素三个方面。

(1) 地表形态数据反映地表的地形及地势特征，也间接反映了地貌形态。数字高程模型是反映地表形态常用的计算机表示方法。

(2) 地表覆盖分类信息反映地表自然营造物和人工建造物的自然属性或状况。地表覆盖不同于土地利用，一般不侧重于土地的社会属性(人类对土地的利用方式和目的意图)等。地表覆盖通常采用规则格网形式的场模型(也称作域模型)进行描述。

(3) 重要地理国情要素信息(以下简称地理国情要素)反映与社会生活密切相关、具有较为稳定的空间范围或边界、具有或可以明确标识、有独立监测和统计分析意义的重要地物及其属性。如城市、道路、设施和管理区域等人文要素实体，湖泊、河流、沼泽、沙漠等自然要素实体，以及高程带、平原、盆地等自然地理单元。通常采用要素模型(也称作对象模型)来进行描述，按照其空间特征分为点、线、面、体四种基本对象。

3.1.3　地理国情调查内容分类描述方法

以基础地理信息现有分类体系为基础，参考相关专业部门开展的普查(调查、监测)内容分类，根据地理国情的分析和应用需求，进行适当筛选和扩充，选择和扩充必要的属性项，并规定统一的、定量化的采集指标，以保证信息采集的完整性和一致性。各地理要素类型属性的取值应遵循相关领域的现行国家标准或行业标准。

分类类型顾及普查采用的主要遥感影像分辨率特征和目前数据采集过程中常用显示设备的显示分辨能力，采用的基本最小图斑为 20×20 个像素，在未做特别说明的情况下，参照地面分辨率 1 m 的影像确定对应的地面实地面积。

分类体系按从属关系依次分为三级类。其中，每个类型根据类型特征，分别从以下几个方面进行说明：

(1) 类型定义或说明；

(2) 地面实景照片与遥感影像实例；

(3) 地理国情要素采集要求；

(4) 地表覆盖分类要求；

(5) 属性项定义；

(6) 有关说明。

需要说明的是，各个子类中未对地表覆盖分类和地理国情要素采集要求做说明的，与其上一级类相应说明项的要求相同。

3.2　地理国情调查内容与指标总体说明

3.2.1　地理国情调查内容分类总表

地理国情调查内容分为 12 个一级类，58 个二级类，133 个三级类。其中，一级类名称、代码和定义见表 3-1。

3.2.2　地理国情调查总体内容与指标

(1) 地表覆盖层信息内容

地表覆盖层信息内容主要为几何要素、地类和生产标记信息。

① 几何要素：范围线(构面)。

② 地类：地理国情分类代码。

③ 生产标记信息：生产信息记录。

(2) 地理国情要素信息内容

地理国情要素信息内容主要为:几何要素、CC 地类、GB 地类、地理国情要素属性信息。

① 几何要素:地类的空间几何信息,包括点(定位)、线(中心线、范围线、示意线)、面(范围)。

② CC 地类:地理国情信息分类码。

③ GB 地类:基础地理信息分类码。

④ 地理国情要素属性信息:如水质、水深、等级、长度等。

表 3-1　调查内容分类总表

代码	一级类	定义	二级类数量	三级类数量
0100	耕地	指经过开垦种植农作物并经常耕耘管理的土地。包括熟耕地、新开发整理荒地、以农为主的草田轮作地;以种植农作物为主,间有零星果树、桑树或其他树木的土地(林木覆盖度一般在 50%以下),专业性园地或者其他非耕地中临时种农作物的土地不作为耕地	2	2
0200	园地	指连片人工种植、多年生木本和草本作物,集约经营的,以采集果实、叶、根、茎等为主,作物覆盖度一般大于 50%的土地。包括各种乔灌木、热带作物以及果树苗圃等用地	7	9
0300	林地	指成片的天然林、次生林和人工林覆盖的地表。包括乔木、灌木、竹类等多种类型	8	12
0400	草地	以草本植物为主连片覆盖的地表。包括草被覆盖度在 10%以上的各类草地,含以牧为主的灌丛草地和林木覆盖度在 10%以下的疏林草地	2	8
0500	房屋建筑(区)	包括房屋建筑区和独立房屋建筑。房屋建筑区是指城镇和乡村集中居住区域内,被连片房屋建筑遮盖的地表区域。具体指被外部道路、河流、山川及大片树林、草地、耕地等形成的自然分界线分割而成的区块内部,由高度相近、结构类似、排布规律、建筑密度相近的成片房屋建筑的外廓线围合而成的区域。独立房屋建筑包括城镇地区规模较大的单体建筑和分布于分散的居民点、规模较小的散落房屋建筑	5	10
0600	道路	从地表覆盖角度,包括有轨和无轨的道路路面覆盖的地表;从地理要素实体角度,包括铁路、公路、城市道路及乡村道路	4	4
0700	构筑物	为某种使用目的而建造的、人们一般不直接在其内部进行生产和生活活动的工程实体或附属建筑设施(GB/T 50504—2009),其中的道路单独列出	9	28
0800	人工堆掘地	被人类活动形成的弃置物长期覆盖或经人工开掘、正在进行大规模土木工程而出露的地表	4	14
0900	荒漠与裸露地表	指植被覆盖度低于 10%的各类自然裸露的地表。不包含人工堆掘、夯筑、碾(踩)压形成的裸露地表或硬化地表	5	5
1000	水域	从地表覆盖角度,是指被液态和固态水覆盖的地表;从地理要素实体角度,本类型是指水体较长时期内消长和存在的空间范围	5	8
1100	地理单元	按照规划、管理、识别或利用的需求,按一定尺度和性质将多种地理要素组合在一起而形成的空间单位	4	30
1200	地形	反映地表空间实体高低起伏形态的信息	3	3
总计	12 类		58 类	133 类

3.3　地理国情调查详细内容与指标

3.3.1　耕地

(1) 类型定义或说明

耕地是指经过开垦种植农作物并经常耕耘管理的土地。包括熟耕地、新开发整理荒地、以农为主的草田轮作地;以种植农作物为主,间有零星果树、桑树或其他树 木的土地(林木覆盖度一般在 50%以下);被地膜或人不能在内部进行生产活动的简易塑料棚覆盖的耕作土地;专业性园地或者其他非耕地中临时种农作物的土地不作为耕地(参考 GB/T 21010—2017),耕地如图 3-1 所示。

图 3-1　耕地

(2) 地表覆盖分类要求

最小图斑对应的地面实地面积为 400 m^2。其中,省(自治区、直辖市)普查实施方案中可根据地域特点适度调小最小图斑调整指标。

耕地连片区域范围内部的地块之间的田埂、小路、水渠、林带等狭长条带,如果宽度在 3 m 以下,或者连片达不到实地 400 m^2 的,可以就近归并到相邻的耕地类型中。

(3) 地理国情要素采集要求

不作为地理国情要素采集。

(4) 有关说明

① 在影像上准确识别不同耕地类型,需要综合考虑不同地域的耕作制度和所采用的遥感影像数据的时间,并结合局部地形地貌、地块模式以及与其他地物的相互关系进行判定。

② 平原区耕地具有规则的几何形状,纹理平滑细腻,地块边界多有路、渠、田间防护林网等。山区、半山区耕地多为不规则的几何形状,一般都有农村道路连接。色调随土壤、湿度、农作物种类及生长季节不同而变化。

③ 对于包括弃耕或撂荒的耕地,未改良耕的高岗、低洼地,未疏浚护理的无水河道、废弃池塘,未硬化处理的边坡地,平整后长草的土地等,影像上若从耕作痕迹、周边环境等方面看明显属于耕地的,归入耕地相应类型,无法判断的,按照实际地表覆盖物类型进行归类。

④ 具有一定设施、能在内部进行生产活动的大棚,依据覆盖物性质视为构筑物归入“温室、大棚”一类。

3.3.1.1 水田

(1) 类型定义或说明

水田是指种植水稻、莲藕、茭白等水生农作物的耕地，包括实行水生、旱生农作物轮种的耕地(参考 GB/T 21010—2017)，如图 3-2 所示。

图 3-2 水田

(2) 地表覆盖分类要求

与上级类耕地的要求相同。

(3) 地理国情要素采集要求

不作为地理国情要素采集。

(4) 有关说明

① 水田主要分布于我国的水稻种植区，南方地势平坦的平原丘陵和雨水充沛的山区分布广泛，北方一般分布于河流两侧等灌排条件较好区域。地势平坦地区的水田多呈格状，丘陵山区则多为梯田。

② 该类型需要注意与坑塘进行区分。坑塘的水一般比水田深，主要用于蓄水灌溉、水产养殖等，因此坑塘中基本四季有水，水面较少被植物遮盖。平原丘陵地区多与居住地相邻，或通常在河渠附近连片分布。

③ 水生、旱生农作物轮种的耕地一般限于 2 年内的轮种可以视为水田，如果轮种周期超过 2 年的，以普查时点年份为准 2 年内耕种情况确定是否算作轮种的水田。即含普查时点年份 2 年内，如果有水生、旱生农作物轮种情况或只种植水生农作物，归入水田，否则归入旱地。

④ 难以判定是否水生、旱生农作物轮种的耕地，可根据其所处位置的地理条件、灌溉设施以及当地的耕作制度来综合判定属于水田还是旱地。但需要对当地的农业生产情况和地理环境有较深的认识和外业经验。

3.3.1.2 旱地

(1) 类型定义或说明

旱地是指种植小麦、玉米、豆类、薯类、油菜、青稞和蔬菜等旱生、旱作农作物的耕地，不含大棚用地(参考 GB/T 21010—2017)，如图 3-3 所示。

(2) 地表覆盖分类要求

与上级类耕地的要求相同。

(3) 地理国情要素采集要求

图 3-3　旱地

不作为地理国情要素采集。

(4) 有关说明

① 旱地中基本包含了土地利用分类中的水浇地、旱地和菜地，即在本类型中不区分这三种具体类型，泛指种植旱生、旱作农作物的耕地。

② 一般属于旱地的大棚覆盖的耕地单独归入“温室、大棚”一类，不能明确判定为温室大棚的耕地，归入旱地。

③ 旱地与水田相比，通常丘陵平原地区的旱地地块较水田田块大，在机械化水平较高的地区旱地地块一般呈长条状。山区半山区由于地形原因田地常常不规则，种植作物种类较多，色调多样。

3.3.2　园地

(1) 类型定义或说明

园地是指连片人工种植多年生木本和草本作物、集约经营的，以采集果实、叶、根、茎等为主，作物覆盖度一般大于 50% 的土地。包括各种乔灌木、热带作物以及果树、苗圃、花圃等用地(参考 GB/T 21010—2017)。

(2) 地表覆盖分类要求

最小图斑对应的地面实地面积为 400 m^2。

(3) 地理国情要素采集要求

不作为地理国情要素采集。

(4) 有关说明

① 与林地相比，园地通常离居民地较近，大部分类型行列排列特征比较明显。果园色彩、纹理上都比较均一。在作业中可参照基础地理信息数据中的相关信息，可提高判读的准确率。

② 各类园地在均匀或接近均匀混种时，按照占比或优势类型归入合适类型的园地。

3.3.2.1　果园

果园是指被人工种植的果树覆盖的连片区域。果树主要是指能生产人类食用果实的木本或多年生草本植物。

(1) 乔灌果园

① 类型定义或说明

乔灌果园是指种植乔木或灌木类果树为主的果园，包括水果和坚果。常见的包括苹果、梨、海棠果、山楂、桃、李、杏、樱桃、树莓、石榴、柿、枣、柑、橘、橙、柚、荔枝、龙眼、枇杷、杨梅、木瓜、椰子、芒果、油桃、核桃、板栗、银杏、榛、扁桃等，如图 3-4 所示。

图 3-4　乔灌果园

② 地表覆盖分类要求

最小图斑对应的地面实地面积为 400 m^2。

③ 地理国情要素采集要求

不作为地理国情要素采集。

④ 有关说明

为便于采摘养护，一般果园株距较大，在影像上多呈规则化的颗粒状纹理。注意果园与人工林的区分，人工林株距更小，植株更密集，颗粒状不如园地明显。

(2) 藤本果园

① 类型定义或说明

藤本果园是指种植藤本类多年生果树为主的果园，如葡萄、猕猴桃、西番莲等，如图 3-5 所示。

图 3-5　藤本果园

② 地表覆盖分类要求

最小图斑对应的地面实地面积为 400 m^2。

③ 地理国情要素采集要求

不作为地理国情要素采集。

④ 有关说明

种植藤本类果树一般都需要搭建藤架，影像上可以利用这一特征，结合特定果树类型相关的特点进行判别。

(3) 草本果园

① 类型定义或说明

草本果园是指种植株型较大、多年生草本类果树为主的果园，如香蕉、菠萝、番木瓜、火龙果、芭蕉等，如图 3-6 所示。

图 3-6　草本果园

② 地表覆盖分类要求

最小图斑对应的地面实地面积为 400 m^2。

③ 地理国情要素采集要求

不作为地理国情要素采集。

④ 有关说明

株型较大的草本果树大都为热带水果，在我国主要分布于广东、广西、福建、台湾、云南和海南等地。

3.3.2.2　茶园

(1) 类型定义或说明

茶园是指被人工种植的茶树覆盖的连片区域（参考 GB/T 21010—2017），如图 3-7 所示。

图 3-7　茶园

(2) 地表覆盖分类要求

最小图斑对应的地面实地面积为 400 m^2。

(3) 地理国情要素采集要求

不作为地理国情要素采集。

(4) 有关说明

茶园多分布在气候较湿润地区的山地和丘陵的平地及缓坡地，周围生态环境较好。坡地茶园多沿等高线梯级分布，茶树一般单行或双行条栽方式种植，因此在遥感影像上呈细密的条纹，特征明显。茶树一般为灌木，是多年生常绿木本植物，因此不同时点影像上均可判别。

3.3.2.3 桑园

(1) 类型定义或说明

桑园是指被人工种植的桑树覆盖的连片区域(参考 GB/T 21010—2017)，如图 3-8 所示。

图 3-8 桑园

(2) 地表覆盖分类要求

最小图斑对应的地面实地面积为 400 m^2。

(3) 地理国情要素采集要求

不作为地理国情要素采集。

(4) 有关说明

由于桑叶是家蚕的饲料，目前除青藏高原高寒地区外，我国各省(直辖市、自治区)皆有蚕桑种植，以长江中下游各地栽培最多，垂直分布大都在海拔 1 200 m 以下。不同地域栽培的桑树具有不同的气候生态型，发芽和叶子成熟硬化的时间各异。桑树是落叶阔叶乔木，树冠倒卵圆形，桑叶由开叶到成熟直至硬化，叶色由黄绿逐渐变为深绿。因此成片种植的桑树形成的桑园，除具有园地常见的特征外，叶子成熟前色泽较亮，成熟硬化后变暗，冬天落叶。桑园旺盛期郁闭度较大，因其冠型和叶型，影像上质地较光滑，无颗粒感。落叶后，较难判定。

3.3.2.4 橡胶园

(1) 类型定义或说明

橡胶是指被人工种植的橡胶树覆盖的连片区域(参考 GB/T 19231—2003)，如图 3-9 所示。

(2) 地表覆盖分类要求

最小图斑对应的地面实地面积为 400 m^2。

(3) 地理国情要素采集要求

不作为地理国情要素采集。

图 3-9　橡胶园

(4) 有关说明

橡胶园主要分布在海南省，其次在云南省，此外，在广东、广西、福建有少量分布。

3.3.2.5　苗圃

(1) 类型定义或说明

苗圃是指被人工繁殖、培育的苗木成片覆盖的地表(参考 GB/T 19231—2003)，如图 3-10 所示。

图 3-10　苗圃

(2) 地表覆盖分类要求

最小图斑对应的地面实地面积为 400 m^2。

(3) 地理国情要素采集要求

不作为地理国情要素采集。

(4) 有关说明

① 为便于苗木的管理、运输，苗圃一般位于向阳、背风、保水排水良好，且靠近水源和交通方便的地方，地势常较平坦或属于经过改良的等高梯地。

② 与果园相比，苗圃的苗木一般株距较小，生长季节的影像上纹理一般比较光滑。

3.3.2.6　花圃

(1) 类型定义或说明

花圃是指以生产草本花卉为目的，由人工繁殖、培育的草本花卉成片覆盖的地表，如图 3-11 所示。

(2) 地表覆盖分类要求

最小图斑对应的地面实地面积为 400 m^2。

(3) 地理国情要素采集要求

图 3-11　花圃

不作为地理国情要素采集。

(4) 有关说明

① 花圃一般位于地势平坦开阔、背风、向阳、排灌系统良好、交通和物资供应条件较好的城市近郊。

② 某些情况下，该类与旱地不易区分，确难区分的情况下，归入旱地一类。

3.3.2.7　其他园地

(1) 类型定义或说明

其他园地是指被人工种植的可可、咖啡、胡椒、药材、油棕和其他木本油料或香料等其他多年生木本经济作物覆盖的连片区域(参考 GB/T 21010—2017)。

(2) 地表覆盖分类要求

最小图斑对应的地面实地面积为 400 m^2。

(3) 地理国情要素采集要求

不作为地理国情要素采集。

3.3.3　林地

林地是指成片的天然林、次生林和人工林覆盖的地表，包括乔木、灌木、竹类等多种类型。以顶层树冠的优势类型区分该类下级各类类型。

3.3.3.1　乔木林

(1) 类型定义或说明

乔木林是指由具有高大明显主干的非攀缘性多年生木本植物为主体(乔木树冠覆盖面积占 65%以上)构成的片林或林带，高度一般大于 5 m。其中，乔木林带行数应在两行以上且行距小于等于 4 m，或林冠冠幅垂直投影宽度在 10 m 以上。树木郁闭度大于 0.2(据 GB/T 14721—2010 和 GB/T 26423—2010)，如图 3-12 所示。

(2) 地表覆盖分类要求

大面积的林区最小图斑对应的地面实地面积为 1 600 m^2；其他地区最小图斑对应的地面实地面积为 400 m^2。

(3) 地理国情要素采集要求

不作为地理国情要素采集。

(4) 有关说明

① 一般大面积的乔木林分布在山区或离居住地较远的地区，呈不规则的颗粒状，色彩

图 3-12　乔木林

较浓。自然状态的林地因树木大小、间距不同而不规则。

② 对于落叶后的乔木林，难以从影像上区分针叶和阔叶林，需要补充收集季相较好的遥感影像资料辅助分类。

③ 乔木林与灌木林之间的界线比较模糊，往往存在一个乔灌混合的过渡地带。

④ 道路和河渠旁边成行排列的树木如果达不到乔木林定义的标准，即行数在两行以下或林冠冠幅垂直投影宽度在 10 m 以下的，不单独归类，按照“就近就大”的原则归入相邻主要地类。

3.3.3.1.1　阔叶林

(1) 类型定义或说明

阔叶林是指由双子叶乔木树种为主构成的树林，阔叶树合计占 65% 以上（GB/T 14721—2010），有冬季落叶的落叶阔叶林（又称夏绿林）和四季常绿的常绿阔叶林（又称照叶林）两种类型，如图 3-13 所示。

图 3-13　阔叶林

(2) 地表覆盖分类要求

大面积的林区最小图斑对应的地面实地面积为 1 600 m^2；其他地区最小图斑对应的地面实地面积为 400 m^2。

(3) 地理国情要素采集要求

不作为地理国情要素采集。

(4) 有关说明

① 阔叶林有冬季落叶的落叶阔叶林（又称夏绿林）和四季常绿的常绿阔叶林（又称照叶

林)两种类型。但如果没有多个合适时相的影像支持,难以区分常绿和落叶,可以通过长期周期性监测来达到这一目的。

② 处于生长季的阔叶林在真彩色影像上色调比针叶林浅,一般呈浅绿和黄绿色颗粒状或粗圆粒状,在秋季影像上,不同树种的树冠颜色有较大差异,因而形成色调混杂的影像。

3.3.3.1.2 针叶林

(1) 类型定义或说明

针叶林是指由松、柏、杉等裸子植物的乔木树种为主构成的树林,针叶树合计占 65%以上(GB/T 14721—2010),如图 3-14 所示。

图 3-14 针叶林

(2) 地表覆盖分类要求

大面积的林区最小图斑对应的地面实地面积为 1 600 m^2;其他地区最小图斑对应的地面实地面积为 400 m^2。

(3) 地理国情要素采集要求

不作为地理国情要素采集。

(4) 有关说明

由于多数针叶林的树冠呈圆锥形或椭圆形,且树较高,因此光照条件较好时阴影比较明显。这一特征体现在高分辨率影像上,针叶林一般呈深色颗粒状,随分辨率降低,表现为暗色调均匀的细粒状影纹。在分辨率优于 1 m 的高分辨率影像上,可以判读其树冠形态特征。例如,云杉树冠呈圆锥形,而松树呈椭圆形且树冠位置较高,树冠宽度较云杉大,而云杉树冠的长度比松树树冠长 1.5～2 倍,杉木树冠呈尖塔形,云南松呈倒圆锥形。

3.3.3.1.3 针阔混交林

(1) 类型定义或说明

针阔混交林是指针阔两类乔木混生,但林冠覆盖面积都不超过 65%(含 65%)的树林,(据 GB/T 14721—2010),如图 3-15 所示。

(2) 地表覆盖分类要求

大面积的林区最小图斑对应的地面实地面积为 1 600 m^2;其他地区最小图斑对应的地面实地面积为 400 m^2。

(3) 地理国情要素采集要求

不作为地理国情要素采集。

图 3-15　针阔混交林

(4) 有关说明

它兼具针、阔两种的特征，针叶林呈深色细颗粒状，而阔叶林呈浅色，颗粒较粗。两者交错混生，有的林斑以针叶林为主、阔叶林为辅，有的则反之。

3.3.3.2　灌木林

(1) 类型定义或说明

灌木森是指由生长低矮的多年生灌木型木本植物为主体(灌木树冠覆盖面积占65%以上)构成的植被，覆盖度大于30%，高度一般低于5 m(据GB/T 14721—2010)，如图3-16所示。

图 3-16　灌木林

(2) 地表覆盖分类要求

大面积的林区最小图斑对应的地面实地面积为1 600 m^2；其他地区最小图斑对应的地面实地面积为400 m^2。

(3) 地理国情要素采集要求

不作为地理国情要素采集。

(4) 有关说明

① 因较低矮，缺少阴影，影像上一般没有颗粒感或颗粒感不明显，均为自然状态，处于乔木林与草地、耕地之间的过渡地带，内部常有部分颗粒状乔木及草地，分布极不规则，色彩比林地浅，但比草地深。

② 灌木能适应多种类型的地理环境，生态幅度较乔木林广，分布范围常比乔木林大。在气候干燥或寒冷、不适宜乔木生长的地方，常有灌木林分布。此外，在乔木林被破坏(滥

伐、火灾)后,常常先演替形成次生灌木林。

3.3.3.2.1 阔叶灌木林

(1) 类型定义或说明

阔叶灌木林是指以阔叶的灌木、灌丛和通常低于 5 m 小乔木为主组成的植被类型,如图 3-17 所示。

图 3-17 阔叶灌木林

(2) 地表覆盖分类要求

大面积的林区最小图斑对应的地面实地面积为 1 600 m^2;其他地区最小图斑对应的地面实地面积为 400 m^2。

(3) 地理国情要素采集要求

不作为地理国情要素采集。

(4) 有关说明

灌木一般都是阔叶植物,也有一些针叶植物是灌木。

3.3.3.2.2 针叶灌木林

(1) 类型定义或说明

针叶灌木林是指由针叶的灌木、灌丛和通常低于 5 m 的小乔木为主组成的植被类型,如图 3-18 所示。

图 3-18 针叶灌木林

(2) 地表覆盖分类要求

大面积的林区最小图斑对应的地面实地面积为 1 600 m^2;其他地区最小图斑对应的地面实地面积为 400 m^2。

(3) 地理国情要素采集要求

不作为地理国情要素采集。

(4) 有关说明

常见类型有匍地柏、沙地柏等。植株匍匐、直立或斜向生长。沙地柏多生于海拔 1 200 m 以上的沙地、荒山和林下，自然群落主要分布于内蒙古、陕西、新疆、宁夏、甘肃、青海等地。多人工种植，用于护坡、固沙、园林等用途，可密集栽植替代草坪，且改善生态环境的能力较草坪更强，既耐干旱，又极耐寒冷，栽培容易，管理简单，冬夏常青，固沙保土效果明显。

3.3.3.2.3　针阔混交灌木林

(1) 类型定义或说明

针阔混交灌木林是指针阔两类灌木混生，但林冠覆盖面积都不超过 65%(含 65%)的灌木林。

(2) 地表覆盖分类要求

大面积的林区最小图斑对应的地面实地面积为 1 600 m^2；其他地区最小图斑对应的地面实地面积为 400 m^2。

(3) 地理国情要素采集要求

不作为地理国情要素采集。

(4) 有关说明

自然状态的针阔混交灌木林比较少见。

3.3.3.3　乔灌混合林

(1) 类型定义或说明

乔灌混合林是指由乔木和灌木交替生长混合覆盖但两者林冠覆盖面积各自都不超过 65%(含 65%)，且树木总体覆盖度大于 30%的地表，如图 3-19 所示。

图 3-19　乔灌混合林

(2) 地表覆盖分类要求

大面积的林区最小图斑对应的地面实地面积为 1 600 m^2；其他地区最小图斑对应的地面实地面积为 400 m^2。

(3) 地理国情要素采集要求

不作为地理国情要素采集。

(4) 有关说明

往往处于人类扰动较大的林区，在乔木林被破坏(滥伐、火灾等)后，处于演替过程中逐步向乔木林过渡的阶段。

3.3.3.4　竹林

（1）类型定义或说明

竹林是指全部由各类竹子组成的纯林或仅混生少量针阔叶树种的植被类型，如图 3-20 所示。

图 3-20　竹林

（2）地表覆盖分类要求

最小图斑对应的地面实地面积为 400 m^2。

（3）地理国情要素采集要求

不作为地理国情要素采集。

（4）有关说明

① 竹子主要分布在地球的 46°N～47°S 之间的热带、亚热带和暖温带地区。我国华南、华东、西南等都有大量不同种类的竹子分布，其他地区也有少量分布。

② 由于竹子的特有形态和竹叶色调较浅，在影像上表现出颜色比阔叶林浅，成片的竹林呈整齐的毛絮状特征。

3.3.3.5　疏林

（1）类型定义或说明

疏林是指由各类林木组成但覆盖度较低，郁闭度在 0.1～0.2 的林地，如图 3-21 所示。

图 3-21　疏林

（2）地表覆盖分类要求

最小图斑对应的地面实地面积为 1 600 m^2。

（3）地理国情要素采集要求

不作为地理国情要素采集。

(4) 有关说明

① 疏林可分为原始疏林和次生疏林。原始疏林是由于当地自然条件差、林木生长缓慢、天然更新困难而形成的。次生疏林是由于人为原因造成的，使林地经过次生逆向演替而形成的疏林。

② 疏林中，也可以杂生一些灌木和草本植无树平原或灌木地。

3.3.3.6　绿化林地

(1) 类型定义或说明

绿化林地是指城镇等人口集中居住范围内的街巷、零星地块、街心花园以及道路隔离绿化带等范围内人工种植的绿化树木覆盖形成的小面积片状或带状区域(不包括楼顶种植的树木)。

(2) 地表覆盖分类要求

最小图斑对应的地面实地面积为 200 m^2。其中，城市地区最小图斑对应的地面实地面积为 100 m^2。

(3) 地理国情要素采集要求

不作为地理国情要素采集。

(4) 有关说明

绿化林地仅适用于城镇等人口集中居住范围内的街巷、零星地块、街心花园以及道路隔离绿化带等范围内为绿化环境而种植的树木形成的小面积林地，不包括公园内大片的长期自然生长林地。包含在房屋建筑区内的绿化林地应按照房屋建筑区内的归类规则确定是否单独归类。

3.3.3.7　人工幼林

(1) 类型定义或说明

人工幼林是指人工种植的未成林，如图 3-22 所示。

图 3-22　人工幼林

(2) 地表覆盖分类要求

最小图斑对应的地面实地面积为 400 m^2。

(3) 地理国情要素采集要求

不作为地理国情要素采集。

(4) 有关说明

人工幼林在影像上有比较明显的种植痕迹，覆盖度较低，树木呈行列或条带分布，图斑外部轮廓呈折线状。天然林则随地形而变，呈不规则的边界，甚至边界模糊。

3.3.3.8　稀疏灌丛

（1）类型定义或说明

稀疏灌丛是指在荒漠或植被稀疏地区丘团状生长的低矮灌木或灌草丛，成群分布，但平均覆盖度低于30%、大于10%的地表，如图3-23所示。

图 3-23　稀疏灌丛

（2）地表覆盖分类要求

荒漠地区最小图斑对应的地面实地面积为10 000 m^2，其他地区最小图斑对应的地面实地面积为1 600 m^2。

（3）地理国情要素采集要求

不作为地理国情要素采集。

（4）有关说明

多分布于荒漠戈壁等干旱地区。稀疏灌丛与低覆盖度草地不易区分。低覆盖度草地以草本为主，存在范围内生长分布相对比较均匀。稀疏灌丛以木本低矮灌丛为主，存在范围内分布不均匀，成丘团状分布。如果两者难以明确判定归属的，一般归入低覆盖度草地。该类型与裸露地表的界线比较模糊。

3.3.4　草地

（1）类型定义或说明

草地是指以草本植物为主连片覆盖的地表，包括草被覆盖度在10%以上的各类草地，含以牧为主的灌丛草地和林木覆盖度在10%以下的疏林草地（据GB/T 24255—2009和GB/T 20483—2006），如图3-24所示。

（2）地表覆盖分类要求

草原地区最小图斑对应的地面实地面积为1 600 m^2；其他地区最小图斑对应的地面实地面积为400 m^2。

（3）地理国情要素采集要求

不作为地理国情要素采集。

（4）有关说明

植被生物量小，颜色较浅，但内部均一度比较高，纹理细腻，容易与灌木林或稀疏灌丛混淆，需要结合影像上的周边信息进行人工解译。

图 3-24　草地

3.3.4.1　天然草地

（1）类型定义或说明

天然草地是指以天然生长或半人工培育的草本植物为主覆盖的地表。一般未经改良或经过不破坏天然植被条件下的改良，用于放牧或割草，包括以牧为主的树木覆盖度在 10%以下的疏林草地和灌丛草地（据 GB/T 19231—2003），如图 3-25 所示。

图 3-25　天然草地

（2）地表覆盖分类要求

草原地区最小图斑对应的地面实地面积为 1 600 m^2；其他地区最小图斑对应的地面实地面积为 400 m^2。

（3）地理国情要素采集要求

不作为地理国情要素采集。

（4）有关说明

① 自然的植被分布，图斑内部较少存在道路，道路一般呈自然延伸状态。应注意天然草地与耕地的区别，天然草地的图斑要大于耕地的几倍或十几倍。没有防护林带，道路也相对较少。

② 高、中、低覆盖度草地之间的界线比较模糊，在影像上并不十分明显，覆盖度差不多的草地在不同的坡面或水分条件的地方在影像上也有差别。因此，准确区分高、中、低覆盖度草地，需要根据地域特点，建立较完善的解译标志作为参照。

3.3.4.1.1　高覆盖度草地

（1）类型定义或说明

高覆盖度草地是指覆盖度大于 50%的天然草地、改良草地和割草地，此类草地一般水分条件较好，草被生长茂密，如图 3-26 所示。

（2）地表覆盖分类要求

草原地区最小图斑对应的地面实地面积为 1 600 m^2；其他地区最小图斑对应的地面实地面积为 400 m^2。

(3) 地理国情要素采集要求

不作为地理国情要素采集。

(4) 有关说明

在真彩色影像上颜色鲜绿,影像结构均较好的河流沟谷附近及耕地边缘。

3.3.4.1.2 中覆盖度草地

(1) 类型定义或说明

中覆盖度草地是指覆盖度为20%~50%的天然草地和改良草地,此类草地一般水分不足,草被较稀疏,如图3-27所示。

图3-26 高覆盖度草地

图3-27 中覆盖度草地

(2) 地表覆盖分类要求

草原地区最小图斑对应的地面实地面积为1 600 m^2;其他地区最小图斑对应的地面实地面积为400 m^2。

(3) 地理国情要素采集要求

不作为地理国情要素采集。

(4) 有关说明

真彩色影像上呈淡绿色或黄绿色,影像结构单一,纹理较细。山地和平原及河流沟谷边均有分布;山地主要在中低部,水分条件稍好的平原沟谷地带。

3.3.4.1.3 低覆盖度草地

(1) 类型定义或说明

低覆盖度草地是指覆盖度为10%~20%的天然草地,此类草地水分缺乏,草被稀疏,牧业利用条件较差,如图3-28所示。

图3-28 低覆盖度草地

(2) 地表覆盖分类要求

荒漠地区最小图斑对应的地面实地面积为10 000 m^2,草原地区最小图斑对应的地面实地面积为1 600 m^2;其他地区最小图斑对应的地面实地面积为400 m^2。

(3) 地理国情要素采集要求

不作为地理国情要素采集。

(4) 有关说明

① 植被成颗粒状丛生，以草本为主，内偶含低矮的灌丛。由于覆盖度底，真彩色影像上多反映出土壤底质的特征，颜色呈黄色、淡灰褐色，影像结构均一，纹理较细，分布较广，主要在低山、山前平原地区及沙地边缘。该类型与裸露地表的界线比较模糊。

② 低覆盖度草地与稀疏灌丛不易区分。低覆盖度草地以草本为主，存在范围内生长分布相对比较均匀。稀疏灌丛以木本低矮灌丛为主，存在范围内分布不均匀，成丘团状分布。如果两者难以明确判定归属的，一般归入低覆盖度草地。

3.3.4.2　人工草地

(1) 类型定义或说明

人工草地是指通过耕翻、完全破坏、清除原有天然植被后，人为播种、栽培建植的以草本植物为主体的人工植被及其生长的土地，包含人工栽植林木覆盖度小于10%的人工疏灌丛群落或疏林群落及其生长的土地，包括饲用为主要目的的人工牧草地和特殊用途如改善环境的绿化草地(据 GB/T 19231—2003)。

(2) 地表覆盖分类要求

最小图斑对应的地面实地面积为 400 m^2。

(3) 地理国情要素采集要求

不作为地理国情要素采集。

(4) 有关说明

需结合纹理信息和周边影像综合判读。

3.3.4.2.1　牧草地

(1) 类型定义或说明

牧草地是指由人工种植的用于放牧或饲料的牧草覆盖的草地(据 GB/T 19231—2003)，如图 3-29 所示。

图 3-29　牧草地

(2) 地表覆盖分类要求

最小图斑对应的地面实地面积为 400 m^2。

(3) 地理国情要素采集要求

不作为地理国情要素采集。

(4) 有关说明

牧草地是在原有草地的基础上，改良草种、进行灌溉形成的。颜色较深，内部均一度更高。人工草场有明确的范围，或用围栏围住。应注意牧草地与耕地的区别，牧草地的斑块一般较大，地块间一般没有防护林带。

3.3.4.2.2　绿化草地

(1) 类型定义或说明

绿化草地是指城镇或居住区域内地面上，由栽种的草植物覆盖的地表，包括公园、运动场所、绿地等范围内为绿化环境人工种植的草地、花坛，不包括楼顶种植的草坪，如图 3-30 所示。

图 3-30　绿化草地

(2) 地表覆盖分类要求

最小图斑对应的地面实地面积为 200 m^2。其中，城市地区最小图斑对应的地面实地面积为 100 m^2。

(3) 地理国情要素采集要求

不作为地理国情要素采集。

(4) 有关说明

仅指居民地范围内为绿化环境或体育运动而人工种植维护的草地或花坛，包括在房屋建筑区内的绿化草地应按照房屋建筑区的归类规则确定是否单独归类。

3.3.4.2.3　固沙灌草

(1) 类型定义或说明

固沙灌草是指为了固定或者减轻干旱地区流沙移动而人工种植的发挥防风固沙、减少水土流失作用的灌丛或草地，如图 3-31 所示。

图 3-31　固沙灌草

(2) 地表覆盖分类要求

最小图斑对应的地面实地面积为 400 m^2。

（3）地理国情要素采集要求

不作为地理国情要素采集。

3.3.4.2.4　护坡灌草

（1）类型定义或说明

护坡灌草是指路堤、路堑、堤、坝、护坡等的边坡部位，为防止受冲刷，在格框或直接在坡面上人工栽植的灌丛或草地，如图3-32所示。

图3-32　护坡灌草

（2）地表覆盖分类要求

最小图斑对应的地面实地面积为400 m^2。

（3）地理国情要素采集要求

不作为地理国情要素采集。

（4）有关说明

该类型只适用于路堤、路堑、堤、坝、护坡等部位被灌丛或草地覆盖的部分，未被灌丛或草地覆盖的硬化部分不归入此类。其中，无植被覆盖的路堤、路堑按照路面归类，无植被覆盖的堤坝按照水工设施中的堤坝归类，无植被覆盖的护坡按照硬化地表中的护坡归类。

3.3.4.2.5　其他人工草地

（1）类型定义或说明

其他未分类的人工草地。

（2）地表覆盖分类要求

最小图斑对应的地面实地面积为400 m^2。

（3）地理国情要素采集要求

不作为地理国情要素采集。

3.3.5　房屋建筑（区）

（1）类型定义或说明

房屋建筑一般是指上有屋顶，周围有墙，能防风避雨，御寒保温，供人们在其中工作、生产、生活、学习、娱乐和储藏物资，并具有固定基础，层高一般在2.2 m以上的永久性场所。但根据某些地方的生活习惯，可供人们常年居住的窑洞、竹楼、蒙古包等也包括在内。为便于操作，根据房屋建筑的集聚程度和规模，该大类下分房屋建筑区和独立房屋建筑两种情况。

房屋建筑区是指城镇和乡村集中居住区域内，被连片房屋建筑遮盖的地表区域。具体指被外部道路、河流、山川及大片树林、草地、耕地等形成的自然分界线分割而成的区块内部，由高度相近、结构类似、排布规律、建筑密度相近的成片房屋建筑的外廓线围合而成的区域。独立房屋建筑包括城镇地区规模较大的单体建筑和分布于分散的居民点、规模较小的散落房屋建筑，如图 3-33 所示。

图 3-33　房屋建筑区

(2) 地表覆盖分类要求

房屋建筑区的最小图斑对应的地面实地面积为 1 600 m^2。根据房屋建筑高度、结构、排布规律、建筑密度以及外部道路和其他明显界限确定的房屋建筑区内，连片的绿化林地、绿化草地、硬化平地、路面等其他类型，若其面积小于 1 600 m^2，即使达到各类型的最小图斑要求，也不再单独归类，直接并入各类房屋建筑区类型；如果连片面积大于 1 600 m^2，应单独归类，一般不宜全部归并到房屋建筑区一个图斑中。

房屋建筑区中，纯粹房屋建筑的占比应在 10%以上；低于 10%的，范围内房屋建筑应分别按照独立房屋建筑归类，其他类型也应单独归类。

房屋建筑区的范围通过连接围合该区域的各个房屋建筑的轮廓转折点形成；勾画房屋建筑区范围时，在包含相同房屋建筑数量的情况下，应尽可能保持外廓线包含的范围最小。

对有围墙、栅栏等明显隔离设施，与周边其他建筑在高度、结构、排布规律或建筑密度等方面有较大差别，位置较为独立的院落式房屋，围墙范围内的面积超过 1 600 m^2 的，如果房屋建筑的占地面积超过院落的 10%，整个围墙范围内视作房屋建筑区，并依据房屋的平均层高和实际建筑密度归入到对应的房屋建筑区类型中；围墙范围内的面积较小，低于1 600 m^2 的，如果房屋建筑的占地面积超过院落的 10%，整个院落按照独立房屋建筑归类，否则，不宜把整个院落归为一类，院落范围内达到指标要求的各类型应单独归类。

对于城镇地区内在形态、结构、高度、规模等方面明显不同于周边其他房屋建筑的大型单体建筑，按照独立房屋建筑归类。

无论在城市还是乡村，由完全连接在一起的房屋连续覆盖、与周边其他类型有明显分界线、范围内全部或接近全部为房屋建筑的区域，按照独立房屋建筑归类。对于乡村地区集聚程度较低、自然散乱分布、被其他类型分隔的房屋建筑，按照独立房屋建筑归类。

(3) 地理国情要素采集要求

不作为地理国情要素采集。

(4) 有关说明

建筑密度是指建筑物的覆盖率，具体指一定范围内所有建筑的基底总面积与该范围总面积之比。它反映一定范围内的空地率和建筑密集程度。建筑密度一般不会超过 40%～50%，用地中还需要留出部分面积用作道路、绿化、广场、停车场等。

3.3.5.1　多层及以上房屋建筑区

(1) 类型定义或说明

多层及以上房屋建筑区是指层高在 4 层或以上，或楼高 10 m 以上，或在高分辨率遥感影像上有明显阴影的房屋建筑为主的区域(层高定义沿用 GB/T 50504—2009)，如图 3-34 所示。

图 3-34　多层及以上建筑区

(2) 地表覆盖分类要求

最小图斑对应的地面实地面积为 1 600 m^2。房屋建筑区内面积小于上述最小图斑面积的绿化林地、绿化草地、硬化平地、路面等其他类型不单独归类，直接并入该类。

(3) 地理国情要素采集要求

不作为地理国情要素采集。

(4) 有关说明

可利用阴影信息定性判断楼层高低。

3.3.5.1.1　高密度多层及以上房屋建筑区

(1) 类型定义或说明

高密度多层及以上房屋建筑区是指建筑密度大于等于 50% 的多层及以上建筑为主的区域。据 GB 50180—2002，住宅建筑净密度的最大值为 43%，建筑密度一般比住宅建筑净密度更大，因此确定为 50%，如图 3-35 所示。

(2) 地表覆盖分类要求

最小图斑对应的地面实地面积为 1 600 m^2。

(3) 地理国情要素采集要求

不作为地理国情要素采集。

3.3.5.1.2　低密度多层及以上房屋建筑区

(1) 类型定义或说明

低密度多层及以上房屋建筑区是指建筑密度小于 50% 的多层及以上房屋为主的建筑区域，如图 3-36 所示。

(2) 地表覆盖分类要求

图 3-35　高密度多层及以上房屋建筑区

图 3-36　低密度多层及以上房屋建筑区

最小图斑对应的地面实地面积为 1 600 m^2。

(3) 地理国情要素采集要求

不作为地理国情要素采集。

3.3.5.2　低矮房屋建筑区

(1) 类型定义或说明

图 3-37　低矮房屋建筑区

低矮房屋建筑区是指层高在 1～3 层，或楼高 10 m 以下，或在高分辨率遥感影像上无明显阴影的房屋建筑为主的区域(层高定义沿用 GB/T 50504—2009)，如图 3-37 所示。

(2) 地表覆盖分类要求

最小图斑对应的地面实地面积为 1 600 m^2。房屋建筑区内面积小于上述最小图斑面积的绿化林地、绿化草地、硬化平地、路面等其他类型不单独归类，直接并入该类。

(3) 地理国情要素采集要求

不作为地理国情要素采集。

(4) 有关说明

可利用阴影信息定性判断楼层高低。

3.3.5.2.1　高密度低矮房屋建筑区

(1) 类型定义或说明

高密度低矮房屋建筑区是指建筑密度大于等于 50%的低矮房屋建筑为主的区域，如图 3-38 所示。

(2) 地表覆盖分类要求

最小图斑对应的地面实地面积为 1 600 m^2。

(3) 地理国情要素采集要求

不作为地理国情要素采集。

(4) 有关说明

多位于城市的老城区或建筑年代较老、规划水平较低的居民区。

3.3.5.2.2　低密度低矮房屋建筑区

(1) 类型定义或说明

低密度低矮房屋建筑区是指建筑密度小于 50%的低矮房屋建筑为主的区域，如图 3-39 所示。

图 3-38　高密度低矮房屋建筑区

图 3-39　低密度低矮房屋建筑区

(2) 地表覆盖分类要求

最小图斑对应的地面实地面积为 1 600 m^2。

(3) 地理国情要素采集要求

不作为地理国情要素采集。

(4) 有关说明

多位于城市的高档住宅区和经济较发达、有规划的乡村集中居住区。

3.3.5.3　废弃房屋建筑区

(1) 类型定义或说明

废弃房屋建筑区是指人口整体迁移、无人居住、废弃的农村地区连片房屋建筑区，如图 3-40 所示。

(2) 地表覆盖分类要求

最小图斑对应的地面实地面积为 1 600 m^2。

(3) 地理国情要素采集要求

不作为地理国情要素采集。

3.3.5.4　多层及以上独立房屋建筑区

(1) 类型定义或说明

图 3-40　废弃房屋建筑区

多层及以上独立房屋建筑区是指层高在 4 层及以上，或楼高 10 m 以上的独立房屋建筑，如图 3-41 所示。

图 3-41　多层及以上独立房屋建筑区

(2) 地表覆盖分类要求

最小图斑对应的地面实地面积为 200 m^2，城市地区最小图斑对应的地面实地面积为 100 m^2。建筑物内部及院落式房屋围墙范围内的空地、植被及构筑物等不单独区分。

(3) 地理国情要素采集要求

不作为地理国情要素采集。

3.3.5.4.1　多层独立房屋建筑

(1) 类型定义或说明

多层独立房屋建筑是指层高在 4～6 层的独立房屋建筑。

(2) 地表覆盖分类要求

最小图斑对应的地面实地面积为 200 m^2，城市地区最小图斑对应的地面实地面积为 100 m^2。建筑物内部及院落式房屋围墙范围内的空地、植被及构筑物等不单独区分。

(3) 地理国情要素采集要求

不作为地理国情要素采集。

3.3.5.4.2　中高层独立房屋建筑

(1) 类型定义或说明

中高层独立房屋建筑是指层高在 7～9 层的独立房屋建筑。

(2) 地表覆盖分类要求

最小图斑对应的地面实地面积为 200 m^2，城市地区最小图斑对应的地面实地面积为

100 m^2。建筑物内部及院落式房屋围墙范围内的空地、植被及构筑物等不单独区分。

(3) 地理国情要素采集要求

不作为地理国情要素采集。

3.3.5.4.3 高层独立房屋建筑

(1) 类型定义或说明

高层独立房屋建筑是指层高在10层以上且建筑高度小于100 m的独立房屋建筑。

(2) 地表覆盖分类要求

最小图斑对应的地面实地面积为200 m^2,城市地区最小图斑对应的地面实地面积为100 m^2。建筑物内部及院落式房屋围墙范围内的空地、植被及构筑物等不单独区分。

(3) 地理国情要素采集要求

不作为地理国情要素采集。

3.3.5.4.4 超高层独立房屋建筑

(1) 类型定义或说明

超高层独立房屋建筑是指建筑高度大于100 m的独立房屋建筑。

(2) 地表覆盖分类要求

最小图斑对应的地面实地面积为200 m^2,城市地区最小图斑对应的地面实地面积为100 m^2。建筑物内部及院落式房屋围墙范围内的空地、植被及构筑物等不单独区分。

(3) 地理国情要素采集要求

不作为地理国情要素采集。

3.3.5.5 低矮独立房屋建筑

(1) 类型定义或说明

低矮独立房屋建筑是指层高在3层及以下,或楼高10 m以下的独立房屋建筑,如图3-42所示。

图3-42 低矮独立房屋建筑

(2) 地表覆盖分类要求

最小图斑对应的地面实地面积为200 m^2,城市地区最小图斑对应的地面实地面积为100 m^2。建筑物内部及院落式房屋围墙范围内的空地、植被及构筑物等不单独区分。

(3) 地理国情要素采集要求

不作为地理国情要素采集。

3.3.6 道路

(1) 类型定义或说明

道路是指从地理要素实体角度,包括铁路、公路、城市道路及乡村道路,如图 3-43 所示。

图 3-43 道路

(2) 地表覆盖分类要求

除铁路外的其他道路覆盖分类统一归为路面,代码取 0601。宽度小于 3 m 的路面,可与相邻主要类型合并。城镇居民区内道路被行树遮盖而难以获得真实地表的部分,在地表覆盖中可按绿化林地归类,出露的道路部分如果达到采集指标的需要,归为路面;若达不到地表覆盖分类的最小图斑要求,可以与相邻主要类型合并。

(3) 地理国情要素采集要求

各下级类分别规定。

(4) 有关说明

覆盖分类获得的图斑信息与地理要素中采集的道路中心线信息需要保证一致性。除道路被植被或其他类型遮蔽的地方,地理要素中采集的道路(包括铁路、公路、城市道路和乡村道路)应该都落在对应位置上的地表覆盖类型的路面(包括铁路路面和道路路面)范围内。作为要素的道路可以根据当地的情况进行选择,但采集指标要求必须一致。

3.3.6.1 铁路

(1) 类型定义或说明

从地表覆盖的角度,铁路指被火车行车轨道及路基覆盖的地表;从地理要素的角度,铁路是火车的行车线路,如图 3-44 所示。

图 3-44 铁路

(2) 地表覆盖分类要求

铁路路基范围的路面,包括无植被覆盖、经硬化的路堤、路堑的范围。

(3) 地理国情要素采集要求

采集铁路正线的中心线,并赋要素属性。多条正线轨道并行时,间隔 10 m 以内的,按一条采集;间隔 10 m 以上时,分别采集。间隔 10 m 以内的并行正线轨道,若为两条并行,依据其中一条轨道的中心线位置采集;若为多条并行,依据较为居中的一条轨道的中心线位置采集。

（4）有关说明

与公路路面相比，铁路较平直，路基较窄，拐弯处弧度较大，且可以通过铁道站点来判定。

3.3.6.2　公路

（1）类型定义或说明

公路是指连接城市间的道路，又称城际公路，包括国道、省道、县道、乡道、专用公路以及公路之间的连接道。专用公路包括但不限于林区公路、厂矿道路、边境巡逻道路等供专业车辆通行有专门用途的道路。

（2）地表覆盖分类要求

采集宽度大于 3 m 且长度大于 500 m 以上的路面，含无植被覆盖、经硬化的路堤、路堑的范围，同上一级类，归为路面，代码取 0601。达到采集指标要求的公路收费岗亭、服务区，应按照房屋建筑（区）类型进行归类。

（3）地理国情要素采集要求

采集所有通车的宽度一般大于 5 m 的城际公路（包括国道、省道、县道、乡道、专用公路以及线路之间的连接道）的道路中心线并赋要素属性，包括与城际公路构网的城市道路同时也按城际公路采集。

若道路中央隔离带或绿化带较宽，宽度达到或超过 10 m 时，应按两条路线采集；小于 10 m 的，宽度计入道路宽度。城市道路要素宽度属性不包含人行道的宽度。

车道数按照实际划定的正规机动车道数填写，不含应急车道和非机动车道。公路中不采集立交桥及构成立交桥的匝道，如果相交的道路相通，在道路中心线相交处打断生成两条线段。除立交桥匝道，公路之间的连接道路需要按公路要求采集。

道路宽度属性值包括车行道的所有范围，含车行道之间不宽于 10 m 的隔离带宽度，不含两侧的人行道以及车行道与人行道之间隔离带宽度。

（4）有关说明

分类时需注意在中低分辨率影像上和铁路、沟渠分开。主要通过连接的立交桥、村庄、居民点来判断。与河流交叉处的桥梁也能帮助判断公路还是水系。公路路面反射率较高，影像发亮，特别是新的水泥路面和裸土路面影像易于判断。车行道两侧的人行道，地表覆盖分类一并归入路面一类。

3.3.6.3　城市道路

（1）类型定义或说明

城市道路是指连接城市内部空间单元的道路，面积大于 1 km^2 的居民地范围内的道路算作城市道路。

（2）地表覆盖分类要求

宽度大于 3 m 且长度大于 500 m 以上的路面，含无植被覆盖、经硬化的路堤、路堑的范围，同上一级类，归为路面，代码取 0601。

（3）地理国情要素采集要求

① 采集县级及以上政府驻地所在城镇内路宽大于 5 m 的快速路和城市街道的道路中心线，以及该范围内其他起路网连通作用的主要街道的道路中心线，并赋要素属性；城市地区采集路宽大于 3 m 的所有道路的中心线，并赋要素属性。

② 所有城市轨道交通的地面线。地铁线路采用地铁站之间连线，有明显矛盾的应做适当处理。

3.3.6.4 乡村道路

(1) 类型定义或说明

乡村道路是指村与村、村与外部路网、城际公路之间起连接作用且未纳入管理等级的通车道路，主要包括未纳入管理等级的机耕路、乡村路等。

(2) 地表覆盖分类要求

宽度大于 3 m 且长度大于 500 m 以上的路面(包括碎石路、土路等)，含无植被覆盖、经硬化的路堤、路堑的范围，同上一级类，归为路面，代码取 0601。

(3) 地理国情要素采集要求

采集乡村道路中硬化道路的中心线，并赋要素属性。经过沥青、混凝土和碎石铺面处理过的道路视作硬化道路。非硬化乡村道路一般不采集，考虑路网连通作用，根据实际情况适当采集非硬化道路。

3.3.7 构筑物

(1) 类型定义或说明

构筑物是指为某种使用目的而建造的、人们一般不直接在其内部进行生产和生活活动的工程实体或附属建筑设施(GB/T 50504—2009)。其中的道路单独列出。

(2) 地表覆盖分类要求

根据下级类具体情况确定。

(3) 地理国情要素采集要求

根据下级类具体情况确定。

(4) 有关说明

本类型包含的内容比较广泛，包括除道路和房屋之外的所有存于地表、可见的人造物。如果有未纳入分类的构造物，可以根据需要对分类体系进行扩展，也可以直接归入其他构筑物一类中。

3.3.7.1 硬化地表

(1) 类型定义或说明

硬化地表是指使用水泥、沥青、砖石、夯土等材料连片露天铺设的地表，或由于人类社会经济活动经常性碾压、踩踏形成的裸露地表，如图 3-45 所示。

图 3-45 硬化地表

(2) 地表覆盖分类要求

最小图斑对应的地面实地面积为 1 600 m^2，城市地区最小图斑对应的地面实地面积为 800 m^2。

(3) 地理国情要素采集要求

不作为地理国情要素采集。

(4) 有关说明

该类型在作为堆放场地时，易于与堆放物相混淆。人工长期堆积的各种矿物、尾矿、弃渣、垃圾、沙土、岩屑等(人工堆积物)覆盖的地表才归入堆放物一类中，对于以短期或临时存放货物为主要目的的堆放场，其堆放物和数量经常发生变动，应归入硬化地表(及其下级)类。如货运码头、物流中心堆放货物和集装箱的货场，发电厂堆放电煤的煤场，林场堆放原木的场地，砖瓦厂堆晒砖瓦泥坯的场地，以及预制件厂堆放建筑预制件的场地等都应归入硬化地表之下的露天堆放场。

本类需要与道路路面进行区别。路面含无植被覆盖、经硬化的路堤、路堑范围。为防止水土流失而建造的大面积硬化无植被覆盖的防护工程，虽分布于道路两侧，但划入路面明显不合理而且基本能够区分的，应归入硬化地表中的护坡。

3.3.7.1.1 广场

(1) 类型定义或说明

广场是指指城镇居民地中的广阔、平坦的，一般经过铺设的露天空间。

(2) 地表覆盖分类要求

最小图斑对应的地面实地面积为 1 600 m^2，城市地区最小图斑对应的地面实地面积为 800 m^2。

(3) 地理国情要素采集要求

不作为地理国情要素采集。

3.3.7.1.2 露天体育场

(1) 类型定义或说明

露天体育场是指大型无顶盖体育运动场所(GB/T 20258.3—2006)。

(2) 地表覆盖分类要求

最小图斑对应的地面实地面积为 1 600 m^2，城市地区最小图斑对应的地面实地面积为 800 m^2。

(3) 地理国情要素采集要求

不作为地理国情要素采集。

(4) 有关说明

高分辨率影像上可见田径场或运动设施。田径场内的草坪可不单独归类，合并归入露天体育场一类中。

3.3.7.1.3 停车场

(1) 类型定义或说明

停车场是指供露天停放车辆的场地。

(2) 地表覆盖分类要求

最小图斑对应的地面实地面积为 1 600 m^2，城市地区最小图斑对应的地面实地面积为

800 m^2。

(3) 地理国情要素采集要求

不作为地理国情要素采集。

(4) 有关说明

高分辨率影像上可见规则排布的停车位或停放的汽车。

3.3.7.1.4 停机坪与跑道

(1) 类型定义或说明

停机坪与跑道是指机场内飞机起降、滑行和停驻的露天区域，包括停机坪、跑道、滑行道、联络道以及其他露天硬化场地区域。

(2) 地表覆盖分类要求

最小图斑对应的地面实地面积为 5 000 m^2。

(3) 地理国情要素采集要求

不作为地理国情要素采集。

(4) 有关说明

机场区域的形态特征明显，影像上停机坪上通常可见停放的飞机，停机坪与跑道通过滑行道相接，与候机楼相邻。

3.3.7.1.5 硬化护坡

(1) 类型定义或说明

硬化护坡是指为防止受侵蚀，对堆置物、山体或工程不稳定处形成的高陡边坡采取人工硬化防护措施形成无植被覆盖的地表，不含道路路堤、路堑范围。

(2) 地表覆盖分类要求

最小图斑对应的地面实地面积为 1 600 m^2，城市地区最小图斑对应的地面实地面积为 800 m^2。

(3) 地理国情要素采集要求

不作为地理国情要素采集。

(4) 有关说明

常位于道路、河渠通过的山脚处，面积较路堤路堑的坡面面积大。

3.3.7.1.6 场院

(1) 类型定义或说明

场院是指农村中用来打谷、晾晒粮食以及院落内的硬化场地。

(2) 地表覆盖分类要求

最小图斑对应的地面实地面积为 400 m^2，城市地区最小图斑对应的地面实地面积为 200 m^2。

(3) 地理国情要素采集要求

不作为地理国情要素采集。

(4) 有关说明

通常位于农村居民地内或附近，以及一些院落式居住地内。未经硬化的归入碾压踩踏地表。

3.3.7.1.7 露天堆放场

(1) 类型定义或说明

露天堆放场是指主要用来装卸并短期存放矿石、煤炭、沙石、钢材、木材、砖瓦、预制件等散堆装物资、长大笨重货物以及集装箱等的露天硬化平地。

(2) 地表覆盖分类要求

最小图斑对应的地面实地面积为1 600 m^2,城市地区最小图斑对应的地面实地面积为800 m^2。

(3) 地理国情要素采集要求

不作为地理国情要素采集。

(4) 有关说明

该类需要与堆放物一类进行区分。人工长期堆积的各种矿物、尾矿、弃渣、垃圾、沙土、岩屑等(人工堆积物)覆盖的地表应归入堆放物一类中。只有以短期或临时存放货物为主要目的的堆放场,其堆放的物料和数量经常发生变动,才归入该类。

3.3.7.1.8 碾压踩踏地表

(1) 类型定义或说明

碾压踩踏地表是指由于人类社会经济活动经常性碾压、踩踏形成的次生裸露地表。

(2) 地表覆盖分类要求

最小图斑对应的地面实地面积为400 m^2,城市地区最小图斑对应的地面实地面积为200 m^2。

(3) 地理国情要素采集要求

不作为地理国情要素采集。

(4) 有关说明

此类地表包括无植被覆盖的田埂,牧区露天的牲畜圈舍,房前屋后堆放杂物、日常活动用的空地等。平坦旷野地区汽车碾压的车辙不归入该类,归入相邻主要类别。

3.3.7.1.9 其他硬化地表

(1) 类型定义或说明

其他硬化地表是指其他未分类的硬化地表。

(2) 地表覆盖分类要求

最小图斑对应的地面实地面积为1 600 m^2,城市地区最小图斑对应的地面实地面积为800 m^2。

(3) 地理国情要素采集要求

不作为地理国情要素采集。

3.3.7.2 水工设施

(1) 类型定义或说明

水工设施是指为消除水害和开发利用水资源而修建的工程设施。

(2) 地表覆盖分类要求

由各下级类确定具体要求。

(3) 地理国情要素采集要求

由各下级类确定具体要求。

3.3.7.2.1 堤坝

(1) 类型定义或说明

堤坝是指堤和坝的总称,也泛指防水拦水的建筑物和构筑物,如图 3-46 所示。

图 3-46 堤坝

(2) 地表覆盖分类要求

宽度大于 3 m,长度大于 100 m 的堤坝归入此类,堤坝包括堤基范围。堤上有路时,路面宽度达到 5 m 以上的,路面范围内按照道路路面归类,其余部分按照堤坝归类;路面宽度低于 5 m 的,按照堤坝归类。

(3) 地理国情要素采集要求

采集宽度大于 3 m,长度大于 100 m 的堤坝的中心线。

3.3.7.2.2 闸

(1) 类型定义或说明

闸包括船闸和水闸。建在河流、水库和沟渠中,有闸门启闭,用于调节水位和控制流量的构筑物为水闸;两端有闸封闭,两闸之间建有人工水道,江水位升高或降低,使船在高低水道间通行的场所为船闸,如图 3-47 所示。

图 3-47 闸

(2) 地表覆盖分类要求

不作为地表覆盖类型进行分类。

(3) 地理国情要素采集要求

双线水系上船闸采集轮廓线构面,水闸采集为线;其他单线水系上的闸采集定位点,位置定在线状水系和闸的交叉点。

3.3.7.2.3　排灌泵站

（1）类型定义或说明

排灌泵站为灌溉、排水而设置的抽水装置、出水建筑物、泵房及附属设施的总体，如图3-48所示。

图3-48　泵站

（2）地表覆盖分类要求

不作为地表覆盖类型进行分类。

（3）地理国情要素采集要求

收集资料结合影像更新采集定位点。

3.3.7.2.4　其他水工构筑物

（1）类型定义或说明

其他水工构筑物是指除堤坝、闸和排灌泵站之外的其他水工设施。

（2）地表覆盖分类要求

不作为地表覆盖类型进行分类。

（3）地理国情要素采集要求

采集长度大于100 m的输水管道、渡槽等起连通作用的水工设施。

3.3.7.3　交通设施

3.3.7.3.1　隧道

（1）类型定义或说明

隧道是指建造在山岭、河流及城市等地面下的火车、汽车以及输水通道。

（2）地表覆盖分类要求

不作为地表覆盖类型进行分类。

（3）地理国情要素采集要求

采集长度大于100 m的隧道，采集成线，直接连通两端出入口。直接连接线如与实际情况有明显矛盾的应做适当处理。

3.3.7.3.2　桥梁

（1）类型定义或说明

桥梁为道路跨越天然或人工障碍物而修建的建筑物，包括铁路桥、公路桥或公路铁路两用桥以及人行桥，不含人行过街天桥。

（2）地表覆盖分类要求

不作为地表覆盖类型采集，视作道路按照路面采集要求采集。

(3) 地理国情要素采集要求

长度大于 100 m 的桥梁，不含立交桥，采集桥面中心线。高架路不视作桥梁，按照一般道路采集。

3.3.7.3.3 码头

(1) 类型定义或说明

码头是指人工修建的供船舶停靠、以便于乘客上下、货物装卸的场所及其附属设施。

(2) 地表覆盖分类要求

不作为地表覆盖类型进行分类。

(3) 地理国情要素采集要求

面积大于 10 000 m^2 的按面采集；不够上述指标，码头滨水岸线长度大于 100 m 的采集为线。

3.3.7.3.4 车渡

(1) 类型定义或说明

车渡是指载渡火车、汽车过江河湖海的场所与路线。

(2) 地表覆盖分类要求

不作为地表覆盖类型进行分类。

(3) 地理国情要素采集要求

采集长度大于 100 m 的车渡，按线采集。

3.3.7.3.5 高速公路出入口

(1) 类型定义或说明

高速公路出入口是指进入或驶出高速公路的路口。

(2) 地表覆盖分类要求

不作为地表覆盖类型进行分类。

(3) 地理国情要素采集要求

采集所有的高速公路出入口，定位在高速路中心线与出入高速公路的匝道中心线相交的位置。

3.3.7.3.6 加油(气)、充电站

(1) 类型定义或说明

加油(气)、充电站是指供交通运输车辆或者相关设备进行加油(气)或者充电的场所。

(2) 地表覆盖分类要求

不作为地表覆盖类型进行分类。加油(气)、充电站所覆盖的范围按照房屋建筑(区)一类的分类要求进行归类。

(3) 地理国情要素采集要求

收集资料结合影像更新采集定位点。

3.3.7.4 城墙

(1) 类型定义或说明

城墙是指古代城墙，包括长城和城市古城墙，如图 3-49 所示。

(2) 地表覆盖分类要求

图 3-49　城墙

最小图斑对应的地面实地面积为 400 m^2。

(3) 地理国情要素采集要求

不作为地理国情要素采集。

3.3.7.5　温室、大棚

(1) 类型定义或说明

温室、大棚是指用来栽培植物或用于养殖的能透光和保温(或加温)的设施,不包括地膜覆盖和人不能在内部进行生产活动的简易塑料棚,如图 3-50 所示。

图 3-50　温室、大棚

(2) 地表覆盖分类要求

最小图斑对应的地面实地面积为 1600 m^2。连片分布的区域可合并归类。

(3) 地理国情要素采集要求

不作为地理国情要素采集。

(4) 有关说明

不能透光的棚房不属于此类,宜按照房屋建筑归类。有明显温室、大棚设施的才归入此类,不能明确判定的,符合耕地特点的,按照耕地类型进行归类。不同的温室大棚在投入水平、设施地区可以根据需要对该类型细分下级类。

3.3.7.6　固化池

(1) 类型定义或说明

固化池是指用建筑材料修建的具有规则几何形态(多呈方形或圆形)的露天池沼覆盖的地表,包括游泳池、污水处理池、晒盐池及其他类型固化池,如图 3-51 所示。

图 3-51 固化池

(2) 地表覆盖分类要求

最小图斑对应的地面实地面积为 400 m^2。

(3) 地理国情要素采集要求

不作为地理国情要素采集。

(4) 有关说明

人工痕迹明显，形态规则，多位于居民地内或特定地方，注意与用于养殖的库塘进行区分。连片分布的固化池之间的埂、堰等可以忽略，统一归并到固化池类型中。位于房屋建筑顶部的固化池，按照固化池归类。

3.3.7.7 工业设施

(1) 类型定义或说明

工业设施是指露天安置的大型工业设备设施。如采油、炼油、储油、炼钢、发电、输电等设施。

(2) 地表覆盖分类要求

最小图斑对应的地面实地面积为 1 600 m^2。连片分布的区域可合并归类。

(3) 地理国情要素采集要求

不作为地理国情要素采集。

(4) 有关说明

露天工业设施集中分布的区域，按照设施外围范围合并归类，不需要逐个采集单独的工业设施，范围内各种连片的硬化地表、路面、房屋建筑等若达不到采集指标要求不需单独归类，达到指标要求的不应并入该工业设施类的同一图斑，需单独归类。

3.3.7.8 沙障

(1) 类型定义或说明

沙障是指为消减风速、固定流动或半流动沙丘，用柴草、秸秆、黏土、树枝、板条、卵石等物料在沙面上连片建构的障蔽物。

(2) 地表覆盖分类要求

最小图斑对应的地面实地面积为 5 000 m^2。

(3) 地理国情要素采集要求

不作为地理国情要素采集。

(4) 有关说明

影像上人工痕迹明显，形态规则，多位于沙漠地区的道路两侧，或受沙化侵袭的居民地周边。注意与固沙灌草一类进行区分。

3.3.7.9　其他构筑物

(1) 类型定义或说明

其他构筑物是指其他未分类的人工构筑物

(2) 地表覆盖分类要求

最小图斑对应的地面实地面积为 400 m^2。

(3) 地理国情要素采集要求

不作为地理国情要素采集。

3.3.8　人工堆掘地

(1) 类型定义或说明

人工堆掘地是指被人类活动形成的弃置物长期覆盖或经人工开掘、正在进行大规模土木工程而出露的地表。

(2) 地表覆盖分类要求

最小图斑对应的地面实地面积为 1 600 m^2。

(3) 地理国情要素采集要求

根据下级类具体要求采集。

3.3.8.1　露天采掘场

(1) 类型定义或说明

露天采掘场是指露天开采对原始地表破坏后长期出露形成的地表，如露天采掘煤矿、铁矿、铜矿、稀土、石料、沙石以及取土等活动人工形成的裸露地表，如图 3-52 所示。

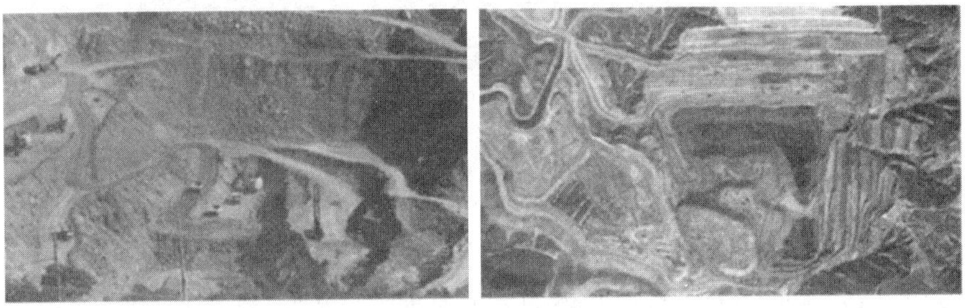

图 3-52　采掘地

(2) 地表覆盖分类要求

最小图斑对应的地面实地面积为 1 600 m^2。采掘场范围内因采矿堆积的矿石、弃渣以及尾矿，统一归并到露天采掘场这一覆盖类型中，不需单独归类。露天采掘场范围内，若包含开掘裸露物之外的其他覆盖类型，如水面、植被，达到其覆盖分类要求的需要单独归类，不宜并入露天采掘场一类。

(3) 地理国情要素采集要求

不作为地理国情要素采集。

(4) 有关说明

人工开掘形成的负地形，矿区分布广泛。

3.3.8.2 堆放物

(1) 类型定义或说明

堆放物是指人工长期堆积的各种矿物、尾矿、弃渣、垃圾、沙土、岩屑等(人工堆积物)覆盖的地表。

(2) 地表覆盖分类要求

最小图斑对应的地面实地面积为 1 600 m^2。

(3) 地理国情要素采集要求

根据下级类具体要求采集。

(4) 有关说明

人工形成的正地形,多分布在矿区和居民地周边。

3.3.8.2.1 尾矿堆放物(尾矿库)

(1) 类型定义或说明

尾矿堆放物(尾矿库)是指矿石经过选别、综合利用处理后的残留物质堆积形成的地表。尾矿库是尾矿堆放的一种重要方式,是筑坝拦截谷口或围地构成的,用以堆存金属或非金属矿山进行矿石选别后排出尾矿或其他工业废渣的场所,如图 3-53 所示。

图 3-53 尾矿库

(2) 地表覆盖分类要求

最小图斑对应的地面实地面积为 1 600 m^2。覆盖分类只针对尾矿库中出露的尾矿堆积物,赋代码 0821,是水的部分应按照水体的分类要求归为水面,赋代码 1001。

(3) 地理国情要素采集要求

采集库区面积 5 000 m^2 以上尾矿库范围线构面,并赋要素属性。尾矿库范围包括坝基起算的坝体部分,并以库体与周边的自然分界线为界。

(4) 有关说明

尾矿库多分布在矿区内或附近的山沟等易于筑坝和有汇水来源的地方。

3.3.8.2.2 垃圾堆放物

(1) 类型定义或说明

垃圾堆放物是指集中堆放的垃圾,如图 3-54 所示。

(2) 地表覆盖分类要求

最小图斑对应的地面实地面积为 1 600 m^2。

(3) 地理国情要素采集要求

图 3-54　垃圾堆放物

不作为地理国情要素采集。

(4) 有关说明

多位于居民地周边。

3.3.8.2.3　其他堆放物

(1) 类型定义或说明

其他堆放物是指未分类的其他堆放物。

(2) 地表覆盖分类要求

最小图斑对应的地面实地面积为 1 600 m^2。

(3) 地理国情要素采集要求

不作为地理国情要素采集。

3.3.8.3　建筑工地

(1) 类型定义或说明

建筑工地是指自然地表被破坏，正在进行土木建筑工程施工的场地区域，如图 3-55 所示。

图 3-55　建筑工地

(2) 地表覆盖分类要求

面状区域最小图斑对应的地面实地面积为 1 600 m^2，建筑中道路连线长度达到 1 km 以上。

(3) 地理国情要素采集要求

不作为地理国情要素采集。

(4) 有关说明

根据建筑工程类型、建筑阶段不同，建筑工地在影像上差异较大。但一般范围明确，高分辨率影像上可见塔吊、挖掘和运输搬运等建筑机械。对于刚动工的工地，自动分类时，容易与其他人工形成的地表类型混淆，需要根据内部纹理进行判断。对于已建成但未交付使用的房屋建筑、道路或其他构筑物，如果影像上或实地已没有建筑施工迹象，不宜归入建筑工地类，而应归入房屋建筑等其他相应类别。城镇中的房屋拆迁待建区域，应归入该类。

3.3.8.3.1 拆迁待建工地

(1) 类型定义或说明

拆迁待建工地是指已经拆迁尚待施工的建筑工地。

(2) 地表覆盖分类要求

面状区域最小图斑对应的地面实地面积为 1 600 m^2，建筑中道路连线长度达到 1 km 以上。

(3) 地理国情要素采集要求

不作为地理国情要素采集。

3.3.8.3.2 房屋建筑工地

(1) 类型定义或说明

房屋建筑工地是指进行房屋施工的建筑工地。

(2) 地表覆盖分类要求

面状区域最小图斑对应的地面实地面积为 1 600 m^2，建筑中道路连线长度达到 1 km 以上。

(3) 地理国情要素采集要求

不作为地理国情要素采集。

3.3.8.3.3 道路建筑工地

(1) 类型定义或说明

道路建筑工地是指进行道路施工的建筑工地。

(2) 地表覆盖分类要求

面状区域最小图斑对应的地面实地面积为 1 600 m^2，建筑中道路连线长度达到 1 km 以上。

(3) 地理国情要素采集要求

不作为地理国情要素采集。

3.3.8.3.4 其他建筑工地

(1) 类型定义或说明

其他建筑工地是指进行其他建筑物、构筑物施工的建筑工地。

(2) 地表覆盖分类要求

面状区域最小图斑对应的地面实地面积为 1 600 m^2，建筑中道路连线长度达到 1 km 以上。

(3) 地理国情要素采集要求

不作为地理国情要素采集。

3.3.8.4 其他人工堆掘地

(1) 类型定义或说明

其他人工堆掘地是指未分类的其他人工堆掘地。

(2) 地表覆盖分类要求

最小图斑对应的地面实地面积为1 600 m^2。

(3) 地理国情要素采集要求

不作为地理国情要素采集。

3.3.9　荒漠与裸露地表

(1) 类型定义或说明

荒漠与裸露地表是指植被覆盖度低于10%的各类自然裸露的地表，不包含人工堆掘、夯筑、碾(踩)压形成的裸露地表或硬化地表。

(2) 地表覆盖分类要求

对该类及所有下级类，荒漠地区最小图斑对应的地面实地面积为10 000 m^2，其他地区为1 600 m^2。

(3) 地理国情要素采集要求

对该类及所有下级类，不作为地理国情要素采集。

(4) 有关说明

我国荒漠主要分布在西北、华北的干旱地区。裸露地表指自然裸露的各类矿物质覆盖的地表；经过人工碾压、踩踏形成的地表，可归入硬化地表下的相应类别；河流、湖泊、库塘以及海滨等出露水面的泥滩，均视作裸露地表；人工弃置不管的沙土，长期自然裸露的也归入裸露地表。

3.3.9.1　盐碱地表

(1) 类型定义或说明

盐碱地表是指表层裸露物以盐碱为主的地表，如图3-56所示。

图3-56　盐碱地表

(2) 有关说明

该类型不等同于盐碱化土地。盐碱化土地上可以有较高覆盖度的植被，应依据其植被类型和覆盖度归入相应类型。对于覆盖度小于10%，且表面裸露物以盐碱为主时才归入该类。该类型的地表覆盖分布范围较小，主要位于我国西部内流地区的干涸河与干涸湖分布区域。

3.3.9.2　泥土地表

(1) 类型定义或说明

泥土地表是指表层裸露物以泥质或裸土为主的地表，如图3-57所示。

(2) 有关说明

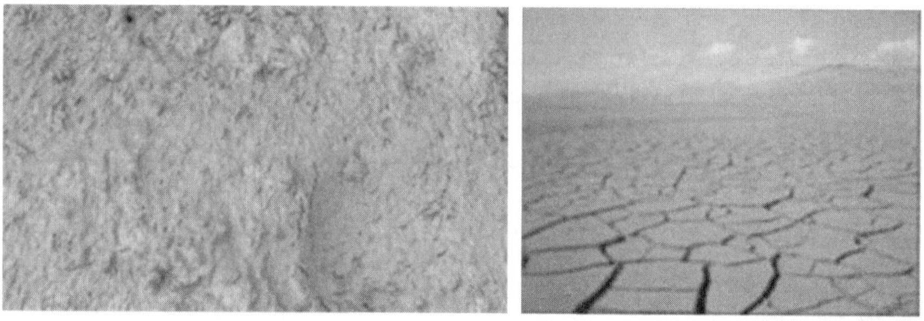

图 3-57　泥土地表

该类地表包括泥质地表和土质地表。前者如干涸的湖底，后者如黄土高原的自然裸土地，不包括翻耕或未出苗的裸耕地。

3.3.9.3　沙质地表

(1) 类型定义或说明

沙质地表是指表层裸露物以沙质为主的地表，包括沙漠、沙滩等，如图 3-58 所示。

图 3-58　沙质地表

(2) 有关说明

该类地表包括水滨的沙滩和干旱地区大面积的沙地。

3.3.9.4　砾石地表

砾石地表是指表层裸露物以块状砾石为主的地表，如图 3-59 所示。

图 3-59　砾石地表

3.3.9.5　岩石地表

岩石地表是指表层裸露物以基岩为主的地表，如图3-60所示。

图3-60　岩石地表

3.3.10　水域

(1) 类型定义或说明

从地表覆盖角度，水域是指被液态和固态水覆盖的地表。从地理要素实体角度，本类型是指水体较长时期内消长和存在的空间范围，如图3-61所示。

图3-61　水域

(2) 地表覆盖分类要求

河流、常年有水的水渠、湖泊、水库、坑塘、海面中的液态水面覆盖范围统一归为一种覆盖类型，称为水面，赋代码1001。冰川与常年积雪范围内的冰雪分别按照冰川(代码为1051)和常年积雪(代码为1052)进行归类。一般最小图斑对应的地面实地面积为400 m^2。

(3) 有关说明

一般来说，地表覆盖中采集的水面范围，只可能小于等于地理国情要素中采集的河道范围，除非采用的正好是洪水期拍摄的影像。浮游植物覆盖的水面应归入水面覆盖范围。按照影像资料反映的水面范围进行地表覆盖分类，并在元数据中完整准确记录所使用数据源的类型和时间特征。

3.3.10.1　河渠

(1) 类型定义或说明

河渠是指带状或线状水域，如图3-62所示。

(2) 有关说明

须保证同一河流、支流渠道的连通性，遇渡槽、涵洞、倒虹吸等并入相应河、渠。

图 3-62　沟渠

3.3.10.1.1　河流

(1) 类型定义或说明

从地表覆盖的角度,河流是指自然或半自然的带状或线状水体。从地理要素实体的角度,河流是指天然形成的陆地表面宣泄水流的通道,是溪、川、江、河等的总称。有堤防的河道,包括两岸堤防之间的水域、沙洲、滩地(包括可耕地)、行洪区,两岸堤防及护堤地;无堤防的河道水位岸线,即高水界之间的范围。如图 3-63 所示。

图 3-63　河流

(2) 地表覆盖分类要求

最小图斑对应的地面实地面积为 400 m^2。采集河道范围内的水面,赋代码 1001。宽度 3 m 以下的线状水面可归入相邻类型。

(3) 地理国情要素采集要求

采集实地长度大 500 m 的所有时令河与常年河、实地长度大于 1 000 m 的干涸河;起伏较大的山地地区实地长度小于 5 000 m、比降较大、平时无水的山洪沟不采集。上述长度按照从最远的源头到汇入上一级河流的交汇口的投影长度计算,比降为源头与交汇口之间的落差与长度之比。河道,即高水界范围,实地宽度大于 20 m 的,采集河道范围线构面赋属性,并同时采集结构线,赋要素属性,结构线的 GB 码赋值为“999999”,河道面的 GB 码属性应根据河流的具体类型赋值;河道实地宽度小于 20 m 的采集中心线,并赋要素属性,其 GB 码应根据河流的具体类型赋值,不应赋值为“999999”。城市地区,河道实地宽度大于 5 m 的,采集河道范围线构面赋属性,需同时采集结构线;小于 5 m 的采集中心线,并赋要素属性。河流结构线或中心线采集时必须按从上游到下游的方向顺序采集坐标点。根据高水位采集的河道范围内，如果有高水界之上的岛屿，会使河道在岛屿两侧产生分叉和汇流，岛屿两侧需分别采集河流结构线。有水河流结构线严格来说，一般采用河流的主航道、深泓线、主流线等，少数情况下，这些线可能能与河道中心线重叠。对于一些辫状河流，不能确定主航道、深泓线、主流线的，选择其中的一条主要水流，采集其中心线作为河流结构线。河流结构线不应穿越位于高水位之上的岛屿或沙洲；干旱地区山口形成的洪积扇及分布其上的漫流冲沟，采集洪积扇范围线构面，其GB码赋值为“210302”(漫流干河)，结构线选择主要的冲沟表示；对于地势平坦地区存在的漫流干河，采集河道外围线构面，其GB码赋值为“210302”(漫流干河)，结构线沿主要水流痕迹线采集，不能确定的采集河道中心线作为结构线。遇连通河流的水库、坑塘和湖泊，河流结构性(中心线)保持连续通过；5 000 m^2 以下的水库、湖泊和1 000 m^2 以下的坑塘，如果连通的河流上下游河道宽度大于20 m的，应视为河流的组成部分进行采集。河流结构线或中心线可以采用基础地理信息中的相关信息，结构线需确保在河道范围内。河道宽度小于20 m的河流，河段宽度变化若超过10 m，需要断开，以记录其不同的宽度属性值。

3.3.10.1.2　水渠

(1) 类型定义或说明

从地表覆盖的角度，水渠是指水渠中的水，或无水出露作为输水设施的渠道无植被覆盖的硬化部分。从地理实体要素的角度，水渠是指渠堤合围而成的带状或线状水道，如图3-64所示。

图3-64　水渠

(2) 地表覆盖分类要求

最小图斑对应的地面实地面积为400 m^2。常年有水的水渠采集水面范围，赋代码1001，其余部分归入水渠类，赋代码为1012。渠内水面宽度小于3 m的可视为无水渠道。临时有水或无水渠道归入水渠类，赋代码为1012。

(3) 地理国情要素采集要求

采集实地渠岸之间宽度大于3 m、长度大于500 m的固定水渠，不含毛渠。水渠宽度属性按照渠堤内侧最高处计算。遇渡槽、涵洞、倒虹吸等并入相应水渠，保证同一渠道的连通性。宽度大于20 m的采集范围线构面，同时采集结构线，小于20 m的采集中心线，并赋要素属性。城市地区，宽度大于5 m的采集范围线和中心线，并赋要素属性。宽度小于20 m的水渠，渠段宽度变化若超过10 m，需要断开，以记录其不同的宽度属性值。

3.3.10.2　湖泊

(1) 类型定义或说明

湖盆及其承纳的水体称为湖泊，如图3-65所示。

(2) 地表覆盖分类要求

最小图斑对应的地面实地面积为400 m^2，采集水面范围，赋代码1001。

(3) 地理国情要素采集要求

选择常年水面面积5 000 m^2 以上的湖泊，采集其高水位线构面，赋要素属性，包括天然

图 3-65　湖泊

湖泊和人工湖泊。城市地区，采集常年水面面积 2 000 m^2 以上的湖泊的高水位线构面赋要素属性。

3.3.10.3　库塘

（1）类型定义或说明

库塘是指人工形成的面状水体，如图 3-66 所示。

图 3-66　库塘

（2）地表覆盖分类要求

最小图斑对应的地面实地面积为 400 m^2，采集水面范围，赋代码 1001。

（3）地理国情要素采集要求

按下级类要求采集。

（4）有关说明

连片分布的坑塘可以忽略其间的埂统一归类。

3.3.10.3.1　水库

（1）类型定义或说明

水库是指在河道、山谷、低洼地及地下透水层修建挡水坝或堤堰、隔水墙形成集水的人工湖。如图 3-67 所示。

（2）地表覆盖分类要求

最小图斑对应的地面实地面积为 400 m^2，采集水面范围，赋代码 1001。

(3) 地理国情要素采集要求

采集 5 000 m^2 以上水库的最高蓄水位线构面,赋要素属性。

3.3.10.3.2 坑塘

(1) 类型定义或说明

坑塘是指人工开挖或天然形成的面积较小的面状水体(参考 GB/T 21010—2007),如图 3-68 所示。

图 3-67 水库

图 3-68 坑塘

(2) 地表覆盖分类要求

最小图斑对应的地面实地面积为 400 m^2,采集水面范围,赋代码 1001。

(3) 地理国情要素采集要求

选择高水位范围面积 1 000 m^2 以上的坑塘,采集其高水位线构面,并赋要素属性。连片分布、用途相同的库塘,可忽略内部的田埂、小路、水渠、林带等狭长地物,作为一个对象采集外围轮廓线构面,并赋用途属性。

3.3.10.4 海面

(1) 类型定义或说明

海面是指构成海洋水体的水域,如图 3-69 所示。

图 3-69 海面

(2) 地表覆盖分类要求

影像范围内,海水面覆盖范围,赋代码 1001。

(3) 地理国情要素采集要求

采集岸线与影像外廓线构面,并赋要素属性。

3.3.10.5　冰川与常年积雪

（1）类型定义或说明

冰川与常年积雪是指常年被冰雪覆盖的地表，包括粒雪原和冰川的范围，如图 3-70 所示。

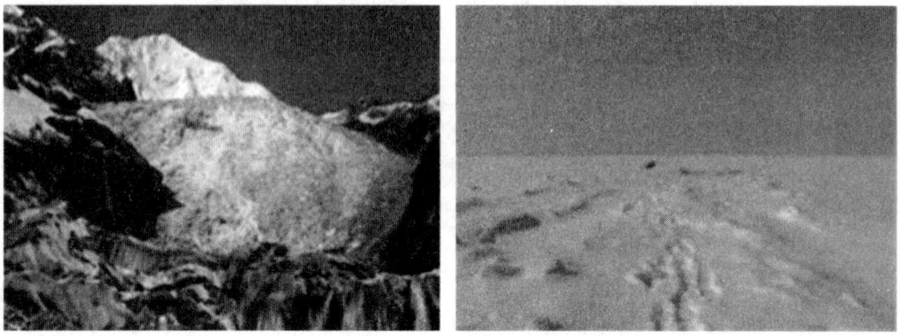

图 3-70　冰川与常年积雪

（2）地表覆盖分类要求

最小图斑对应的地面实地面积为 10 000 m^2。

（3）地理国情要素采集要求

地面实地面积为 10 000 m^2 以上的，采集范围线构面，并赋属性。

3.3.10.5.1　冰川

（1）类型定义或说明

冰川是指寒冷地区多年降雪积聚、经过变质作用形成的具有一定形状并能自行运动的天然冰体。

（2）地表覆盖分类要求

最小图斑对应的地面实地面积为 10 000 m^2。

（3）地理国情要素采集要求

可基于基础地理信息数据和收集的专题数据进行采集。

3.3.10.5.2　常年积雪

（1）类型定义或说明

常年积雪是指在高纬或高山降雪量多于融雪量的地区所长期积存的雪。

（2）地表覆盖分类要求

最小图斑对应的地面实地面积为 10 000 m^2。

（3）地理国情要素采集要求

可基于基础地理信息数据和收集的专题数据进行采集。

3.3.11　地理单元

（1）类型定义或说明

地理单元是指按照规划、管理、识别或利用的需求，按一定尺度和性质将多种地理要素组合在一起而形成的空间单位。

（2）地表覆盖分类要求

该类及其所有下级类不适用地表覆盖分类。

(3) 地理国情要素采集要求

采集地理单元的边界线构面,并赋要素属性值。

3.3.11.1 行政区划单元

(1) 类型定义或说明

行政区划单元是指为了国家政权职能实行分级管理而划分出来的地域单元。城市中心城区指城市规划部门确定的中心城区范围。

(2) 地理国情要素采集要求

国家行政单元、省级、地级、县级、乡镇级行政区划单元以及特别行政区单元需要全部采集,并赋要素属性值。县级以上行政区划单元界线可从基础地理信息中提取,并原则上对县级以上行政区划单元界线不处理和其他相关要素的协调性问题。

3.3.11.2 社会经济区域单元

3.3.11.2.1 主体功能区

(1) 类型定义或说明

主体功能区是指基于不同区域的资源环境承载能力、现有开发密度和发展潜力等,将特定区域确定为特定主体功能定位类型的一种空间单元,包括优化开发区、重点开发区、限制开发区和禁止开发区。

(2) 地理国情要素采集要求

采集国家级主体功能区界线构面。

(3) 有关说明

全国主体功能区由国家主体功能区和省级主体功能区组成,分国家和省级两个层次编制规划。国家主体功能区规划,主要是解决国土空间开发的全局性问题,包括国土空间开发的指导思想、战略目标、开发原则,国家层面优化开发、重点开发、限制开发和禁止开发区域的范围、功能定位、发展方向、目标,以及政策、法律法规、绩效考核等方面的保障措施。国家主体功能区不覆盖全部国土。省级主体功能区规划,一方面要根据国家主体功能区规划,将本行政区范围内国家主体功能区确定为相同类型的区域,保证数量、位置和范围的一致性;另一方面对本行政区国家主体功能区以外的国土空间,根据国家确定的原则,结合本地区实际,确定为省级主体功能区。

3.3.11.2.2 开发区、保税区

(1) 类型定义或说明

开发区是为促进经济发展,由政府划定实行优先鼓励工业建设的特殊政策地区。保税区是经主权国家海关批准,在其海港、机场或其他地点设立的允许外国货物不办理进出口手续即可连续长期储存的区域。

(2) 地理国情要素采集要求

采集国家级开发区、保税区,开发区规划范围不明确的可采集已开发的区域范围。

3.3.11.2.3 国有农、林、牧场

(1) 类型定义或说明

国有农、林、牧场是指各级政府管理的农、林、牧场。

(2) 地理国情要素采集要求

采集国家级农、林、牧场的定位点，一般定位在主要管理机构所在位置或主要居民地中心。

3.3.11.2.4　自然、文化保护区

（1）类型定义或说明

自然保护区是指对有代表性的自然生态系统、珍稀濒危野生生物种群的天然生活地集中分布区、有特殊意义的自然遗迹等保护对象所在的陆地、陆地水体或者海域，依法划出一定面积予以特殊保护和管理的区域。文化保护区是指经国家有关部门及省、市、县人民政府批准并公布的文物古迹比较集中，能较完整地反映某一历史时期的传统风貌和地方、民族特色，具有较高历史文化价值的街区、镇、村、建筑群等。

（2）地理国情要素采集要求

采集国家级自然、文化保护区。

3.3.11.2.5　自然、文化遗产

（1）类型定义或说明

自然文化遗产是指分布在国家内的自然遗产、文化遗产和自然文化双重遗产。自然遗产区域是具有以下特征的地域：① 构成代表地球演化史中重要阶段的突出例证；② 构成代表进行中的生态和生物的进化过程及陆地、水生、海岸、海洋生态系统与动植物社区发展的突出例证；③ 独特、稀有或绝妙的自然现象，地貌或具有罕见自然美的地带；④ 尚存的珍稀或濒危动植物种的栖息地。文化遗产是指从历史、艺术或科学角度看，具有突出的普遍价值的建筑物、文物、遗址。

（2）地理国情要素采集要求

采集世界级自然、文化遗产。

3.3.11.2.6　风景名胜区、旅游区

（1）类型定义或说明

风景名胜区是指具有观赏、文化或者科学价值，自然景观、人文景观比较集中，环境优美，可供人们游览或者进行科学、文化活动的区域。旅游区是指县级以上行政管理部门批准设立，具有参观游览、休闲度假、康乐健身等功能，具备相应旅游服务设施并提供相应旅游服务的独立管理区。

（2）地理国情要素采集要求

采集国家级风景名胜区的范围和5A级旅游区的定位点。旅游区定位点定位在旅游区的主要入口处。

3.3.11.2.7　森林公园

（1）类型定义或说明

森林公园是指具有一定规模和质量的森林风景资源与环境条件，可以开展森林旅游与度假休闲，并按法定程序申报批准的森林地域。

（2）地理国情要素采集要求

采集国家级森林公园。

3.3.11.2.8　地质公园

（1）类型定义或说明

地质公园是指具有一定规模和分布范围的地质遗迹景观为主体，并融合其他自然景观

与人文景观而构成的一种独特的自然区域。

(2) 地理国情要素采集要求

采集国家级地质公园。

3.3.11.2.9 行、蓄、滞洪区

(1) 类型定义或说明

行、蓄、滞洪区是指洪水泛滥危急时或洪水过后，用于分流、蓄洪或洪水滞留的区域。

(2) 地理国情要素采集要求

收集资料或从基础地理信息中提取。

3.3.11.3 自然地理单元

3.3.11.3.1 流域

(1) 类型定义或说明

流域是指由分水线所包围的河流或湖泊的地面集水区和地下集水区的总和。

(2) 地理国情要素采集要求

采集三级以上流域。

3.3.11.3.2 地形区

(1) 类型定义或说明

地形区指以某种地形类型(如平原、高原、盆地、丘陵)为主的独立地形单元，不同的地形区之间往往以山脉和河流作为分界线。

(2) 地理国情要素采集要求

采用基础地理数据，收集资料，采集我国主要高原、平原、盆地和丘陵的范围。

3.3.11.3.3 地貌类型单元

(1) 类型定义或说明

地貌类型单元是指根据形态、成因、类型与结构等因素，形成的地貌类型分区。

(2) 地理国情要素采集要求

参考使用中国地貌数据库的地貌类型数据。

3.3.11.3.4 湿地保护区

(1) 类型定义或说明

湿地是指天然或人造，永久或暂时，死水或流水，淡水、微咸或咸水，沼泽区、泥炭地或水域，包括低潮时水深不超过 6 m 的海水区。湿地保护区是指对湿地一定范围予以特殊保护和管理的区域。

(2) 地理国情要素采集要求

只采集以下湿地：① 已列入《中国湿地保护行动计划》的国家重要湿地名录的湿地；② 已列入《湿地公约》的国际重要湿地名录的湿地；③ 已建立的各级自然保护区、自然保护小区中的湿地；④ 已建立的湿地公园中的湿地。

3.3.11.3.5 沼泽区

(1) 类型定义或说明

沼泽区是指地表过湿、有薄层常年或季节性积水，土壤水分几乎饱和，生长有喜湿性和喜水性沼生植物的地段。沼泽是具有以下三个基本特征的自然综合体：① 受淡水、咸水或盐水的影响，地表经常过湿或有薄层积水；② 生长沼生和部分湿生、水生或盐生植物；③ 有泥炭积累或尽管无泥炭积累，但在土壤层中具有明显的潜育层。

(2) 地理国情要素采集要求

用基础地理信息参照影像确定。

3.3.11.4 城镇综合功能单元

3.3.11.4.1 居住小区

(1) 类型定义或说明

居住小区是指被城市道路或自然分界线所围合，并与居住人口规模相对应，配建有公共服务设施的居住生活聚居地。

(2) 地理国情要素采集要求

采集面积大于 5 000 m^2 的居住小区定位点，城市地区采集范围构面。

3.3.11.4.2 工矿企业

(1) 类型定义或说明

从事工业、矿产等生产性活动的企业所属或长期使用管理的具有一定规模、权属相对独立的空间范围。

(2) 地理国情要素采集要求

需完整采集水厂、电厂、污水处理厂等类型工矿企业的定位点，城市地区采集范围构面，其他类型工矿企业依据现有资料采集。

3.3.11.4.3 单位院落

(1) 类型定义或说明

机关团体、事业单位以及公司法人所属或长期使用管理的具有一定规模、权属相对独立的空间范围。

(2) 地理国情要素采集要求

需完整采集城乡全日制教育大中小学校、一二三级十等医院、有等级的国家和社会组织举办的社会福利机构、乡级以上政府、机场、港口、长途汽车站(枢纽)、三等以上火车站的定位点(城市地区采集范围构面)，其他类型单位院落依据现有资料采集。

3.3.11.4.4 休闲娱乐、景区

(1) 类型定义或说明

休闲娱乐、景区是指闲娱乐的场所和风景区的总称，包括公园、游乐园、动物园、植物园等。

(2) 地理国情要素采集要求

采集面积大于 50 000 m^2 的休闲娱乐、景区的范围。城市地区，采集面积大于 5 000 m^2 的休闲娱乐、景区的范围。

3.3.11.4.5 体育活动场所

(1) 类型定义或说明

体育活动场所是指供公众从事体育活动的公共场所。

(2) 地理国情要素采集要求

采集面积大于 10 000 m^2 的大型体育场馆的范围。城市地区，采集面积大于 1 000 m^2 的公共体育活动场所的范围线构面。

3.3.11.4.6　名胜古迹

(1) 类型定义或说明

名胜古迹是指有一定历史的场所，不包括用作公园的遗址公园。

(2) 地理国情要素采集要求

采集面积大于 10 000 m^2 的名胜古迹的范围。城市地区，采集面积大于 1 000 m^2 的名胜古迹的范围。

3.3.11.4.7　宗教场所

(1) 类型定义或说明

宗教场所是指开展宗教活动的寺院、宫观、清真寺、教堂及其他固定处所。

(2) 地理国情要素采集要求

采集面积大于 10 000 m^2 的宗教场所的范围。城市地区，采集面积大于 1 000 m^2 的宗教场所的范围。

3.3.12　地形

地形反映地表空间实体高低起伏形态的信息，包括高程、坡度、坡向等要素。

本章小结

本章介绍了地理国情调查信息的分类原则与方法，地理国情调查信息可以分为 12 个一级类，58 个二级类，133 个三级类，并对 12 个一级类的名称、代码及定义进行了简单介绍。根据地理国情调查的分类，对每个二级类、三级类的定义类型、地表覆盖分类、地理国情要素采集要求进行了细致的描述，并配以实地照片和遥感影像举例说明，对外业的调查具有很强的可操作性。

练习与思考题

1. 简述地理国情调查信息与基础地理信息的区别与联系。
2. 地理国情调查信息可以分为多少个一级类、二级类及三级类？
3. 地理国情调查总体的内容与指标是什么？
4. 请分别举例说明 12 个一级类的地表覆盖分类要求。
5. 简述地理国情调查信息的分类与土地利用现状分类的区别与联系。

第4章　地理国情调查实施

知识目标

1. 了解工作底图制作的基本要求。
2. 掌握工作底图技术方法与流程、质量控制以及成果汇交要求。
3. 理解外业调查的目标和原则、内容、安全保密等要求。
4. 掌握外业调查技术方法、工作流程、质量控制及成果汇交要求。
5. 掌握遥感影像解译样本数据的内容、采集要求以及数据存储与汇交要求。
6. 了解地理国情调查中关于地表覆盖分类和地理国情要素数据内业编辑与整理阶段的基础资料。
7. 掌握地理国情调查数据整理的工作流程与技术要求、质量控制、成果提交内容及要求。

技能目标

1. 能熟练地按工作底图制作的方法与流程制作调查底图。
2. 掌握外业调查的内容、方法、流程。
3. 掌握遥感影像解译样本数据的采集方法及要求。
4. 掌握数据整理的方法及要求。
5. 掌握地理国情调查成果提交的内容及要求。

4.1　工作底图制作

地理国情调查底图制作是地理国情调查的重要环节，是内外业衔接的关键点，基于地理国情要素数据与地表覆盖分类数据，或者基础地理信息与必要的专题数据，叠加遥感影像数据，制作地理国情调查底图，用于外业调查。地理国情调查底图的充分利用，可提高外业调查的效率，减少外业工作量，对地理国情调查项目的顺利开展具有重要意义。《地理国情普查底图制作技术规定》(GDPJ 10—2013)对工作底图制作做了明确的规定和要求。

4.1.1　数学基础

(1) 平面坐标系

平面坐标系采用 2000 国家大地坐标系。

(2) 投影方式

分幅数据、分景数据采用高斯-克吕格投影，底图的数学基础沿用所使用数据成果的数学基础。

(3) 分带方式

按任务区组织的底图数据可不分带，采用地理坐标，经纬度值采用“度”为单位，用双精度浮点数表示。

(4) 高程基准

高程基准采用 1985 国家高程基准，高程系统为正常高，高程单位为“米”。

4.1.2　底图模式

普查底图包括数字普查底图和纸质普查底图两种产品模式。

数字普查底图是以电子数据的形式存储制作，按任务区组织的数据可不分带，采用地理坐标，经纬度值以“度”为单位；或采用 1∶5 000、1∶10 000、1∶25 000、1∶50 000 等比例尺分幅形式，如图 4-1 所示；或依据分景影像的数据范围。

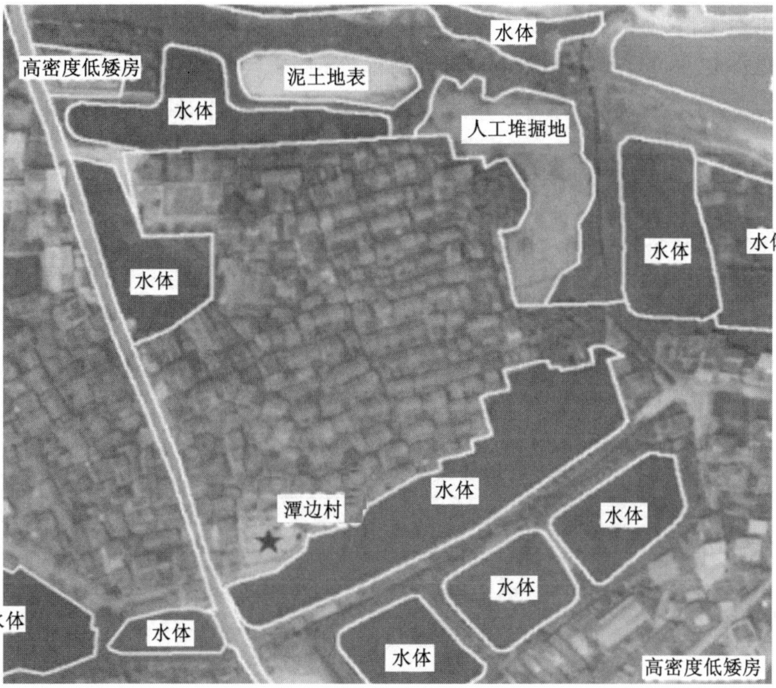

图 4-1　地理国情普查调查底图

纸质普查底图是利用电子数据回放纸图的形式制作，可采用 1∶5 000、1∶10 000、1∶25 000、1∶50 000 等比例尺分幅形式，城市地区或者地物相对较多区域也可按照 1∶2 000 等大比例尺进行分幅；或依据分景影像的数据范围。

4.1.3 底图数据内容

根据不同的生产流程，其普查底图的数据内容也会有所区别。一般包括正射影像(或经粗纠正的影像数据，如图 4-1 所示)、地理国情要素数据和地表覆盖分类数据(或基础地理信息数据和专题数据经过整合提取的预处理数据)。

4.1.4 底图数据格式

(1) 数字普查底图数据格式

影像数据为非压缩的 TIFF 格式，矢量数据为 File GEODATABASE 格式或各种数字调绘调查软件默认的数据格式等。

(2) 纸质普查底图数据格式

打印前数据为 PDF、EPS、TIFF 等格式，打印后为纸质。

4.1.5 技术要求

地理国情要素中线状要素可采用不同颜色和线型进行配置，点状要素采用不同符号配置，面状要素采用注记标注的方式制作普查底图，普查底图符号库可参考表 4-1 制作，也可根据国家标准图式规范自行制作。

(1) 为了更好地调查地理国情要素数据和地表覆盖分类数据，纸质普查底图可分别将地理国情要素数据、地表覆盖分类数据和正射影像数据叠加，分别制作普查底图。若生产单位能够保证地理国情要素、地表覆盖分类数据与正射影像同时套合叠加不影响外业调查，可合并为一张普查底图，后续与此相关内容可同样处理。

(2) 需在普查底图制作环节中根据区域特点有目的、有针对性地设计外业调查路线，据此对调查路线上的地物属性内容进行调查，将调查内容标注在普查底图上，作为普查底图制作的一项内容。

(3) 内业对于地表覆盖分类数据的地物类型以及地理国情要素数据的地物位置、形状、属性等有疑问时，外业调查记录均可放入外业调查图层。该图层可以有多种表现形式，按照矢量数据图层表达，包括面层、线层、点层。外业调查图层数据结构可参照表 4-2 执行，也可以按照涂鸦的形式表达，只要能满足外业调查和内业编辑与整理的需求即可。

表 4-1　　地理国情要素符号设置

道路代码	分类名称	符号样式	要素分层	说明	符号色值
0600	道路				
道路					
0610	铁路		LRRL	图上线宽为 0.5 mm	线 R100G100B100
0620	公路		LRDL	图上线宽为 0.5 mm	线 R255G255
0630	城市道路		LCTL	图上线宽为 0.5 mm	线 R255G100B255
0640	乡村道路		LVLL	图上线宽为 0.5 mm	线 R100G255B100

续表 4-1

道路代码	分类名称	符号样式	要素分层	说明	符号色值
			水域		
1020	湖泊		HYDA	图上线宽为 0.1 mm 的实线表示范围，内部标注名称、CC 编码等，注记大小 3～5 mm，根据湖泊面积调整注记大小	线 R255B255 注记 R255B255
1030	库塘				
1031	水库	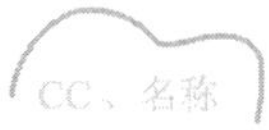	HYDA	图上线宽为 0.1 mm 的实线表示范围，内部标注名称、CC 编码等，注记大小 3～5 mm，根据水库面积调整注记大小	线 G255B255 注记 G255B255
1032	坑塘		HYDA	图上线宽为 0.1 mm 的实线表示范围，内部标注名称、CC 编码等，注记大小 3～5 mm，根据坑塘面积调整注记大小	线 G100B255 注记 G100B255
1040	海面		HYDA	图上线宽为 0.1 mm 的实线表示范围，内部标注名称、CC 编码等，注记大小 3～5 mm，根据海面在图内面积调整注记大小	线 R200G200B255 注记 G100B255
1050	冰川与常年积雪				
1051	冰川	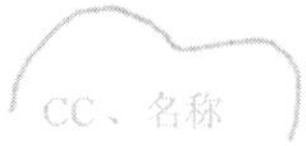	HYDA	图上线宽为 0.1 mm 的实线表示范围，内部标注名称、CC 编码等，注记大小 3～5 mm，根据冰川面积调整注记大小	线 R255G200B255 注记 R255G200B255
1052	常年积雪		HYDA	图上线宽为 0.1 mm 的实线表示范围，内部标注名称、CC 编码等，注记大小 3～5 mm，根据常年积雪面积调整注记大小	线 R200G255B255 注记 R200G255B255
			构筑物要素		
0700	构筑物				
0720	水工设施				
0721	堤坝		SFCL	图上线宽为 0.3 mm	线 B100

续表 4-1

道路代码	分类名称	符号样式	要素分层	说明	符号色值
0722	闸		SFCA	图上线宽为 0.1 mm 实线表示范围(位于宽度大于 20 m 的河道上的船闸)	线 B100
			SFCL	图上线宽为 0.6 mm、长度为 2 mm 的线段表示(位于宽度大于 20 m 的河道上的水闸)	线 B100
			SFCP	图上用外接圆半径为 0.3 mm 的菱形点表示(位于宽度小于 20 m 的河道上的闸)	点 B100
0723	排灌泵站		SFCP	图上直径为 0.5 mm 的圆形点表示	点 B255
0729	其他水工构筑物		SFCL	图上线宽为 0.3 mm,线上标注 CC 编码,注记大小 3～5 mm,根据构筑物长度调整注记大小	线 B255 注记 R100G100
0730	交通设施				
0731	隧道		SFCL	图上线宽为 0.3 mm,线上标注 CC 编码,注记大小 3～5 mm,根据构筑物长度调整注记大小	线 R200 注记 R200
0732	桥梁		SFCL	图上线宽为 0.5 mm 的实线表示,线上标注名称、CC 编码等,注记大小 3～5 mm,根据桥梁长度调整注记大小	线 R0G0B0 注记 R0G0B0
0733	码头	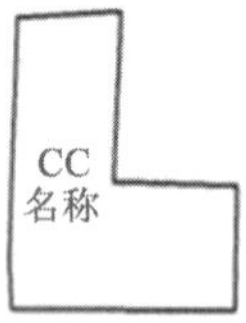	SFCA	图上线宽为 0.2 mm 实线表示范围(面积大于 10 000 m^2 的码头),内部标注名称、CC 编码等,注记大小 3～5 mm,根据码头面积调整注记大小	线 B255 注记 B255
			SFCL	图上线宽为 0.7 mm 的实线表示(面积小于 10 000 m^2、码头滨水岸线长度大于 50 m 的码头),线旁标注名称、CC 编码等,注记大小 3～5 mm,根据码头长度调整注记大小	线 B255 注记 B255

续表 4-1

道路代码	分类名称	符号样式	要素分层	说明	符号色值
0734	车渡		SFCL	图上线宽为 0.8 mm 的实线表示(采集长度大于 50 m 的车渡),线旁标注类型,注记大小 3～5 mm,根据车渡长度调整注记大小	线 B255 注记 B255
0735	高速公路出入口		SFCP	图上用外接圆半径为 0.4 mm 的正三角形点表示	点 R255
0736	加油(气)、充电站		SFCP	图上用外接圆半径为 0.4 mm 的正五边形点表示	点 R255
0800	人工堆掘地				
0820	堆放物				
0821	尾矿库	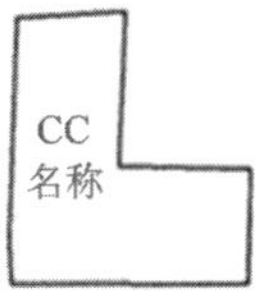	SFCA	图上线宽为 0.1 mm 的实线表示范围,内部标注 CC 编码、矿物类型,注记大小 3～5 mm,根据图斑面积调整注记大小	线 R0G0B0 注记 R0G0B0
		地理单元			
1100	地理单元				
1110	行政区划单元				
1111	国家级行政区	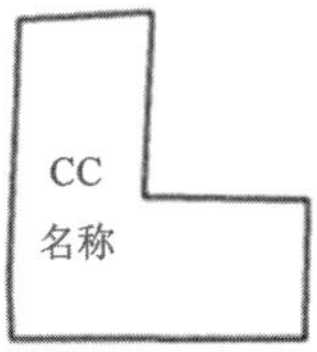	BOUA1	图上线宽为 0.8 mm 的实线表示范围,内部标注 CC 编码、名称,注记大小 3～5 mm,根据图斑面积调整注记大小	线 R50B100 注记 R50B100
			BOUL	隐藏	
1112	省级行政区	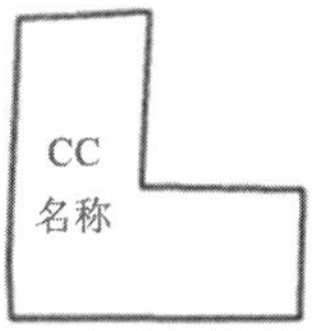	BOUA2	图上线宽为 0.6 mm 的实线表示范围,内部标注 CC 编码、名称,注记大小 3～5 mm,根据图斑面积调整注记大小	线 R100B100 注记 R100B100
			BOUL	隐藏	

续表 4-1

道路代码	分类名称	符号样式	要素分层	说明	符号色值
1113	特别行政区	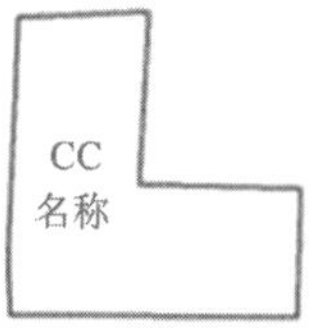	BOUA3	图上线宽为 0.6 mm 的实线表示范围，内部标注 CC 编码、名称，注记大小 3～5 mm，根据图斑面积调整注记大小	线 R100G100B100 注记 R100G100B100
			BOUL	隐藏	
1114	地、市、州级行政区	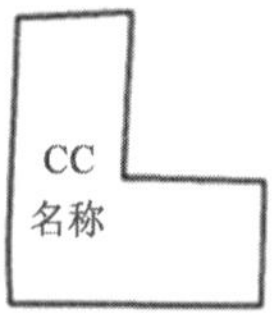	BOUA4	图上线宽为 0.4 mm 的实线表示范围，内部标注 CC 编码、名称，注记大小 3～5 mm，根据图斑面积调整注记大小	线 R50B100 注记 R50B100
			BOUL	隐藏	
1115	县级行政区	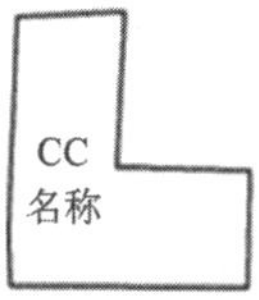	BOUA5	图上线宽为 0.2 mm 的实线表示范围，内部标注 CC 编码、名称，注记大小 3～5 mm，根据图斑面积调整注记大小	线 R100B100 注记 R100B100
			BOUL	隐藏	
1116	乡、镇行政区	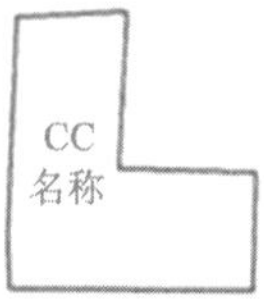	BOUA6	图上线宽为 0.2 mm 的实线表示范围，内部标注 CC 编码、名称，注记大小 3～5 mm，根据图斑面积调整注记大小	线 R100G100B100 注记 R100G100B100
			BOUL	隐藏	
1117	行政村		BOUP	图上用外接圆半径为 0.4 mm 的正四边形点表示	点 R50B100
1118	城市中心城区	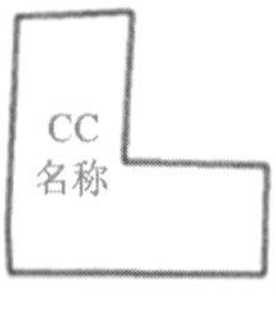	BOUA8	图上线宽为 0.1 mm 的实线表示范围，内部标注 CC 编码，注记大小 3～5 mm，根据图斑面积调整注记大小	线 R255 注记 R255
1120	社会经济区域单元				

续表 4-1

道路代码	分类名称	符号样式	要素分层	说明	符号色值
1121	主体功能区	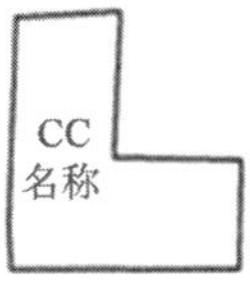	BERA1	图上线宽为 0.1 mm 的实线表示范围，内部标注 CC 编码、面积、等级等，注记大小 3～5 mm，根据图斑面积调整注记大小	线 B255 注记 B255
1122	开发区、保税区		BERA2	图上线宽为 0.1 mm 的实线表示范围，内部标注 CC 编码、面积、等级等，注记大小 3～5 mm，根据图斑面积调整注记大小	线 G255 注记 G255
1123	国有农、林、牧场		BERP3	图上用外接圆半径为 0.4 mm 的正五边形点表示，点旁标注名称、CC 编码等，注记大小 3～5 mm	点 B255 注记 B255
1124	自然、文化保护区		BERA4	图上线宽为 0.1 mm 的实线表示范围，内部标注 CC 编码、名称等，注记大小 3～5 mm，根据图斑面积调整注记大小	线 R255 注记 R255
1125	自然、文化遗产		BERA5	图上线宽为 0.6 mm 的实线表示范围，内部标注 CC 编码、名称、等级等，注记大小 3～5 mm，根据图斑面积调整注记大小	线 G255 注记 G255
1126	风景名胜区、旅游区		BERA6	图上线宽为 0.1 mm 的实线表示范围，内部标注 CC 编码、名称等，注记大小 3～5 mm，根据图斑面积调整注记大小	线 G255 注记 G255
1127	森林公园		BERA7	图上线宽为 0.1 mm 的实线表示范围，内部标注 CC 编码、名称等，注记大小 3～5 mm，根据图斑面积调整注记大小	线 G255 注记 G255
1128	地质公园	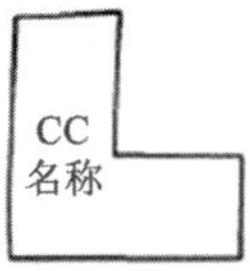	BERA8	图上线宽为 0.1 mm 的实线表示范围，内部标注 CC 编码、名称等，注记大小 3～5 mm，根据图斑面积调整注记大小	线 R0G0B0 注记 R0G0B0

续表 4-1

道路代码	分类名称	符号样式	要素分层	说明	符号色值
1129	行、蓄、滞洪区		BERA9	图上线宽为 0.1 mm 的实线表示范围，内部标注 CC 编码、名称、类型，注记大小 3～5 mm，根据图斑面积调整注记大小	线 B255 注记 B255
1130	自然地理单元				
1131	流域	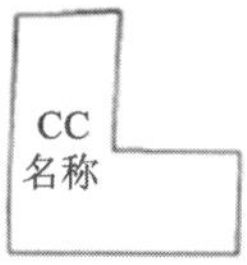	BGBA	图上线宽为 0.1 mm 的实线表示范围，内部标注 CC 编码、名称、流域代码，注记大小 3～5 mm，根据图斑面积调整注记大小	线 B255 注记 B255
1132	地形分区		BGTA	图上线宽为 0.1 mm 的实线表示范围，内部标注 CC 编码、名称，注记大小 3～5 mm，根据图斑面积调整注记大小	线 G255 注记 G255
1133	地貌区划单元		BGLA	图上线宽为 0.1 mm 的实线表示范围，内部标注 CC 编码、名称，注记大小 3～5 mm，根据图斑面积调整注记大小	线 G255 注记 G255
1134	湿地保护区		BGWA	图上线宽为 0.1 mm 的实线表示范围，内部标注 CC 编码、名称，注记大小 3～5 mm，根据图斑面积调整注记大小	线 B255 注记 B255
1135	沼泽区	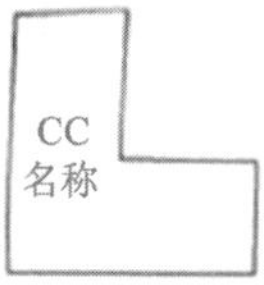	BGMA	图上线宽为 0.1 mm 的实线表示范围，内部标注 CC 编码、名称，注记大小 3～5 mm，根据图斑面积调整注记大小	线 B255 注记 B255
1140	城镇综合功能单元				
1141	居住小区		BUCP	图上用外接圆半径为 0.4 mm 的正六边形点表示	点 R255
			BUCA	图上线宽为 0.1 mm 的实线表示范围，内部标注 CC 编码、名称、归属、小区类型，建筑年代，注记大小 3～5 mm，根据图斑面积调整注记大小	线 R255 注记 R255

续表 4-1

道路代码	分类名称	符号样式	要素分层	说明	符号色值
1142	工矿企业		BUCP	图上用外接圆半径为 0.4 mm 的正八边形点表示	点 R255
		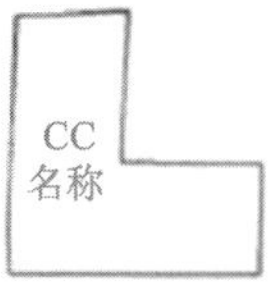	BUCA	图上线宽为 0.1 mm 的实线表示范围，内部标注 CC 编码、名称、企业类型，注记大小 3～5 mm，根据图斑面积调整注记大小	线 R255 注记 R255
1143	单位院落		BUCP	图上用外接圆半径为 0.4 mm 的五角星形状点表示	点 R255
			BUCA	图上线宽为 0.1 mm 的实线表示范围，内部标注 CC 编码、名称、行业类型，注记大小 3～5 mm，根据图斑面积调整注记大小	线 R255 注记 R255
1144	休闲娱乐、景区	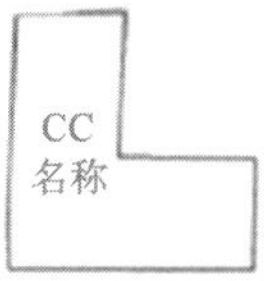	BUCA	图上线宽为 0.1 mm 的实线表示范围，内部标注 CC 编码、名称、类型，注记大小 3～5 mm，根据图斑面积调整注记大小	线 R255 注记 R255
1145	体育活动场所	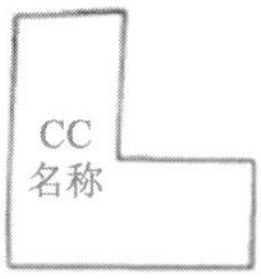	BUCA	图上线宽为 0.1 mm 的实线表示范围，内部标注 CC 编码、名称、类型，注记大小 3～5 mm，根据图斑面积调整注记大小	线 R255 注记 R255
1146	名胜古迹	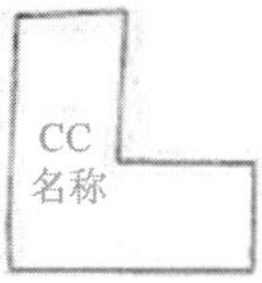	BUCA	图上线宽为 0.1 mm 的实线表示范围，内部标注 CC 编码、名称，注记大小 3～5 mm，根据图斑面积调整注记大小	线 R255G255B115 注记 R255G255B115
1147	宗教场所		BUCA	图上线宽为 0.1 mm 的实线表示范围，内部标注 CC 编码、名称、宗教类型，注记大小 3～5 mm，根据图斑面积调整注记大小	线 G115B255 注记 G115B255

表 4-2　　外业调查图层数据结构

数据分层	属性项	数据类型	长度	描述
WYHCA（面）	CITEM	TEXT	255	调查前内容描述
	WYHCJG	TEXT	255	调查后内容描述
WYHCL（线）	CITEM	TEXT	255	调查前内容描述
	WYHCJG	TEXT	255	调查后内容描述
WYHCP（点）	CITEM	TEXT	255	调查前内容描述
	WYHCJG	TEXT	255	调查后内容描述

（4）对于地理单元界线的界端注记方法参照图 4-2。

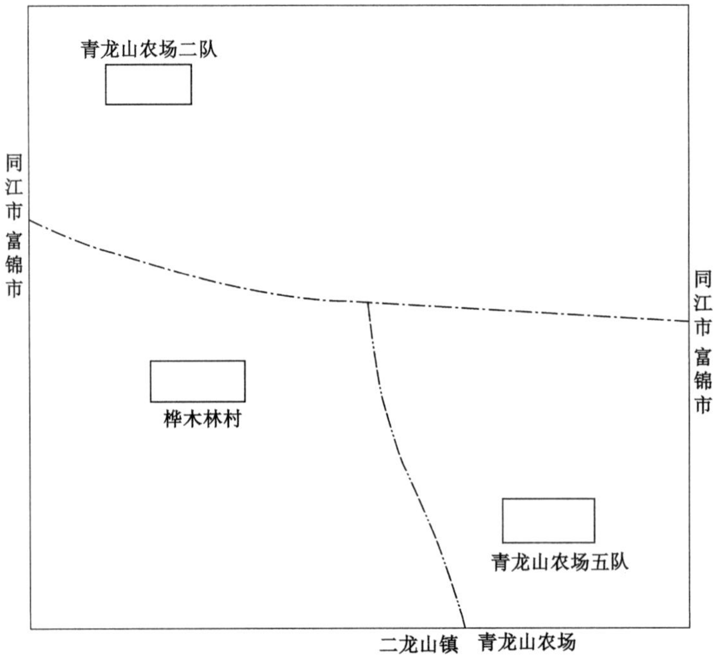

图 4-2　地理单元界线的界端注记示意图

（5）地表覆盖分类数据均为面状要素，耕地、园地、林地、草地、房屋建筑（区）、道路、构筑物、人工堆掘地、荒漠与裸露地表、水域等均以地理国情信息分类码与生产标记信息标注到底图上。涉及需外业重点关注的生产标记信息应醒目标注。

（6）为了保证影像清晰易读，地表覆盖分类数据可不做普染，只将地表覆盖图斑边界和类型注记以红色标注，一般情况下，注记字体为宋体、字体大小为图上 3 mm。对于纸质底图，若地表覆盖图斑面积太大或太小时，可适当放大或缩小注记大小；图内标注不下时，可在要素处用黑色标注编号①、②、③…，在图廓外加附注，或者直接放在图外进行引注。

（7）地表覆盖类型根据内业解译据实标注。对于纸质底图，图内大面积为同一地表覆盖类型时，可以采用图外附注的方式表示。

（8）重点调查内容和外业调查图层的调查内容，其注记和线画边线均以红色表示，注记字体为宋体、字体大小为图上5 mm；对于纸质普查底图，若外业调查范围太大或太小时，可适当放大或缩小注记大小，也可移位表示，图内标注不下时，可以放在图外进行引注。

(9) 若在地理国情要素数据与地表覆盖分类数据采集之前进行外业调查，其底图制作可对预处理提取的相关要素配置符号、线型及重要属性信息标注，相关内容可借鉴参考以上各项要求。

4.1.6　制作流程及步骤

4.1.6.1　制作流程

(1) 数字调查底图(图4-3)。

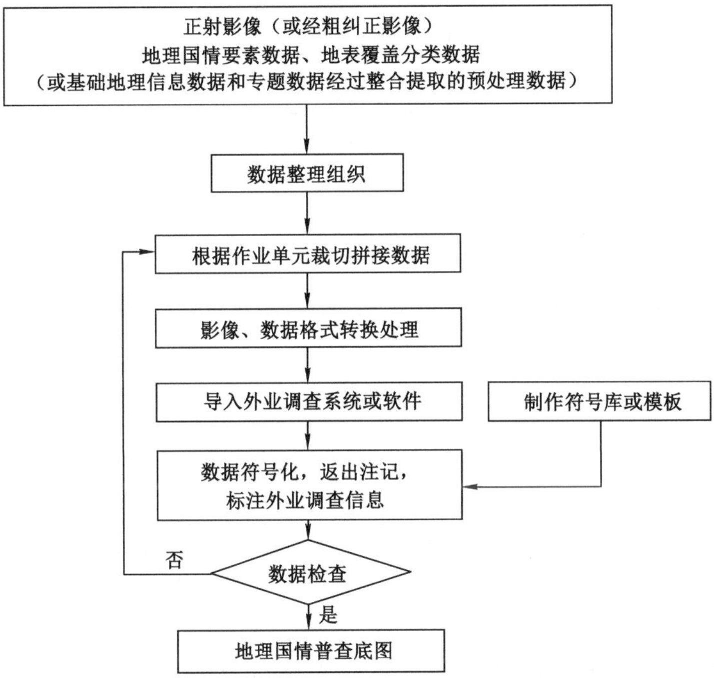

图4-3　数字调查底图制作流程

(2) 纸质调查底图(图4-4)。

4.1.6.2　作业步骤及要求

普查底图首先需要准备数据，然后根据实际情况，选择采用不同的产品模式进行普查底图制作，也可同时选用两种模式进行组织生产。

(1) 数据准备

① 正射影像或经粗纠正影像：以任务区、分幅或分景为单元，经过粗纠正的影像数据或按照《数字正射影像生产技术规定》制作的全色及多光谱的单景(单片)正射影像或分幅正射影像数据。

② 地理国情要素数据：以任务区、分幅或分景为单元，按照《地理国情普查内容与指标》和《地理国情普查数据规定与采集要求》制作的地理国情要素数据，包括道路、构筑物、水体、地理单元以及上述类别中需外业调查的内容。

③ 地表覆盖分类数据：以任务区、分幅或分景为单元，按照《地理国情普查内容与指标》

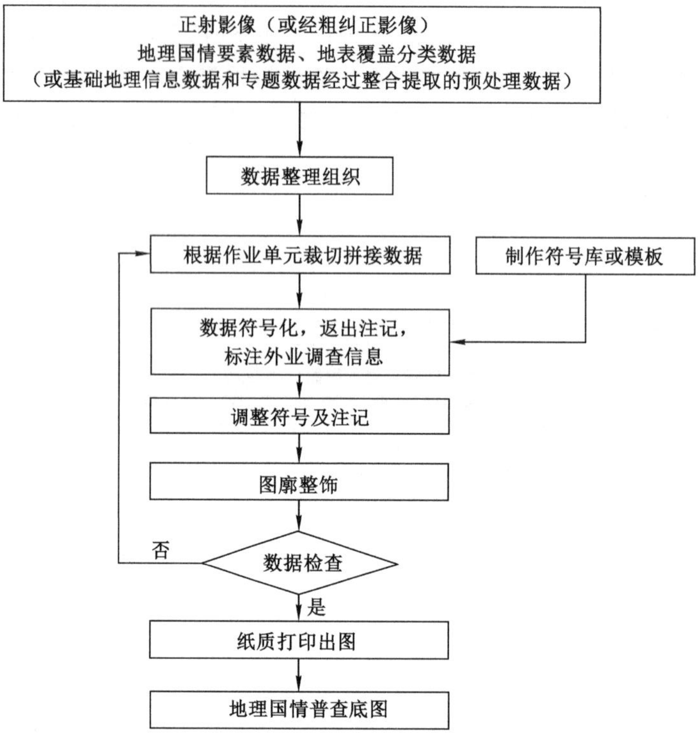

图 4-4　纸质调查底图制作流程

和《地理国情普查数据规定与采集要求》制作的地表覆盖分类数据，包括耕地、园地、林地、草地、房屋建筑（区）、道路、构筑物、人工堆掘地、荒漠与裸露地表、水域以及上述类别中需外业调查的内容。

在地理国情要素与地表覆盖分类数据采集之前进行外业调查，其底图制作则不涉及②、③两项内容，可以按照任务区、分幅或分景为单元，准备相关整合处理的基础地理信息数据与必要的专题数据。

（2）数字普查底图

① 准备符合相关技术要求的影像数据、地理国情要素数据、地表覆盖分类数据或经整合的基础地理信息数据与专题数据等，检查准备的数据是否按要求组织。

② 根据不同的数字调绘调查软件，将准备好的数据按照其软件要求进行相关格式转换和符号配置。即将准备好的数据导入到外业调查所用的电子设备中，如准备的数据与数字调绘调查软件（外业调查所用软件）格式不兼容，应分别处理栅格类型的影像数据和矢量类型的地理国情要素数据、地表覆盖分类数据或经整合的基础数据与专题数据，转换成数字调绘调查软件可识别格式，保证转换之后数据无损失。

③ 根据技术要求设计符号库或模板数据，加载到底图数据中进行符号化，对地类注记及外业调查内容标注，适当调整点状符号、线状符号和注记的大小、位置等，使底图表达清晰，方便外业调查。数字普查底图可在其载体上自由缩放，因此不涉及比例尺的概念，但相关注记需根据图面大小相应缩放，保证外业调查工作的便利。

④ 对符号化之后的各单元底图数据进行适当调整，以防个别单元内数据量过大，超过数字调绘调查软件承载能力，从而导致数据反应及处理延时。

⑤ 正射影像的数据量很大时，为了节约存储空间，可在不影响采集精度的前提下进行影像压缩，或根据其承载能力进行分块裁切处理，保证数字调绘调查软件能够实时快速处理大量数据。

⑥ 普查底图数据检查合格后，提供外业调查使用。

（3）纸质普查底图

① 准备符合相关技术要求的影像数据、地理国情要素数据、地表覆盖分类数据或经整合的基础地理信息数据与专题数据等，检查准备的数据是否按要求组织。

② 根据区域特点、外业调查内容和相关技术要求，确定采用的软件，自行设计常规普查底图符号库或者模板数据。

③ 将地理国情要素数据与 DOM 或单景全色正射影像套合，地表覆盖分类数据与 DOM 或者单景多光谱正射影像套合分别制作普查底图数据；也可将整合的基础数据、专题数据与 DOM 或者粗纠正的影像数据套合制作普查底图数据。

④ 加载符号库或者模板数据，对普查底图数据进行符号化及标注。重点对外业调查内容进行标注，适当调整使其表达清晰，方便外业调查。

⑤ 各生产单位按照分幅或者分景方式进行组织数据，根据不同区域图面负载量选择不同比例尺进行回放。如果地形地物简单，如草原地区、荒漠地区可采用 1∶25 000 或 1∶50 000比例尺回放；如果地形地物复杂、地貌破碎或房屋建筑密集区域可采用 1∶5 000 或1∶10 000比例尺回放；对于城市地区等重点调查区域可按照 1∶2 000 或更大比例尺进行回放。

⑥ 分幅方式中的影像数据应超出内图廓线 1 cm，保证外业调查过程中可以进行影像数据参照；分景数据应按照预先制定好的影像范围线划分作业单元，若一景影像幅面过大，也可再进行分块处理，尽量按照分块单元的外接矩形作为影像数据的有效范围。

⑦ 分幅方式的矢量数据按照内图廓范围进行裁切，分景方式的矢量数据按照影像范围线进行裁切。

⑧ 进行图廓整饰，分幅方式的底图图廓整饰包括：图号，放图比例尺，调查者、调查日期，检查者、检查日期，具体格式如图 4-5 所示。分景方式的底图图廓整饰包括：景号，放图比例尺，调查者、调查日期，检查者、检查日期，格式可参考图 4-5。两者都可根据区域特点和外业调查重点补充表示其他信息，如图名、图外附注、生产制作单位、影像信息等。此部分各生产单位也可参照国家标准相关图式自行设计。

⑨ 经检查合格后，按照相关比例尺进行彩色放图，提供外业调查使用。

4.1.7 质量控制

4.1.7.1 检查要求

生产单位应对普查底图实施 100%检查，同时对该工序的底图质量负责，此环节产生的底图成果若需提交不同生产单位开展外业调查时，需质检单位按照相关规定进行质量检查，合格后方可移交下一道工序。

4.1.7.2 检查内容

（1）数字普查底图

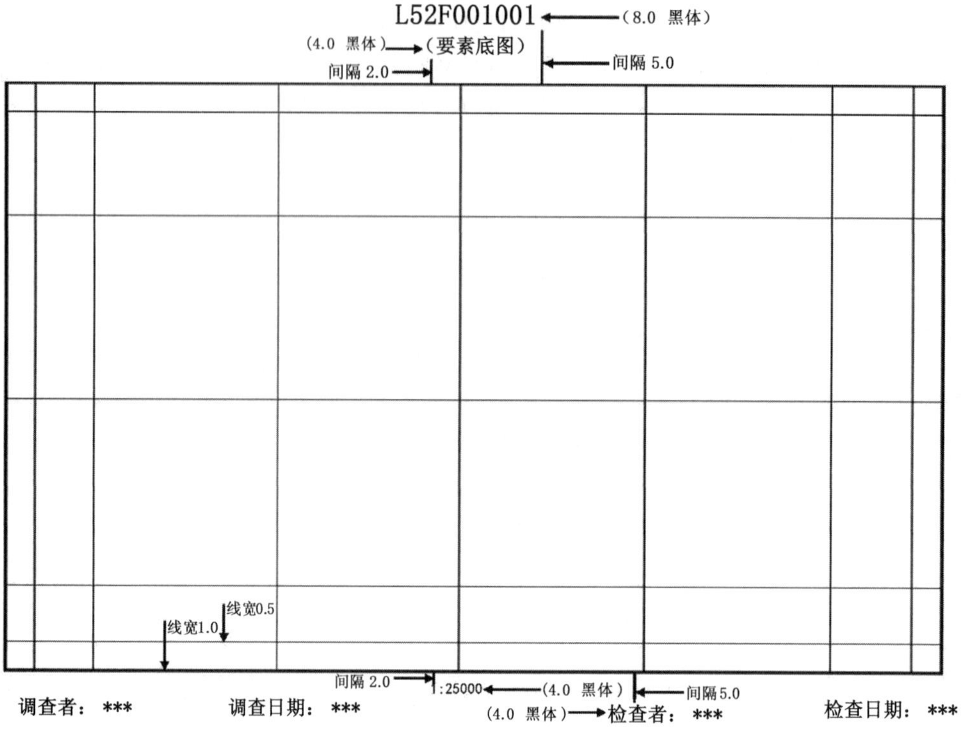

图 4-5　纸质普查底图图廓整饰

① 坐标系统是否正确。

② 正射影像是否纹理清晰、反差适中,格式、范围等是否正确;粗纠正的影像是否纹理清晰,影像范围线是否合理,格式、范围等是否正确。

③ 地理国情数据、地表覆盖分类数据与正射影像套合关系是否正确。

④ 外业调查内容标识是否遗漏。

⑤ 数据线划配置与注记标注是否正确。

⑥ 地理国情要素符号配置是否正确。

⑦ 地表覆盖分类数据地理国情信息分类码标注是否正确。

(2) 纸质普查底图

① 放图比例尺是否合适。

② 正射影像是否纹理清晰、反差适中,范围是否正确;粗纠正的影像是否纹理清晰,镶嵌线是否合理,格式、范围等是否正确。

③ 地理国情数据、地表覆盖分类数据与正射影像套合关系是否正确。

④ 外业调查内容标识是否遗漏。

⑤ 数据线划配置与注记标注是否正确。

⑥ 地理国情要素符号配置是否正确。

⑦ 地表覆盖分类数据地理国情信息分类码标注是否正确。

⑧ 图面是否清晰、易读。

⑨ 图廓整饰是否正确。

4.1.8　底图输出

底图数据是保密数据，在生产过程中须执行相关保密规定。底图输出的数据格式按照4.1.4执行。

任务区组织的数据命名规则按照行政区划代码和任务区名称字母缩写代码命名，在其后面加“DT”，其中，任务区的行政区划代码和任务区名称字母缩写代码(简称字母码)两部分均依据 GB/T 2260—2007 确定，“DT”为底图的字母缩写，如河北省的可命名为130000HEDT.gdb。如果数据分块需加上流水号，分幅组织的数据命名规则按照标准图幅名称加“DT”，如 H45E001001DT；如果为了区分要素底图和覆盖底图，纸质底图还可加上“YS”和“FG”以示区分，如 H45E001001YSDT。

分景组织的数据命名与分幅组织的数据命名类似，将图号改为景号。

4.2　外业调查

地理国情外业调查是地理国情普查工作十分重要的工作内容，是保证地理国情普查数据质量的关键环节。外业调查对采集的地理国情要素和解译的地表覆盖分类成果以及内业无法定性的类型、边界和属性进行实地调查，同时进行遥感影像样本数据的采集，为最终形成地理国情要素数据、地表覆盖分类数据成果和遥感影像解译样本数据库提供基础。

4.2.1　调查目标与原则

(1) 目标

① 对内业采集的地理国情要素或地表覆盖分类的类型、边界、属性等信息内容进行外业实地抽样核查和结果统计，发现和更正判读采集过程中的错误，检验内业判读解译的正确率。

② 补充完善内业判读工作中无法确定的、存在疑问的或信息内容不完整的地理国情要素或地表覆盖分类的类型、边界、属性等内容。

③ 选择具有代表性和典型性的地物类型，实地采集遥感影像解译样本数据。

④ 外业调查与核查形成的资料和记录，为使用成果用户提供判断数据质量情况的客观依据，为相关专题分析、多媒体制作提供素材。

(2) 原则

① 外业调查应严格遵循走到、看到、记到的原则，客观真实反映出可到达工作区域内各种地理国情要素和地表覆盖分类的信息内容。

② 调查应把握一般规律性地物，注意典型性地物，做到调查结果全面可信。

③ 外业调查原则上应做到问题全覆盖，即对内业判读工作中存在疑问和无法确定的地理国情要素或地表覆盖分类的信息内容，进行全面调查。

④ 实地覆盖类型与影像上所反映的覆盖类型相比，发生非季节性根本变化时，原则上以外业调查结果为准。

⑤ 充分利用现有基础数据和收集的专业资料，综合考虑自然、经济、人力条件，制订可行的外业调查方案。

⑥ 对于高山、沼泽、荒漠、原始森林及其他困难地区，以车辆能够通达为原则，沿道路两侧进行外业调查；对于车辆无法通达的区域，采用多分辨率、多时相遥感资料和有关专业资料，结

合可到达区域采集的遥感解译样本和相应的调查成果，通过比对的方法进行外业调查。

4.2.2 调查内容与要求

（1）内容

① 外业调查应包含工作区域内《地理国情普查内容与指标》所规定的除地形、地貌、流域和各级行政境界类之外的所有内容。

② 实地调查内业分类与判读采集工作中无法定性的地理国情要素或地表覆盖分类的类型、边界和属性，补充完善相关内容。

③ 对内业判读采集的信息分类类型、边界及属性进行抽样核查，并进行统计。

④ 按照《遥感影像解译样本数据技术规定》要求采集解译样本数据，样本分布应基本均匀合理，并具有一定的典型性和代表性。

⑤ 编写外业调查技术总结。

（2）要求

① 根据任务区的自然地理环境、区域特点、人类活动特征，按照任务分工与进度计划，合理规划、分批次开展外业调查工作。确定外业调查范围的时候，应着重考虑不同内业阶段所遇到的问题，按照先易后难、先普遍后特殊的方法开展工作。

② 外业使用的调查底图，应满足《地理国情普查底图制作技术规定》要求。

③ 调查内业标识的疑问图斑和区域内具有代表性、典型性的要素内容，关注遥感影像上不易区分的地物类型和具有特殊色调、纹理、几何图案的影像，尤其是“同谱异物”和“异谱同物”的地物类型。

④ 按照《地理国情普查内容与指标》中的地理国情要素和地表覆盖分类，分类选择具有代表性和典型性的图斑和要素，一般以县域为单元，结合实际通行条件，对每类图斑和要素按照一定比例进行实地核查；同时，采集解译样本数据。最终核查后成果的正确率必须满足相关质量要求。

⑤ 作业过程中尽量补充收集专业资料，并进行分析利用。对内业有疑问的地理国情要素和地表覆盖分类图斑，实地无法调查核实的属性信息，应参考相关资料进行补充完善。

⑥ 对新增或发生变化的地理国情要素或地表覆盖分类图斑进行补调或补测。

⑦ 外业调查时，应对调查对象的内容逐项判别，根据既定的野外判别标准，结合专业人员的知识和经验，现场判别周围覆盖类型、地物边界、地物属性等内容，根据实际采用的外业调查方法准确记录调查信息。

⑧ 外业调查过程中，需严格遵循相关安全生产规定，需有切实可行的应急预案，并确保参与人员都熟悉预案的内容和执行方法。

⑨ 按照《地理国情普查数据生产元数据规定》的要求，记录外业调查情况。

4.2.3 调查方法与作业流程

（1）调查方法

利用外业调查工作底图，采用数字调查系统或其他有效方式，对内业分类与判译中无法确定边界或属性的要素和无法准确确定类型的地表覆盖分类图斑，开展实地核实确认，对新增和发生变化的信息分类要素和图斑进行补调或补测。外业调查过程中，采集获取遥感影像解译样本数据，记录调查路线和工作区域，并把其结果完整反映到元数据中。最终形成外业调查成果。开展外业调查可选择的方式包括：

① 采用数字调查系统的方式。

② 采用纸质调查底图配合笔记本电脑的方式。

③ 采用纸质调查底图外业标绘内业整理的方式。

（2）作业流程

具体作业流程如图 4-6 所示。

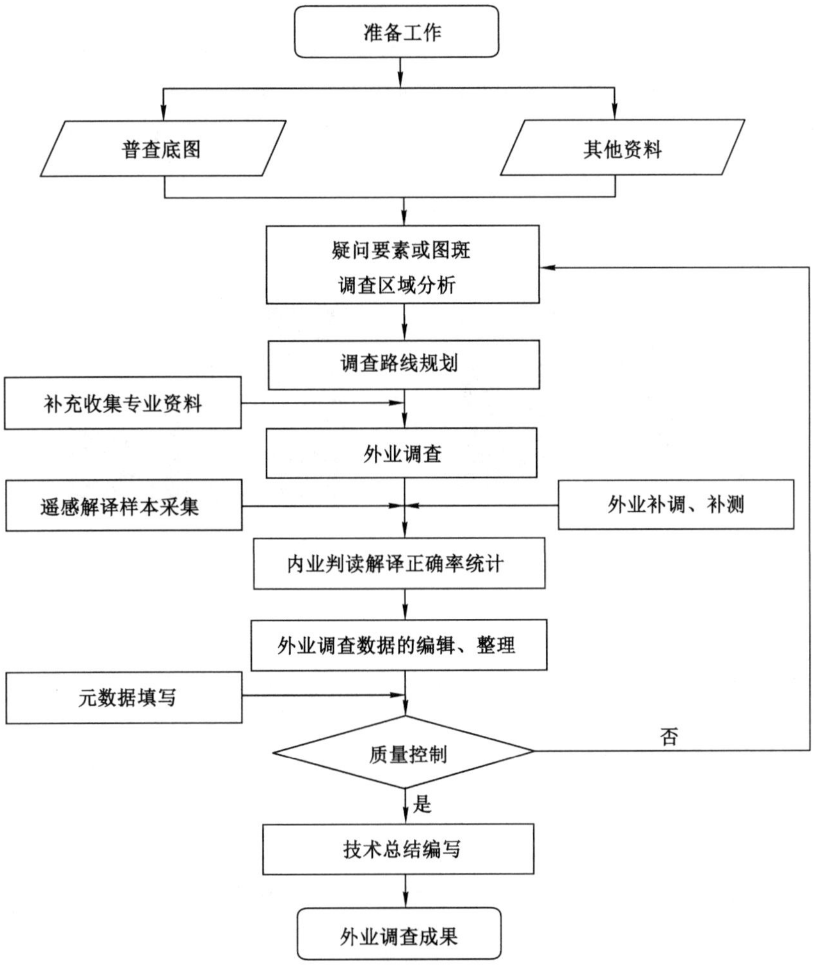

图 4-6　外业调查作业流程图

4.2.4　外业调查实施

（1）资料准备

① 调查底图

外业调查工作底图是外业调查的基本依据和重要资料，底图应满足《地理国情普查底图制作技术规定》的有关要求。出测前应准备好数据或纸质底图，确认普查底图的制作满足要求，当采用纸质普查底图时，其比例尺根据地理国情要素和地表覆盖分类图斑在图面上的密集程度确定。

② 其他资料

收集项目相关的函件(介绍信、工作证、公函等),用于外业工作中与有关部门进行联系和补充收集测区专业资料等。收集外业工作需要的其他相关资料,如当地交通图等,用于辅助外业工作。

(2) 人员及设备

根据工作区域的任务量,配备相应的人员和设备装备,并做好相关后勤物资准备。

① 人员组织

充分考虑任务区域的工作量,根据区域内的地理环境、交通条件和地理国情信息内容的分布情况,合理规划和编制工作小组,所有作业人员应经培训、考核,持证上岗,具体情况可根据作业单位条件和工作区域特点而定。高山、荒漠及其他困难地区,不得单人作业,每个小组至少需配备 2 名作业人员和 1 名司机,如图 4-7 所示。到达任务区后应及时与当地政府相关部门取得联系,了解当地的情况,并做好安全保障工作。

图 4-7 人员组织情况

② 设备配备

根据具体任务要求,配备生产需要设备,包括交通工具(车辆)、通信设备、笔记本电脑、导航定位设备、相机、望远镜等;具备条件的,应采用数字调查系统。高山、荒漠及其他困难地区,由于受交通状况和部分区域通信困难限制,还需配备卫星电话、大功率电台等设备,以保障生产安全,如图 4-8 所示。

图 4-8 设备配备情况

(3) 调查路线规划

路线规划应遵循以下原则:

① 问题覆盖原则:在外业调查前,充分了解工作区域内自然人文地理状况,调查路线的规划应首先考虑内业判读采集工作中无法确定的疑问要素和图斑,尽可能覆盖所有问题点。同时,还需充分考虑内业使用的遥感数据源的时相特征、技术人员判读过程中提出的意见反馈等。

② 代表性原则:调查路线的规划应全面反映工作区内的各类地表覆盖特征和地理要素分布特征。每一个样本能够代表所属的覆盖类型,能够反映出该类型的特征或突出反映该

类型某一方面的特征，在地表覆盖类型相对比较一致的区域内，样本总体在数量上应能代表该区域的整体特征，在分布上应贴近覆盖类型分布的趋势。

③ 可行性原则：由于野外工作受地理环境、自然条件以及人力等诸多因素的条件限制，调查应根据工作区域的交通情况进行路线设计，在保证安全的前提下，规划合理、可行的调查路线，反映出工作区域内具有代表性和典型性的地理国情要素和地表覆盖分类图斑。

④ 充分考虑现有资料的原则：充分考虑现有的基础数据资料以及收集的权威专题资料，对资料丰富的区域，应当充分利用已有资料进行核对和验证。

(4) 沿途工作

外业调查工作中，专业资料收集应首先与县(市)级相关政府管理部门取得联系，尽可能补充收集所需专业资料。专业资料主要指从交通、民政、水利、国土、林业、卫生、教育、农业、环境保护、规划、旅游、统计等部门收集到的资料。收集的专业资料应具有权威性、准确性、现势性。

① 交通部门主要涉及县/乡道路、专用公路路线名称、编号、路段名及起点、止点、技术等级、车道、铺装、路面宽度、公路附属设施等。

② 民政部门主要涉及城市街道名、村级以上行政名称、境界、宗教、社会福利机构等。

③ 水利部门主要涉及河流、水库、沟、干支渠、湖泊、湿地、沼泽、行、蓄、滞洪区及附属设施、名称、库容、位置等。

④ 国土部门主要涉及土地利用、土地调查、矿产资源、地质公园等。

⑤ 林业部门主要涉及林场、自然保护区、林区分布现状及覆盖类型等。

⑥ 农业和牧业部门主要涉及国有农牧场名称和分布等。

⑦ 卫生部门主要涉及医疗机构的名称、等级、分布、数量等。

⑧ 教育部门主要涉及学校的名称、等级、分布、数量等。

⑨ 旅游、文物部门主要涉及森林公园、风景旅游区以及文化遗产或文物古迹等。

⑩ 规划部门主要涉及城市道路、工矿企业分布、居住小区的分布、开发区分布等。

⑪ 统计部门主要涉及人口、经济、基本单位等统计数据。

⑫ 其他省级普查需要的资料。

外业调查工作中，应开启 GPS 定位设备，记录外业工作行进轨迹，作为外业调查的工作依据和元数据基本来源，如图 4-9 所示。

外业工作中应对行进线路两侧的要素、图斑进行核对，并观察沿途周边的地表特征，遇需要重点关注或特殊的覆盖类型、要素时，应及时开展遥感影像解译样本数据采集工作。

(5) 地表覆盖分类调查

① 实地调查底图上标注的疑问图斑，包括类型、范围，可到达区域实地进行解译样本拍摄，并做好记录，如图 4-10 所示。

② 实地核查底图上选取的样本图斑，进行核对、确认，拍摄样本和记录。

③ 地物影像形态与实地差异较大，需仔细确认地物类型、范围和属性，并进行解译样本拍照和记录，对不够采集指标的图斑，可合并至周围主要地类中。

④ 对于地表覆盖分类的核查，应尽可能选择在植被生长期进行。

⑤ 对内业解译的图斑、类型和属性，按照一定比例进行抽样核查，抽样样本应尽可能分布均匀合理。当核查发现内业判读正确率不能满足要求时，应扩大核查范围，增加抽样比例，并采集相应的解译样本数据，以利于内业修改，确保最终成果满足质量要求。地表覆盖

(a)

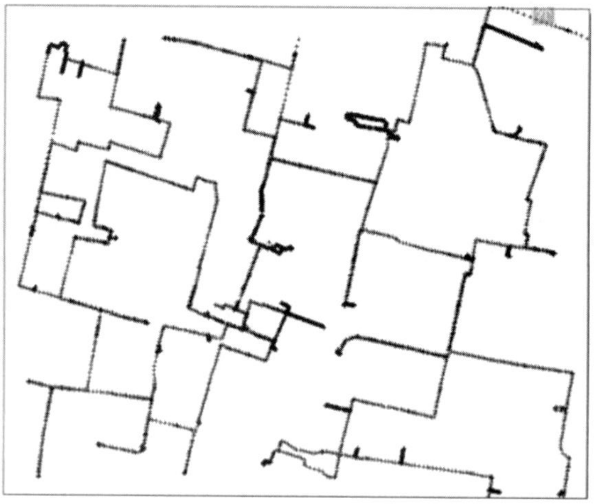

(b)

(c)

图 4-9　外业工作行进轨迹采集

(a) 轨迹采集示意图;(b) 轨迹点图;(c) 轨迹线图

图4-10　地表覆盖分类调查标注记录示意图

分类核查统计表的格式可参考表4-3。

表4-3　　　　**地表覆盖分类核查统计表**

区域名称：

核查类型代码	核查类型名称	图斑数量	核查数量	正确数量	核查百分率	内业正确率

统计者：　　　　检查者：　　　　　　　　　　年　月　日

注：核查百分率＝核查数量/图斑数量×100％；

内业正确率＝正确数量/核查数量×100％。

⑥ 对于车辆无法到达区域的图斑，可采用同类地物类比、地理相关分析及调查、询问和参照相关专业资料等方法进行核查。

(6) 地理国情要素调查

① 实地调查底图上标注的疑问要素类型、边界和属性，进行解译样本拍摄，并做好记录。

② 对内业采集工作中无法确定的国情要素边界、位置(如社会经济区域单元、城镇综合功能单元等)进行实地调查。

③ 对内业工作中专业资料内容不全的国情要素属性（如道路、水系等）进行调查补充，在调查底图或调查记录表中记录，如图 4-11 所示；如采用数字调查系统，使用电子记录方式记录。

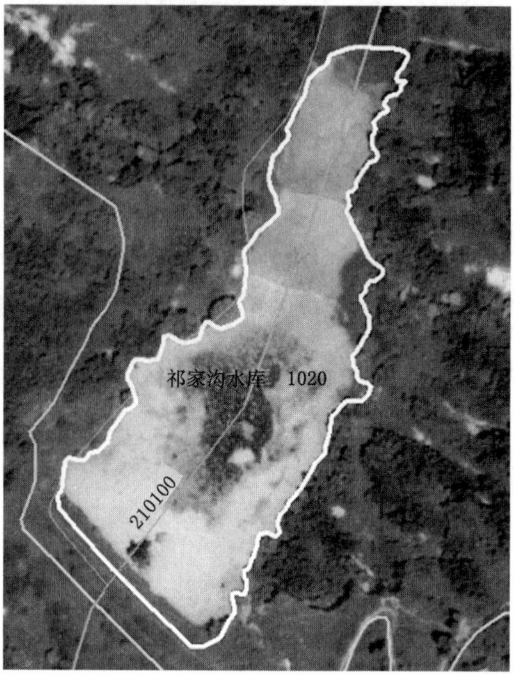

图 4-11　地理国情要素调查标注记录示意图

④ 对内业解译的国情要素类型、边界和属性，实地进行抽样调查核对。地理国情要素核查统计表的格式可参考表 4-4。

⑤ 当利用收集的权威专业资料能够确认地理国情要素类型、边界和属性时，采用专业资料进行核查。

表 4-4　　**地理国情要素核查统计表**

区域名称：

核查类型代码	核查类型名称	图斑数量	核查数量	正确数量	核查百分率	内业正确率

统计者：　　　　检查者：　　　　　　　　　　年　月　日

注：核查百分率＝核查数量/要素数量×100%；

内业正确率＝正确数量/核查数量×100%。

（7）新增或变化的图斑和要素补测补调

对于实地新增或发生变化的图斑或要素，应进行外业补调或补测。

① 新增或变化的图斑或要素，在底图影像上可以直接定位的，采用图上标绘和图外注

记的形式进行调查。

② 当底图上无法对新增或变化的图斑或要素进行准确定位时，采用满足精度要求的测量手段和测量设备进行实地定位，采集变化范围。

③ 对于新增的、无影像支持的大面积复杂区域无法实地补测时，可根据实际情况在底图上示意性标绘出新增或变化的图斑和要素的属性、范围，或用文字及特殊标记标注，以利于后期进一步收集其他资料补充采集，或根据统一的生产安排，开展外业补充调查。

(8) 遥感影像解译样本数据采集

按照《遥感影像解译样本数据技术规定》的技术要求采集遥感影像解译样本数据。

① 解译样本应完整反映出调查区域的地理特征、地貌形态、覆盖类型和区域特点，以及典型图斑、特殊影像形态等内容，并尽可能多地包含各种信息要素类型。

② 解译样本应尽可能均匀分布，即便是大范围区域内为同一地类图斑，原则上也应沿核查路线每隔 2～3 km 采集一张或一组地面实景照片。

③ 每个样点应至少拍摄一张地面实景照片，当一张照片不能完整反映出地类要素的特征和细节时，可采用不同位置和角度或近中远景进行多张拍摄。

④ 现场记录目标样点所表现的内容，并在样点对应的图斑进行标识，同时记录照片的属性信息。

(9) 编写技术总结

技术总结的编写参考《测绘技术总结编写规定》的相关内容进行编写；同时，应注意包含以下内容：

① 组织实施情况：生产管理组织（人员、设备等），质量控制措施等。

② 外业调查补充收集的资料及利用情况。

③ 外业调查工作量统计，地理国情要素和地表覆盖分类内业判读正确率统计情况。

④ 外业调查成果质量评价。

(10) 质量控制

过程质量控制与成果质量检验评定按照《地理国情普查过程质量监督抽查规定》《地理国情普查检查验收与质量评定规定》执行。

① 质量保证措施

应加强对生产作业过程中每个环节的质量控制，对重要质量特性进行重点检查，对有普遍性或有倾向性的质量问题应进行全面检查，杜绝质量问题遗留到下一环节。检查比例应符合相关质量文件的要求。检查提出的质量问题，作业人员应认真修改，并在检查记录上签字以示负责；未达到质量要求的普查成果，应全部退回普查作业人员返工返修，直至达到相应的质量要求。

外业调查质量控制执行“两级检查”制度。一级检查采用全过程实地跟踪检查的方法进行，外业检查比例为 30%。二级检查对外业调查所形成的成果在经过一级检查合格的基础上进行全面检查，外业检查比例为 20%。

② 质量检查的主要内容

对外业调查成果的过程检查和最终检查包括以下内容：

a. 专业资料的收集是否充分。

b. 外业调查覆盖范围、路线规划是否合理。

c. 外业调查成果资料是否完整,文件组织是否符合要求。

d. 外业补充调查的属性信息是否完整、准确,补测数据是否满足精度要求。

e. 对地表覆盖分类图斑、地理国情要素的核查比例是否满足质量要求。

f. 外业调查的轨迹记录是否完整,核查统计表填写是否完整、符合要求。

g. 解译样本采集的总体数量、样点的分布、数据的整理等是否符合《遥感影像解译样本数据技术规定》的要求。

h. 纸质普查底图的图面整饰是否清晰、规整、易读,扫描分辨率是否满足要求;数字调查数据的组织、记录是否符合相关要求。

i. 技术总结的编写是否相关符合要求。

(11) 安全与保密

① 安全生产

普查工作过程中,严格执行《测绘作业人员安全规范》等各项安全生产规定,落实安全生产责任制度,确保作业人员的人身财产安全。

各生产单位安全生产管理部门要建立健全安全防范措施,制定安全生产规定和安全生产应急预案,落实安全生产责任;加大对安全生产设备、防护装备的投入;加强对职工安全生产知识、设备装备使用、自救互救能力的教育和培训;加大测区安全生产的检查监督,确保安全生产。

各生产单位应成立安全领导小组,统一部署,制定测区安全防护措施;安全责任落实到人,指定各个层面的安全负责人,安全负责人现场跟踪、监督和检查安全生产的每个环节,杜绝安全隐患,确保安全生产。

进行外业调查之前,应对测区的自然条件、地形地貌、气候情况、风土人情、交通住宿等进行调研,与测区内及周边的各级政府部门加强联系和沟通,建立测区统一的安全生产保障、救护体系。同时,对生产作业人员进行必要的野外环境下安全自我防护和自我救护训练。荒漠、沼泽、高山等危险地区,避免单人作业。外业人员外出工作应带齐公函、介绍信、工作证和个人证件,以及常备药品和通信工具。

车辆、仪器设备进行定期检查维护,保证生产过程中车辆及其安全设施的正常使用,仪器的完好和各项精度指标符合要求;驾驶员应提前了解行进线路的路况及天气情况,谨慎行驶,避免疲劳驾驶,超速行驶。遇到突发天气变化、自然灾害、特殊环境,应及时采取避险、防范措施。

② 数据保密

外业调查使用的普查底图和获取的补测补调数据均为涉密成果和资料,需严格按照相关的法律法规进行管理。

生产单位应加强经常性保密教育和保密检查,增强工作人员保密意识,严格遵守各项信息安全管理制度,确保不发生失密、泄密问题。

4.2.5 成果汇交要求、内容及组织

(1) 汇交要求

成果的整理汇交应满足《地理国情普查成果资料汇交与归档基本要求》的有关规定。成果整理以县域为单位,成果汇交以任务区为单位进行汇交。

采用数字调查系统进行外业调查的,核查成果按照《地理国情普查底图制作技术规定》中相关数据组织要求和命名规定进行整理。

采用纸质外业调查底图的，需经扫描后进行数据汇交（纸质成果不提交），扫描分辨率不低于 300 dpi，数据格式为“.jpg”。

收集的纸质专题资料经扫描后进行整理汇交，扫描分辨率不低于 300 dpi，数据格式为“.jpg”；收集的电子文档及数据资料按原数据格式整理汇交。汇交资料时需提供资料清单。

按照《地理国情普查数据生产元数据规定》的要求整理并提交相关元数据层，后期将与其他元数据层集成汇交。

(2) 汇交内容

① 外业调查成果

a. 外业调查数据。

b. 地理国情普查核查统计表/数据(.doc)。

c. 外业调查元数据(.mdb)。

d. 外业调查原始轨迹数据。

e. 补充收集的专业资料。

② 遥感影像解译样本数据

按照《遥感影像解译样本数据技术规定》要求整理汇交。

③ 文档资料

a. 文档资料清单。

b. 外业调查技术总结。

(3) 汇交组织

成果汇交组织目录如图 4-12 所示。

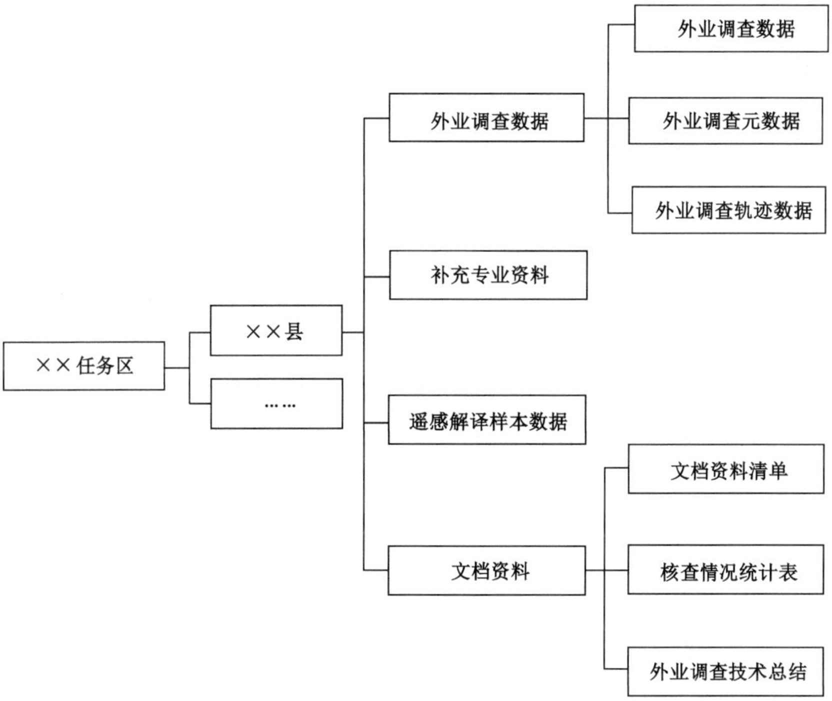

图 4-12　成果汇交组织目录

4.3 遥感影像解译样本采集

4.3.1 遥感影像解译样本定义

遥感影像解译样本数据,是用于辅助遥感影像解译收集获取的地面实景照片和对照遥感影像等样本数据,如图 4-13 所示。遥感影像解译样本数据采集是外业调查与核查的主要工作之一。

(a)　　　　(b)

图 4-13　遥感影像解译样本

(a) 地面照片;(b) 遥感影像实例

4.3.2 遥感影像解译样本数据的作用

(1) 记录:用具有对照关系的实地照片和遥感影像实例记录地理环境信息。

(2) 认知:帮助解译人员对遥感影像地域直观、正确的认知,确保解译精度,提高解译效率。

(3) 验证:在解译结果的质量控制方面发挥重要作用,为长期监测积累实地参考资料。

4.3.3 遥感影像解译样本数据的内容与属性

(1) 遥感影像解译样本数据的内容

遥感解译样本数据包含两类:一是地面照片数据;二是遥感影像实例数据。地面照片是用数码相机或其他外业调查设备,在地面实地拍摄的能较全面清晰反映一定范围内地物特征的照片。遥感影像实例是从经过正射校正处理的影像数据源上截取的与地面照片拍摄范围和内容一致的航空(航天)遥感影像。

两类数据分别从不同的侧面反映地物影像形态特征,起到相互印证的作用,可以帮助解译人员更高效地认知遥感影像所蕴含的信息。根据位置和反映的内容,两类数据之间具有明确的对应关系,对应关系有以下几种情况:

① 一对一关系:一张地面照片只对应一幅遥感影像实例。这种情况下,可采集的遥感影像数据源比较单一。

② 一对多关系:一张地面照片对应多张不同类型或时相的遥感影像实例。

③ 多对一关系:多张地面照片对应一幅遥感影像。这种情况一般针对比较复杂的地面环境,难以通过一张地面照片全面反映其特征,需要从不同位置和角度对同一地点的地物拍摄多张地面照片。但针对拍摄对象所在区域,只有一种可供采集遥感影像实例的数据源。

④ 多对多关系：多张地面照片对应多幅遥感影像实例。这是上面第②和第③两种情况的综合。在第③种情况的基础上，有多种类型或时相的数据源可供采集遥感影像实例。

为便于操作起见，每一张照片表示一个样点。对于一对一或一对多的情况，每一张照片及对应的遥感影像实例代表一个样点；对于多对一或多对多的情况，有多个样点形成一个逻辑上的样点组，该样点组由一组具有上述对应关系的地面照片和遥感影像实例组成。

(2) 遥感影像解译样本数据的属性

① 地面照片的属性

除拍摄能够比较全面清晰反映一定范围内地物特征的地面照片，为了建立地面照片和遥感影像实例的对应关系，并有利于后期深入利用，每一张地面照片需要记录拍摄时的相机姿态参数、拍摄距离，以及由相机在照片中自动记录的拍摄时的 35 mm 等效焦距、拍摄时间、拍摄者等信息。此外，需说明照片主体内容所属的地理国情信息类型，并尽可能对地面照片反映的内容提供文字说明。姿态参数中包含经纬度、高程、方位角、横滚角、俯仰角，此外，还需要尽可能记录影响获得这些姿态参数精度水平的属性，包括定位方法、采用卫星定位时观测到的卫星数量、平面定位精度、方位角的测量精度范围等。这些信息，绝大部分可从相机或其他采集设备自动获得。

② 遥感影像实例的属性

要正确识读遥感影像实例所包含的地物信息，需要更多的属性信息支持。因此，遥感影像实例还包含数据源类型、分辨率、波段数、拍摄时间等属性。另外，为了后期查询检索方便，需要记录遥感影像实例四个角点的经纬度坐标。

4.3.4　遥感影像解译样本数据采集

4.3.4.1　地面照片及其属性信息的采集

(1) 地面照片采集要求

① 总体原则

采集的地面照片需充分保证样本的典型性。每一个样本应能够代表所属的覆盖类型，能综合反映该类型的总体特征，或者突出反映该类型某一方面的特征；在地表地物分布和覆盖类型相对比较一致的一定区域内，样本总体在数量上应能代表该区域的整体特征，在分布上应贴近地物和覆盖类型分布的趋势。

地面照片反映的地表季相或覆盖状态应尽可能与遥感影像的时相接近；如果季相差别较大，需确保通过照片判别出的地物或覆盖状态与影像上判别出的一致，否则不应作为样本保留。

外业核查时，内业有疑问的图斑，以及外业发现分类错误的图斑，原则上都需要采集对应类型的解译样本数据。对内业中比较确定的图斑，可在任务区内根据区域特点选取典型区域进行核查并采集样本，应按照规定的要求拍摄核查地区的实地照片。外业具体工作按照《地理国情普查外业调查技术规定》执行。

地面照片的拍摄，可先设计好路线，并大致确定拍摄位置，在外业调查中有目的性地拍摄；也可不设计路线，而在外业调查中直接拍摄典型地物，并做好相关记录。

地面照片在整理过程中，除文件名称外，应避免对原始照片文件进行造成属性信息发生错误改变的再加工处理。

② 数量要求

在前述总体原则的基础上，对所有要求识别的地表覆盖类型开展样本采集，实际操作中可以根据具体区域情况参照以下要求确定样本数量。

以影像数据源类型、时相比较一致（属于同一个季节）且连片、地理环境差异不大的区域作为范围，如果区域范围超过 1 000 km^2，每种覆盖类型（最细一级类）采样点数量一般平均不少于 15 个；若区域范围小于 1 000 km^2，每种覆盖类型采样点数量一般平均不少于 10 个，样点的分布应尽可能与图斑的分布相一致；难以到达的特殊困难地区，每种覆盖类型采样点数量一般平均不少于 3 个；对于图斑数很少（100 个以下）且图斑总面积很小的覆盖类型，若具有典型性，也必须至少采集 1 个样点。

③ 质量要求

拍摄时应尽可能水平持握相机，使其保持正常姿态，避免照片信息失真误导使用者。特殊情况下，相机俯仰角或横滚角大于 10°以上时，需记录其值。

应尽可能拍摄离相机 200 m 范围以内的景物，避免照片与遥感影像实例之间的空间对应关系失真；难以到达只能通过远距离拍摄的，拍摄距离大于 200 m 时，应估测拍摄距离并记录。可以现场估测，也可以内业确定拍摄对象位置后测算其与相机位置之间的距离得到。

对于需要长焦远距离拍摄的景物，应在同一拍摄位置采用相同的相机姿态（包括镜头方位角、俯仰角、横滚角 3 个参数）分别用正常焦距、中焦和长焦拍摄 3 张照片，或至少用正常焦距和长焦拍摄两张照片，以利于在照片上完整反映远方地物的位置和与其他地物的布局关系。

地面照片尽可能使用精细模式保存，总像素数量应在 200 万像素以上。由于数据量原因，不建议采用过大的总像素数量，建议一般控制在 1 000 万像素以下。地面照片的长宽尺寸不做限定，可根据相机情况合理设置。

④ 文件格式及命名要求

地面照片采用 JPG 格式，后缀名为“.jpg”。

照片标识符按以下规则生成：

照片标识符用 32 位字符表示，前 2 位为“PH”，表示该文件为照片文件；接下来的 14 位表示时间，使用表 4-5 中的拍摄时间，记录到秒，格式为 YYYYMMDDHHMMSS；接下来的 7 位表示表 4-5 中的拍摄点经度，按度分秒记录，格式为 DDDMMSS；紧接 6 位为表 4-5 中的拍摄点纬度，按度分秒记录，格式为 DDMMSS；最后 3 位为表 4-5 中的照片方位角，记录到度，格式为 DDD。以上不足部分均用 0 填充。

表 4-5　地面照片属性定义及采集要求

序号	属性内容	获取说明	采集要求
1	照片的标识符	按规则生成	根据 4.3.4 节定义的规则生成
2	拍摄时间	相机自动记录	采用北京时间，格式为 YYYY-MM-DDTHH:MM:SS。从照片 EXIF 信息的 Date Time Original 标记中读取。如 2013-07-07T10:01:01。
3	拍摄点经度	部分相机自动记录，也可通过与 GPS 设备同步提取	从照片 EXIF 信息的 GPS Longitude 标记中读取。采用 WGS-84 坐标系

续表 4-5

序号	属性内容	获取说明	采集要求
4	拍摄点纬度	同上	从照片 EXIF 信息的 GPS Latitude 标记中读取。采用 WGS-84 坐标系
5	位置定位平面精度水平	同上	从照片 EXIF 信息的 GPS DOP 标记中读取。无法获时可以不填写
6	拍摄点高程	同上	从照片 EXIF 信息的 GPS Altitude 标记中读取，为大地高
7	定位方法	同上。如果不是卫星定位，需要填写。手机定位填写“CELLID”，无线网定位成填写“WiFi”，不确定的填写“Unknown”	可从照片 EXIF 信息的 GPS Measure Mode 标记中读取
8	定位时观测到的卫星数量	同上	从照片 EXIF 信息的 GPS Satellites 标记中读取。无法获取时可以不填写
9	照片方位角	部分相机自动记录	从照片 EXIF 信息的 GPS Img Direction 标记中读取
10	照片方位角的参照方向	字母 G 表示磁北；字母 T 表示真北。部分相机自动记录	从照片 EXIF 信息的 GPS Img DirectionRef 标记中读取
11	方位角准确程度	部分相机或一体化系统自动记录	无法确定时可以不填写
12	拍摄距离	需估测填写	当距离被摄对象在 200 m 以上时，填写估测距离
13	相机俯仰角	部分相机或一体化系统自动记录	当镜头俯仰角度大于 10°时，需要填写
14	相机横滚角	部分相机或一体化系统自动记录	当相机横滚角大于 10°时，需要填写
15	照片主体所属的地理国情信息类型代码	需人工或批量自动填写。依据《地理国情普查内容与指标》的定义填写	可与地理国情信息数据结合批量自动获取
16	样点地理环境描述	需人工填写	对样点处被拍摄范围的地理环境进行直观、简要说明。可包括所在地地名或实体名、周围情况、植被或作物类型以及对覆盖物的直观描述。具体可灵活掌握，起到准确完整传递照片中拍摄对象包含的信息即可
17	拍摄者	相机自动记录	从照片的 EXIF 信息的 Artist 标记中读取
18	35 mm 等效焦距	相机自动记录	从照片的 EXIF 信息的 FocalLength In 35 mm Film 标记中读取

在地面照片拍摄时，相机会按照一定规则自动生成其文件名，但不能保证文件名的全局唯一性。需要在照片整理阶段，把文件名改用照片标识符命名，文件名的后缀名不变。

(2) 地面照片属性采集要求及方法

① 地面照片属性采集要求

地面照片包含18项属性内容，其获取方法和采集要求见表4-5。

应正确操作获取相关属性参数的仪器，照片的拍摄点位置、照片方位角的值应尽可能发挥仪器设备的精度水平，确保获得高质量的数据。一般情况下，拍摄点位置精度应在15 m以内，照片方位角的精度应在5°以内。

拍摄时间，遵循GB/T 7408—2005/ISO 8601：2000采用日期和日的时间的组合方式，用完全表示法的扩展格式YYYY-MM-DDTHH：MM：SS表示，如2011-08-26T04：23：06。

拍摄点经、纬度：采用WGS-84坐标系。

照片主体所属的地理国情信息类型代码：必填。

样点地理环境描述：对样点处被拍摄范围的地理环境进行直观、简要说明。可包括所在地地名或实体名、周围情况、植被或作物类型以及对覆盖物的直观描述。具体可灵活掌握，起到准确完整传递照片中拍摄对象包含的信息即可。

其他属性数据可自动获取。

② 地面照片属性采集方法

方法一：使用支持自动记录相机姿态参数和相机成像参数信息的一体化外业调绘核查系统，其他信息通过人工交互方式输入并同步记入数据库。

方法二：使用支持在照片EXIF信息中自动记录相机姿态参数和相机成像参数信息的照相机，其他属性信息由人工记录到手簿上。

方法三：若使用的相机不能自动记录相机姿态参数，可同时携带事先做好相机时间对准的手持GPS接收机记录采集者的行走轨迹，拍摄照片同时在手簿上记录其他属性信息。事后内业读取GPS记录和地面照片EXIF信息中的拍摄时间，通过时间同步，把相应的位置信息挂接到地面照片上。

上述方法二和方法三中，保证人工记录信息与拍摄的地面照片之间正确关联非常重要。为提高外业工作效率，可以在人工记录属性信息时，同时在手簿上准确记录拍摄地面照片的时间，内业整理完成人工记录的属性信息后，自动读取地面照片EXIF中包含的其他信息，并通过时间关联方式与拍摄的地面照片及其他属性信息批量自动挂接。

4.3.4.2 遥感影像实例及其属性信息采集

(1) 遥感影像实例采集要求

遥感影像实例采集需要根据地面照片的相关属性值，采用手工或自动方式完成遥感影像裁切、拍摄点位置标绘以及地面照片视野范围标绘。其中，遥感影像裁切必须完成，拍摄点位置标绘和地面照片视野范围标绘可根据实际需要进行，不做强制要求，可以在数据利用或显示时利用相关软件工具实时进行。

① 遥感影像实例裁切

a. 对应地面照片，根据其姿态信息，从经过正射处理的可用遥感数据源中裁切长宽511×511像素大小的高分辨率遥感影像，并尽可能把地面照片拍摄的主体地物置于影像的中间部分，同时保证拍摄点也位于遥感影像实例范围内。

对于远距离拍摄的地面照片，如果的确无法将拍摄点和拍摄的主体地物同时置于511×511像素大小的遥感影像范围内，可以将裁切范围扩展至1 023×1 023。

对于冰川、常年积雪等采用超远距离拍摄的地面照片，难以在1 023×1 023范围内满足上述条件，允许只把地面照片拍摄的主体地物置于影像的中间部分，不要求拍摄点也位于遥感影像实例范围内。

如果使用分辨率非常高的航摄影像，难以在1 023×1 023范围内满足上述条件，可以适当扩展。

b. 关于可用遥感数据源的说明：

原则上，所有用到的遥感影像数据源类型（如同时用到WorldView、ZY-3、航片数据）都应采集相应的遥感影像实例。

对于卫片，优先考虑经过正射处理的分景融合影像；其次考虑经过正射处理的分景多光谱影像；如果只有全色影像，则考虑经过正射处理的分景全色影像。

对于航片，优先考虑经过正射处理的分幅融合影像；其次考虑经过正射处理的分幅多光谱影像；如果只有全色影像，则考虑经过正射处理的分幅全色影像。对于样点组，如果在满足上述要求的情况下，可以用一个一致的范围裁切遥感数据，只裁切一次；如果难以用同一个范围裁切，则分开裁切。

c. 裁切后的遥感影像实例的数学基础，与遥感影像数据源的数学基础相同。

d. 如果裁切范围位于多幅影像拼接区域，只以照片中主体地物所在幅的影像为数据源，移动裁切框但尽可能使拍摄点位于有影像的部分进行裁切；确实难以保证拍摄点位于影像区域的，使其包含在裁切区域内的空白区并进行裁切；如果连照片中主体地物都难以在一幅影像中反映，从经过拼接处理的标准分幅DOM中裁切。如果从标准分幅DOM裁切也遇到上述前两种情形，参照处理，遇到上述最后一种情形，放弃遥感影像实例裁切，保留地面照片信息，待有条件时再补充。

② 文件格式与命名

依据《地理国情普查数字正射影像生产技术规定》对影像数据格式的要求，裁切的遥感影像实例文件采用非压缩的TIFF格式，后缀名为“.tif”；利用TIFFWORLD文档（后缀名为“.tfw”）记录影像的坐标信息；利用投影信息文件（后缀名为“.xml”）记录影像的投影信息。

遥感影像实例文件的文件名依据对应的地面照片标识符进行命名，与照片标识符不同的是，前2位为“RS”表示该文件为影像实例文件；若对应的是样本组，采用样本组中最小的标识符作为文件名；若有多个遥感影像实例与样点或样点组对应，按生成先后顺序在前述遥感影像实例标识符的基础上在其后缀“－”上再加整数顺序号作为文件名。

“.tfw”“.xml”文件的文件名与对应的遥感影像实例文件的文件名相同。

③ 拍摄点位置标绘

根据照片拍摄点经纬度坐标信息，用与影像颜色反差较大的颜色（一般情况下用蓝色、黄色、黑色或白色）表示的十字丝标明其位置，十字丝的横竖长度均为15个像素，宽度为1个像素。在一幅遥感影像实例中存在样点组时，应在十字丝旁同时标注地面照片的标识符（此处的标识符只表达第11～16位字符，即拍摄时间的HHMMSS部分），颜色与十字丝保持一致，每个字符长宽均为7个像素。

④ 地面照片视野范围标绘

根据地面照片记录的35 mm等效焦距（Focal），依据下列公式计算出视角v：

$$v = 2 \times \mathrm{atan}(18/Focal)$$

然后依据记录的照片方位角(Azim),以拍摄点为起点,以方位角确定的射线为中心,根据视角 v 的值在遥感影像实例上从拍摄点即可画出两条标识照片视野范围的线(线的颜色与十字丝保持一致,长度为50个像素、宽度为1个像素),从而更加明确地说明地面照片与影像之间的对应关系。

(2) 遥感影像实例属性信息采集

遥感影像实例包含13项属性内容,其获取方法和采集要求见表4-6。

表4-6　　遥感影像实例属性项定义及采集要求

序号	属性项	获取说明	采集要求
1	遥感影像实例标识符	根据文件名的生成规则生成	应保证标识符的全局唯一性
2	影像类型	依据影像数据源的元数据填写	
3	影像分辨率	与影像数据源相同	
4	影像拍摄时间	依据影像数据源的元数据填写	填写格式为YYYY-MM-DDTHH:MM:SS。不能准确填写的部分用0补齐。如2011-08-26T04:23:06
5	影像波段数	与影像数据源相同	
6	左上角经度	批量自动计算	采用2000国家大地坐标系,坐标用经纬度表示,十进制度为单位
7	左上角纬度	批量自动计算	同上
8	右上角经度	批量自动计算	同上
9	右上角纬度	批量自动计算	同上
10	左下角经度	批量自动计算	同上
11	左下角纬度	批量自动计算	同上
12	右下角经度	批量自动计算	同上
13	右下角纬度	批量自动计算	同上

说明:关于"影像拍摄时间"采集要求的说明,由于遥感影像数据的元数据中记录的"影像拍摄时间"一般为协调世界时(UTC),为便于操作,在表4-6中,该字段值与遥感影像数据的元数据中记录的时间保持一致,不转换为当地时间。

填写格式遵循"GB/T 7408—2005/ISO 8601:2000 数据元和交换格式信息交换日期和时间表示法",采用日期和日的时间的组合方式,用完全表示法的扩展格式YYYY-MM-DDTHH:MM:SS表示,如2011-08-26T04:23:06。

4.3.5 遥感影像解译样本数据存储要求

(1) 总则

根据遥感影像解译样本数据的内容、属性和采集要求,获取形成的数据成果可根据各自特点采用多种方式进行存储。按照便于记录、保存、交换和查询利用的原则,综合采用文件和数据库多种方式对遥感影像解译样本数据进行存储管理。

地面照片和遥感影像实例的图像数据采用文件方式保存,按照4.3.4规定的命名方式命名，并应分别存放在数据库文件相同目录下的 PHOTO 和 SMPIMG 目录中。

地面照片和遥感影像实例的属性信息存储在统一的数据库中。由于只保存属性数据，数据量不大，要求采用 Access 数据库格式，保存到数据库文件中，后缀名为“.mdb”。

(2) 遥感影像解译样本数据库结构

遥感影像解译样本数据库由记录地面照片属性及文件名的 PHOTO 数据表、记录遥感影像实例属性信息及文件名的 SMPIMG 数据表，以及反映地面照片和遥感影像实例对应关系的关系表 PHOTO_IMG 三个表格构成。

对样点组不单独存储相关信息，只具有逻辑意义，若有需要可通过样点(地面照片)空间位置的相邻性特征来识别样点组。

① 数据表 PHOTO

PHOTO 数据表包含地面照片的 18 个属性和文件名共 19 个字段，各字段定义见表 4-7。

表 4-7　　数据表 PHOTO 的结构

序号	字段名称	说明	数据类型	单位	可否为空
1	PHID	照片的标识符	文本(32)		否，主键
2	FILE	照片文件名	文本(64)		否
3	PHTM	拍摄时间	日期型		否
4	LONG	拍摄点经度	浮点型	十进制度	否
5	LAT	拍摄点纬度	浮点型	十进制度	否
6	DOP	位置定位平面精度水平	浮点型	米	可
7	ALT	拍摄点高程	浮点型	米	可
8	MMODE	定位方法	文本(8)		可
9	SAT	定位时观测到的卫星数量	整型	个	可
10	AZIM	照片方位角	浮点型	十进制度	否
11	AZIMR	照片方位角的参照方向	文本(1)		可
12	AZIMP	方位角准确程度	浮点型	十进制度	可
13	DIST	拍摄距离	整型	米	可
14	TILT	相机俯仰角	浮点型	十进制度	可
15	ROLL	相机横滚角	浮点型	十进制度	可
16	CC	照片主体所属的地理国情信息类型代码	文本(6)		否
17	REMARK	样点地理环境描述	文本(255)		可
18	CREATOR	拍摄者	文本(16)		否
19	FOCAL	35 mm 等效焦距	浮点型	毫米	可

“照片文件名”FILE 字段中填写方法：

如果照片文件直接存放在要求的 PHOTO 目录中，填写包含后缀名的照片文件名即可。

如果照片文件存放在要求的PHOTO目录下的子目录中，应填写子目录名为起点的路径加上包含后缀名的照片文件名。例如，如果照片文件存放在要求的PHOTO目录下的PHOTO1子目录中，则该字段填写为：PHOTO1\xxxxx.jpg。

② 数据表SMPIMG

SMPIMG数据表包含遥感影像实例的13个属性和文件名共14个字段，各字段定义见表4-8。

表4-8　数据表SMPIMG的结构

序号	字段名称	说明	数据类型	单位	可否为空
1	IMGID	遥感影像实例标识符	文本(64)		否，主键
2	IMGFILE	遥感影像实例文件名	文本(64)		否
3	SRCTYPE	影像类型	文本(3)		否
4	SRCRES	影像分辨率	浮点型	米	否
5	SRCTIME	影像拍摄时间	文本(19)		否
6	SRCBAND	影像波段数	短整型	个	否
7	LULONG	左上角经度	浮点型		否
8	LULAT	左上角纬度	浮点型		否
9	RULONG	右上角经度	浮点型		否
10	RULAT	右上角纬度	浮点型		否
11	LBLONG	左下角经度	浮点型		否
12	LBLAT	左下角纬度	浮点型		否
13	RBLONG	右下角经度	浮点型		否
14	RBLAT	右下角纬度	浮点型		否

“遥感影像实例文件名”IMGFILE字段中填写方法：

如果遥感影像实例文件直接存放在要求的SMPIMG目录中，填写包含后缀名的遥感影像实例文件名即可。

如果遥感影像实例文件存放在要求的SMPIMG目录下的子目录中，应填写子目录名为起点的路径加上包含后缀名的遥感影像实例文件名。例如，如果遥感影像实例文件存放在要求的SMPIMG目录下的SMPIMG1子目录中，则该字段填写为：SMPIMG1\xxxxx.tif。

③ 关系表PHOTO_IMG

关系表PHOTO_IMG定义数据表PHOTO和SMPIMG之间的多对多关系，并记录这种关系建立的一些信息，共包括5个字段，各字段定义见表4-9。

表4-9　关系表PHOTO_IMG的结构

序号	字段名称	说明	数据类型	可否为空
1	PHID	地面照片的标识符	文本(32)	否，外键
2	IMGID	遥感影像实例标识符	文本(64)	否，外键

表 4-9

序号	字段名称	说明	数据类型	可否为空
3	OPERATOR	建立两者对应关系的操作员姓名	文本(16)	否
4	EXAMINER	质量负责人姓名	文本(16)	否
5	FDATE	最后检查完成日期	日期	否

④ 数据表之间的关系

三个数据表之间的关系如图 4-14 所示。

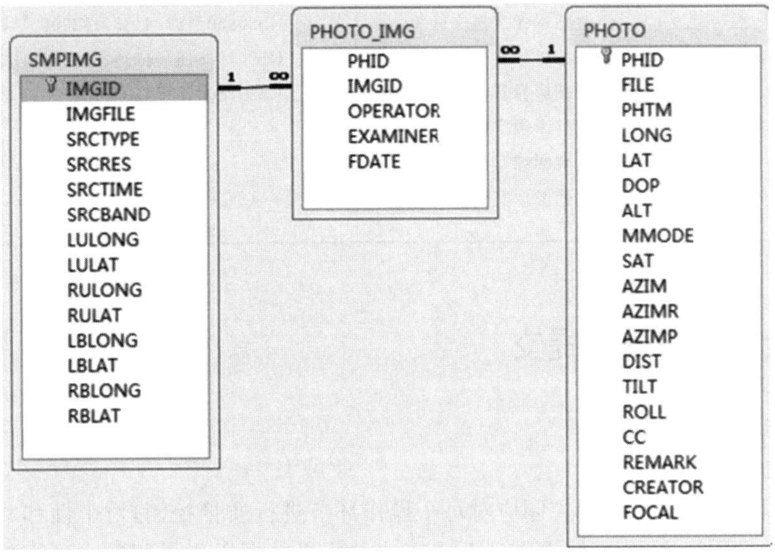

图 4-14　遥感解译样本数据库表间关系

4.3.6　成果汇交要求

(1) 数据格式

地面照片采用 JPG 格式(后缀名为".jpg");遥感影像实例文件采用非压缩的 TIFF 格式(后缀名为".tif");利用 TIFFWORLD 文档(后缀名为".tfw")记录影像的坐标信息;利用投影信息文件(后缀名为".xml")记录影像的投影信息、属性信息;依据 4.3.5 的要求,数据库采用 Access 数据库格式,后缀名为".mdb",名称统一定为 SMPDATA.mdb。

(2) 目录组织

按照《地理国情普查成果资料汇交与归档基本要求》统一规定的汇交目录结构,在遥感解译样本数据对应的根目录中,存放遥感解译样本数据包含的地面照片、影像实例和数据库文件。假定《地理国情普查成果资料汇交与归档基本要求》统一规定存放遥感解译样本数据的根目录为 SMPDATA,则:

数据库文件 SMPDATA.mdb 直接存放于该根目录 SMPDATA 中;地面照片文件统一存放于该根目录 SMPDATA 下的 PHOTO 子目录中;遥感影像实例文件及附属的".tfw"和".xml"文件统一存放于该根目录 SMPDATA 下的 SMPIMG 子目录中,见表 4-10。

表 4-10　遥感解译样本数据的目录组织方式

目录结构	说明	示例
上级目录	上级目录	上级目录
SMPDATA	样本成果根目录	SMPDATA
SMPDATA.mdb	数据库文件	SMPDATA.mdb
PHOTO	地面照片目录	PHOTO
XXXXX.jpg	地面照片文件 1	PH201305181541331132306313200301.jpg
*****.jpg	地面照片文件 n	****************.jpg
SMPIMG	遥感影像实例目录	SMPIMG
XXXXX.tif	遥感影像实例文件 1	RS201305181541331132306313200301.tif
XXXXX.tfw	遥感影像实例文件 1	RS201305181541331132306313200301.tfw
XXXXX.xml	遥感影像实例文件 1	RS201305181541331132306313200301.xml
*****.tif	遥感影像实例文件 n	****************.tif
*****.tfw	遥感影像实例文件 n	****************.tfw
*****.xml	遥感影像实例文件 n	****************.xml

4.4　质量检查与成果提交

4.4.1　质量控制

4.4.1.1　检查要求

内业编辑与整理阶段质量控制应对每个操作环节进行质量控制，对个性和共性的质量问题有重点地进行质量检查，确保提交到下个工序的成果数据无质量问题。生产单位对该工序成果质量负责，检查比例应符合相关质量文件的要求。由于该环节成果数据作为整理入库环节的基础数据，进行数据交接时，须由质检单位按照规定进行质检，合格的普查成果方可交下个工序；不合格的普查成果应退回生产单位进行查改，直到普查成果满足数据质量要求。

4.4.4.2　检查内容

(1) 文档资料检查内容

① 完整性：检查相关系列报告的完整性。

② 规范性：文档资料(包括数据接合图、数据图幅清单、检查验收报告、技术总结、文档资料清单等)是否齐全、规范。

③ 组织与结构：检查报告的章节组成、架构是否清晰、直观、合理；检查报告的封面、目录、页眉页脚等有无内容错漏；检查报告的字体类型、大小、间距等是否符合要求。

④ 内容一致性：检查报告中涉及的统计分析、图件等内容是否与相应的数据成果、图件成果一致。

(2) 地表覆盖分类和地理国情要素数据检查内容

① 空间参考系：检查坐标系统、高程基准和投影参数是否符合要求。

② 位置精度：检查要素与正射影像数据成果套合位置超限的个数；检查覆盖分类与国情要素数据套合位置的超限个数；检查要素几何位置接边超限个数。

③ 属性精度：与影像成果、解译样本、外业调查资料等比对检查分类正确性；检查属性

值错漏的个数，包括属性不接边的错误。

④ 完整性：检查属性值错漏的个数，包括非本层要素，即放错层的要素；检查要素遗漏的个数。

⑤ 逻辑一致性：检查属性项定义、数据集定义、数据文件格式、数据文件名称、数据文件存储与组织是否符合要求；检查数据文件缺失、多余及无法读取；检查不重合、要素重复、要素未相接（悬挂点）、要素不连续（伪节点）、要素未闭合、要素未打断的错误个数。

⑥ 时间精度：检查生产中使用的各类原始资料的现势性是否满足要求；检查成果数据是否按符合要求的基本资料、各类参考资料进行生产。

⑦ 表征质量：检查要素几何类型点、线、面表达错误的个数；检查要素几何图形异常的个数，如极小的不合理面、极短的不合理线；检查要素取舍错误、图形概括错误、要素关系错误、要素方向特征错误的个数。

⑧ 附件质量：检查元数据项错漏个数；检查元数据各项内容错漏个数。

（3）遥感解译样本数据检查内容

① 完整性：检查样本数据库、地面照片、遥感影像实例、附件资料遥感解译成果的完整性。

② 样本数量：是否实现地类全覆盖，采集数量是否达到技术要求。

③ 样本数据库：检查属性项定义是否符合要求，数据层定义是否符合要求；检查属性值填写是否正确，包括地面照片与遥感影像实例的对应关系。

④ 地面照片：检查数量是否满足要求；检查拍摄质量（分辨率等）是否符合要求；检查拍照点位标绘、视野范围标绘是否符合要求。

⑤ 遥感影像实例：检查空间参考系是否正确；检查分辨率、范围、色彩模式等是否符合要求。

4.4.2　成果提交

地理国情普查内业编辑与整理的成果包括文档资料、数据成果，应按照 GDPJ 07—2013 的要求统一整理并提交。

（1）成果内容

① 文档资料：设计书、检查报告、技术总结、验收报告及其他文档资料。

② 数据成果：地表覆盖分类和地理国情要素数据成果及元数据、遥感解译样本数据成果。

（2）成果格式

① 所有文档资料成果均同时提交纸质文件（原件或复印件）三份和电子文件一份。

② 地表覆盖分类和地理国情要素数据成果、遥感解译样本数据成果，数据格式按 GDPJ 03—2013执行。

（3）文件组织

地理国情普查内业编辑与整理成果按照任务区为单元进行文件组织，文件组织按 GDPJ 03—2013、GDPJ 07—2013 执行。

其中，数据组织形式如图 4-15 所示。

注：图中 SMPDATA.mdb 数据库中包含 PHOTO 数据表、SMPIMG 数据表和关系表 PHOTO_IMG 三张表格。

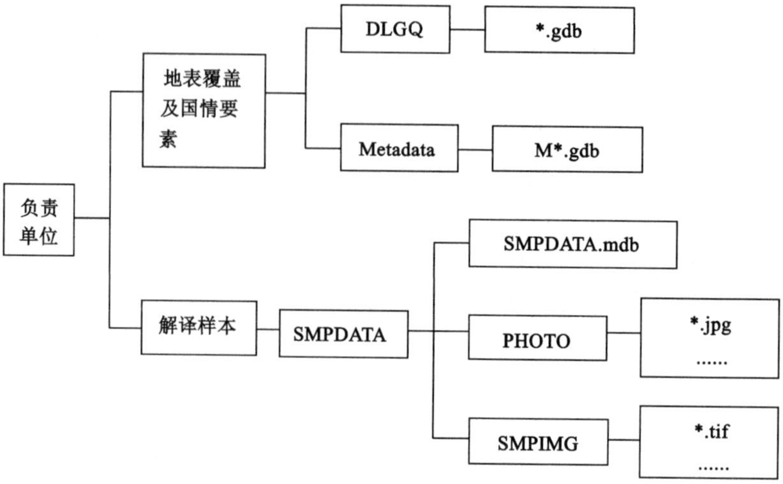

图 4-15 地理国情普查数据文件组织图

本章小结

地理国情调查实施的主要工作有工作底图制作、外业调查、遥感影像解译样本采集以及数据整理与成果提交。首先,介绍了地理国情普查底图制作技术要求,工作底图的充分利用,对外业调查顺利开展具有重要意义。然后,阐述了外业调查技术以及遥感影像解译样本数据采集技术要求,外业调查是保证地理国情调查数据质量的关键环节,是对内业采集的地理国情要素和解译的地表覆盖分类成果以及内业无法定性的类型、边界和属性进行实地调查,同时进行遥感影像样本数据的采集,为最终形成地理国情要素数据、地表覆盖分类数据成果和遥感影像解译样本数据库提供基础。最后,介绍了地理国情调查数据整理方法和成果提交要求。

练习与思考题

1. 地理国情调查工作底图有哪几种产品模式?
2. 地理国情调查工作底图数据格式有哪些要求?
3. 简述地理国情调查工作底图的制作流程。
4. 制作工作底图需要哪些基础数据?
5. 简述数字普查底图和纸质普查底图制作步骤及要求。
6. 简述外业调查的目标和原则。
7. 简述外业调查的内容与要求。
8. 外业调查方法有哪些?
9. 简述外业调查作业流程。
10. 外业调查路线规划应遵循哪些原则?
11. 外业调查中如何进行地表覆盖分类调查?
12. 外业调查中如何进行地理国情要素调查?

13. 外业调查中如何进行遥感影像解译样本数据采集？
14. 简述外业调查成果汇交要求、汇交内容。
15. 什么是遥感影像解译样本？
16. 遥感影像解译样本数据有什么作用？
17. 简述遥感影像解译样本数据的内容。
18. 简述地面照片的属性以及遥感影像实例的属性。
19. 简述地面照片及其属性信息的采集方法及要求。
20. 简述遥感影像实例及其属性信息的采集方法及要求。
21. 简述遥感影像解译样本数据成果汇交要求。
22. 简述地理国情调查内业整理的工作流程。
23. 简述地理国情调查的成果内容。

第5章　地理国情数据整理与建库

知识目标

1. 了解地理国情调查数据的种类以及各自的作用。
2. 掌握地理国情数据整理的工艺流程。
3. 熟练掌握地理国情数据编辑与整理的技术要求。
4. 掌握地理国情数据整合集成的方法。
5. 了解地理国情数据库的设计思路。
6. 熟练掌握地理国情数据库建库的方法。

技能目标

1. 能够对所收集到的地理国情数据进行归类整理。
2. 能够对地理国情数据进行分层组织。
3. 能熟练使用专业地理信息软件进行地理国情数据检查与编辑。
4. 能够利用数据库软件对地理国情数据进行数据入库。

5.1　地理国情数据内业编辑与整理

地理国情数据包括调查底图数据、外业调查成果、遥感影像解译样本外业采集数据、数字正射影像数据、补充收集的专业资料。底图数据包括地表覆盖分类和地理国情要素数据，是内业数据编辑与整理的基础数据；外业调查成果包括外业调查数据、元数据、原始轨迹数据、外业调查技术总结等遥感影像解译；遥感影像解译样本外业采集数据包括样本地面照片及其属性信息；数字正射影像(DOM)数据包括分幅和整景正射影像数据两类；补充收集的专业资料包括民政、国土、交通、水利、林业、统计等相关专业资料。在这些数据中，地表覆盖分类和地理国情要素数据是最核心的数据，本节重点介绍地表覆盖分类和地理国情要素数据内业编辑与整理工艺流程及技术要求。

5.1.1　地理国情数据整理工艺流程

地理国情普查内业编辑与整理主要工作包括地表覆盖分类数据编辑、地理国情要素数据编辑、数据拼接、遥感影像解译样本数据内业整理及元数据制作等。

基于外业调查成果，结合数字正射影像及专业数据资料，对内业采集的地表覆盖分类和地理国情要素数据进行类型、边界、属性的修改编辑、接边，整理遥感影像解译样本数据，制作内业编辑与整理阶段元数据等，经过质量检查，形成满足相关技术规定要求的地理国情调查成果。总体工艺流程如图 5-1 所示。

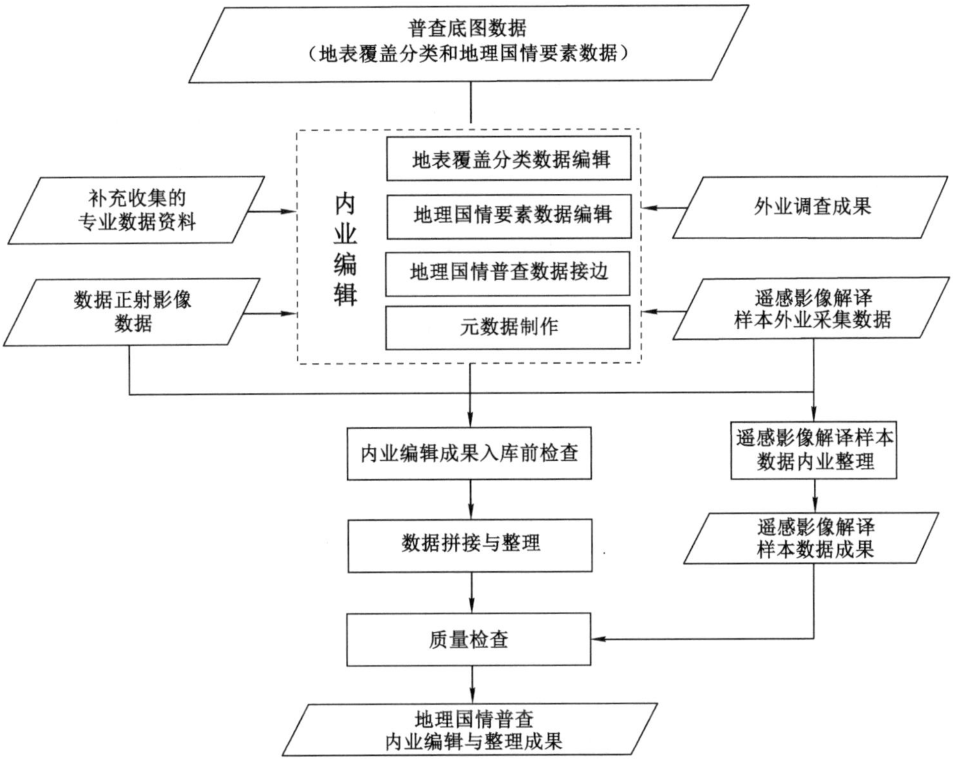

图 5-1　地理国情普查内业编辑与整理工艺流程

5.1.2　地理国情数据整理技术要求

5.1.2.1　总体原则

① 地理国情地表覆盖分类和地理国情要素的表示、选取指标及要求、元数据制作原则上按相关规程执行，在满足调查总体要求的基础上，各地可根据不同地区的区域特征和要素特点，在技术设计中明确内业编辑与整理的相关特殊要求。以下仅对内业编辑与整理的重点技术要求进行了描述，对部分技术要求进行了补充、细化，对个别技术要求进行了调整。

② 数据编辑时，应保证数据成果空间参考和投影信息的正确性。编辑时，可按图幅或自定义范围为单元作业，若以“米”为单位，保留 3 位小数；最终成果按照行政区域为单位拼接、提交，采用 2000 国家大地坐标系，地理坐标以“度”为单位，至少保留 6 位小数。

③ 以外业调查成果为主，辅以专业资料、数字正射影像数据，对地表覆盖分类和地理国情要素数据进行内业编辑与整理。如外业调查成果是补测数据，可直接用于数据的新增、更新，并注意处理好与相关要素的协调关系；如外业调查成果需利用数字正射影像数据进行空间定位，要素的采集精度应满足相关规定要求；普查要素的属性参照外业调查数据及补充收集的专业数据资料录入更新。

④ 利用补充收集的专业数据资料进行普查要素更新时，首先对数据进行分析，优先选用现势性好、可靠性准、权威性强的数据，再通过必要的技术处理（如坐标系转换、数据格式

转换、纠正处理等)，使其满足项目要求。

⑤ 对于内业采集有疑问的地表覆盖分类图斑、地理国情要素，外业调查进行了重点核查，编辑时应逐一对照核实、修改。

⑥ 外业调查时，抽取了一定数量的具有代表性和典型性的地表覆盖分类图斑进行了实地核查，并标识了核对情况(如正确的标识“√”，错误的标识“×”并修改，需后期核准的标识“?”)，编辑时将确定了分类图斑的生产标记信息(TAG)修改为“3”，需后期时点统一时做重点核查的，TAG 属性修改为“4”。

⑦ 外业调查时，部分地表覆盖分类图斑未实地核查，外业根据解译样本或其他影像或专业资料对该类图斑进行了判绘，将其 TAG 属性统一修改为“1”(内业采集时 TAG 属性为 1 或 2)。

⑧ 应注意处理好要素间的相互关系，各层要素叠加后其关系应保持协调一致(如水域与房屋建筑、道路及构筑物的关系等)。

⑨ 同时在地表覆盖分类和地理国情要素数据中表达的道路、水域等普查要素，因选取指标、表达方式和要求有所区别，应注意其空间关系的合理性和属性的一致性。

⑩ 要素属性项的填写应正确无误，属性赋值应符合相关规定的取值范围。

⑪ 除 GDPJ 01—2013 已明确了基础地理信息分类代码(GB)属性值的要素(如行政区划单元)，地理国情要素的 GB 属性值原则上以 GB/T 13923—2006 为准，如地理国情要素只能对应基础地理信息要素分类与代码中的大类，GB 赋相应大类即可，如果基础地理信息要素分类与代码中没有相应的类，GB 赋为 999999。

⑫ 应处理好数据中点、线、面之间的拓扑关系及空间位置关系，不得出现重复要素，线状要素不得出现多余悬挂、自相交现象。

⑬ 数据编辑时，将 37 个图层及相关属性项建立完整，确保数据中图层及相关属性项定义一致。编辑工作完成后数据整理时，没有要素的空层及其属性项应保留。

⑭ 地理国情要素数据各层要素间共线的误差不应超过 0.5 m，地表覆盖分类和地理国情要素数据面要素间的面重叠、面裂隙的容差为 0.5 m。地表覆盖分类图斑和地理国情要素重叠时，误差不应超过 1 m。

⑮ 对于外业调查后收集到的遥感影像，应主要针对发生非季节性变化的要素进行补充采集更新，并协调与周边要素的相互关系；其他要素不需进行套合协调处理。

5.1.2.2　地表覆盖分类数据编辑

① 基于所采用的数字正射影像数据，参照地表覆盖外业调查成果，对地表覆盖图斑的范围、位置及类型进行编辑、修改，包括对相关图斑的拆分、合并和修改。

② 冰川与常年积雪范围一般参照基础地理信息数据划定，若通过影像可判断其范围明显变化时(如夏天影像冰雪覆盖)，可参照影像对其范围进行修改。

③ 单栋房屋离连片房屋建筑区距离较小，但与周边其他房屋建筑在形状、结构及排列上明显不同的单独房屋应编辑为独立房屋建筑；对于乡村地区集聚程度较低、自然散乱分布、被其他类型分隔的房屋建筑，编辑为独立房屋建筑。

④ 在外业未到达区域，结冰的常年河流、时令河流的分类码均填写为 1001。

⑤ 地表覆盖分类数据编辑过程中，应注意道路、水体、构筑物等地理国情要素与地表覆盖分类数据同时表达时，二者之间的空间位置和属性逻辑关系的正确性。其中，道路中心线

一般应穿过相应路面图斑范围内；堤坝要素中心线应穿过堤坝地表图斑范围内。

5.1.2.3　地理国情要素数据编辑

（1）水域

① 海面的岸线原则上以“927 工程”数据成果、专业资料为准；如无相关资料区域，原则上以影像上的大潮痕迹线为准采集岸线，难以确定大潮痕迹线时，以瞬时水涯线（即水边线）采集岸线。

② 因融雪等原因形成的干涸河流或时令河流（上无来源、下无去处），结合外业调查数据，编辑时可不表示。

③ 实地宽度小于 20 m（城市地区为 5 m）的单线河渠的“WIDTH”属性项应赋值。当单线河（渠）段宽度变化若超过 10 m，应断开，并记录不同的宽度。宽度大于 20 m（城市地区为 5 m）的双线河段、渠段不需记录该属性项。

④ 河流穿越水库、坑塘和湖泊时，应采集河流结构线并赋主流线相应属性（难以分清主次时，赋上游河流属性）。如穿越水库、坑塘和湖泊的上游河流为干涸河、时令河，下游为常年河，穿越湖泊的河流结构线与下游保持一致。

⑤ 双线河流的结构线走向沿主航道采集；汇入双线河的单线支流与双线河流结构线之间加河流结构线并连接，以保持两者的连通性；延伸部分算作单线支流的结构线。

⑥ 对于一些辫状河流，不能确定主航道、深泓线、主流线的，选择其中的一条主要水流，以其中心线作为河流结构线。

⑦ 对于有名称无实体编码属性的河流、湖泊、水库，应按照 GDPJ 03—2013 的要求，补充实体编码（EC）属性，由于实体编码需分析整个流域情况系统编制，内业编辑与整理时，暂赋临时编码（已有基础地理信息数据中，部分河流、湖泊、水库也使用了临时编码）：临时编码为 8 位，前两位为该水体所归属的一级和二级流域码，中间五位全为 9，最后一位区别河流、水库、湖泊和池塘等，其中 9 为河流，R 为水库，L 为湖泊。

（2）道路

① 应正确表示道路的类别、等级、位置，反映道路网的结构特征、通行状况、分布密度以及与其他要素的关系。道路应表示其“是否高架”属性（ELEVT），其中，实地长度大于 2 km 的高架路段根据外业调查情况，按规范要求录入其 ELEVT 属性，取值范围为 1～4；其余路段的 ELEVT 值为 0。

② 应注意道路间连通关系的合理性。公路、城市道路、乡村道路分别存储在不同的数据层中，应注意相互之间的拓扑关系，相交处若互通则需打断生成两条线段，生成伪节点。除立交桥匝道，公路之间的连接道路应按公路的要求表示。

③ 应注意区分高架路与桥梁，对于已按桥梁表示的路段，不再表示为高架路。高架路下面有其他道路并行时，应按重复路段赋相应道路属性。高架路两侧有其他道路时，应分别采集。

④ 道路通过桥梁、隧道、车渡等附属设施时，应保持其中心线的连通性，同时应注意道路中心线与桥梁、隧道、车渡等要素的中心线重合。

⑤ 铁路名称参考 GB/T 25344—2010 进行填写，铁路的起点和终点应通过外业调查成果、辅以专业资料来确定。

⑥ 人工堆掘地内的机耕路或其他道路，可只表示主要的道路构网。

(3) 构筑物

① 参照外业调查数据对构筑物要素的几何形状进行编辑和属性信息的补充录入。

② 宽度大于 20 m 水系上船闸按其轮廓线构面表示，水闸按线状要素编辑。位于宽度小于 20 m 的河道上的闸，采集其定位点，位置定在闸门的中心位置。

③ 排灌泵站为灌溉、排水而设置的抽水装置、出水建筑物、泵房及附属设施的总体，参照外业调查或收集并经外业核实的资料数据结合影像采集定位点。

④ 高架路、立交桥不按桥梁要素表达。

⑤ 高速公路出入口采集高速公路中心线与匝道中心线的相交位置；当高速公路出口与入口在同一位置时，应分别采集。

(4) 地理单元

① 依据外业在规划部门收集的资料采集城市地区(地级和地级以上城市的中心城区)范围，其 GB 码赋值为“999999”。

② 对于界线范围准确程度(PRCTAG)属性项编辑时，若对象不是实地勘测划界，而是根据其他资料编绘形成的，填写“概略”；经实地勘测划界，或依据的数据源是通过测绘手段获得且精度符合本次普查要求的，均填写“测量”(如引用基础地理信息数据中的行政境界，来源于勘界数据，应填“测量”；如普查过程中，通过外业调查或利用专业资料对境界数据进行更新、修改的，应填“概略”)，不能为空。

③ 当外业调查的行政区划名称与国家统计局最新的“统计用区划代码和城乡划分代码”列举的行政区划名称不一致时，原则上以国家统计局数据为准；当国家统计局提供的行政村及以上行政地名，无法通过实地调查、收集专业资料定位的，不表示；对于外业调查新增的行政村及以上行政地名，其行政区划代码应准确填写至上一级行政区划，其余位数用 0 补齐。类似情况，应填写行政村及以上行政地名变更情况表，记入技术总结。

④ 城市地区的城镇综合功能单元范围线以收集的专业数据为主，结合外业调查数据，采集范围线构面，并赋属性。

⑤ 国家级行政区的政区代码(PAC)按 GB/T 2659—2000 填写(如中国为 156)；其他行政区依据国家统计局最新“统计用区划代码和城乡划分代码”填写，省、地、县、乡四级填写 12 位码，不足 12 位的用 0 补足；村委会、居委会级别填写 15 位码，前 12 位为统计用区划代码，后 3 位为城乡分类代码。

⑥ 当一个单位院落同时包含学校、医院、政府、社会福利机构等四类单位院落时(如：××学校，为一贯制学校，同时包含小学、初中)，行业代码需表示相关分类，用“/”分隔开(如 P8220/P8230)；如果一个地址包含多个单位院落(分别挂牌，如医院与社会福利机构共用一个地址)时，采集一个定位点并赋不同属性，用“/”隔开。除该四类单位院落外，几个单位院落共用同一个地址时，一般只采集一个点，属性填写行政等级最高或规模最大、最主要单位的相关属性值。

⑦ 对于工矿企业与单位院落的行业类型代码，地理国情调查相关规程里面规定了主要工矿企业与单位院落的行业类型代码表，其他类型的工矿企业和单位院落参考 GB/T 4754—2017 填写行业类型代码，尽量填写到可确定的最详细级别。

⑧ 对于外业收集到的部分纸质说明性资料，没有准确的界线，内业编辑时该类资料仅作为属性项参考，不作为空间范围的参考。

⑨ 归属(ADMNGD)为可选属性项,填写所在地(市、县),即"××省××市××县(区)",存在多个区县时,用"/"分开。

5.1.2.4 内业编辑成果入库前检查

① 检查地表覆盖图斑是否有相交、重叠和图斑之间有裂缝等现象,并进行修改编辑,确保各地表覆盖图斑之间无缝衔接。

② 检查各要素之间的相互关系,保证拓扑关系的正确性。特别对于道路、水体、构筑物等地表覆盖分类图斑与对应的地理国情要素数据之间所存在的约束关系的正确性。

③ 检查各层属性项的填写是否正确无误,属性项之间的逻辑关系是否正确,属性赋值应符合规定的取值范围,取值与实际相符。

④ 检查各层属性项的字段定义以及在属性表中的排序是否正确,是否存在字段漏定义现象,以确保各数据层能正确地拼接。

⑤ 检查数据与外业核查成果是否一致,专题资料的使用和处理是否正确、合理、有序。

⑥ 检查数据组织、格式、版本以及坐标系统的正确性、统一性。

⑦ 检查方法可采用程序自动检查、人机交互检查及人工对照检查等方法组合使用。数据编辑与整理时,在深入研究分析资料形式、使用方法、数据质量要求、数据组织及成果归档要求等方面的基础上,针对影响数据质量的各项数据质量因子与指标,确定采用可操作的检查方法。各检查方法的特点如下:

a. 人工对照检查:通过人工对照检查核对纸质介质的外业调查成果、专题资料或可视化的图形数据,从而判断检查内容的正确性。具有简便、易操作的特点。

b. 程序自动检查:通过设计模型算法和编制计算机程序,利用空间数据的图形与属性、图形与图形、属性与属性之间存在有一定的逻辑关系和规律,检查和发现数据中存在的错误。

c. 人机交互检查:利用程序检查将有疑点的地方搜索出来,缩小范围或精确定位,再采用人机交互检查方法,由人工判断数据的正确性。

5.1.2.5 数据拼接与整理

① 各生产单位按照所承担的作业单元(一般为县级行政单元),对不同图幅的调查数据按照作业单元进行拼接,形成以作业单元为范围的调查数据,并按照所在行政单元进行裁切,得到相应行政单元的地理国情调查数据成果。

② 各省按照所承担的省(市、自治区)的任务区域对调查数据进行拼接,其过程与生产单位按照作业单元进行拼接裁切相同。

③ 国务院地理国情普查领导小组办公室对各省级的调查成果进行拼接,其过程与生产单位按照作业单元进行拼接裁切相同,作为全国地理国情调查成果数据。

④ 在拼接与裁切过程中,各省按照统计分析需求保留县、市拼接成果,亦可通过各省普查成果按照县、市级行政单元进行裁切供统计分析使用。

⑤ 在拼接过程中,对拼接处属性相同的线状要素、面状要素进行要素融合,保证拓扑关系正确。应合并相邻的同类地表覆盖图斑,消除线要素不合理的伪节点(应注意保留不同道路层互通时,合理存在的伪节点)。

⑥ 在拼接与裁切后,各要素应保持位置的准确和空间关系的合理。

⑦ 拼接与裁切后的数据成果的要素数据分层与属性项应符合《地理国情普查数据规定与采集要求》的要求。

⑧ 拼接与裁切后的数据成果以 ArcGIS 的“File Geodatabase”格式存储。

⑨ 如果受计算机软、硬件系统功能和性能限制,完全合并后不便于保存和访问的大实体,可只做部分合并,尽可能减少同名实体个数。

5.1.2.6 遥感影像解译样本数据整理

遥感影像解译样本数据整理,是以外业调查获取的地面照片及其属性信息为基础,获取遥感影像实例及相关信息,从而建立遥感影像解译样本数据库。具体作业方法参照《遥感影像解译样本数据技术规定》执行。在编辑与整理过程中,应注意以下几个细节:

① 遥感解译样本数据库中 FLOAT 型的字段,统一保留 6 位小数。

② 对于个别照片主体拍摄物不明确(如照片中有多种地物,无法识别主体地物),在编辑整理时需认真筛选。

③ 样点环境描述(MEMO 属性)应尽量清楚,可按照如“该点位于××县××乡××村附近,省道××旁,河流××附近等”的方式进行描述,村级地名不明确时,可以填写到乡级地名,乡级地名不明确时可以填写到县级地名。

5.2 地理国情数据建库

多源、多尺度地理国情数据库建设是一项非常复杂而又艰巨的信息化工程,周期长,投资巨大,但通过多源、多尺度、多类型的地理国情数据的相互融合,最终建成无缝的地理国情数据库,可以为多个行业提供监测信息服务。

5.2.1 地理国情数据整合集成

针对原始资料具有不同的数据来源、存储方式、精度要求等原始资料特点,数据的采集、整合和建库的方式有很大差异。目前主要的方式包括手工键盘输入、扫描数字化、数据库迁移、数据转换和数据提取等,这几种处理方法各有优缺点,表 5-1 为多种方法的比较。

表 5-1 地理国情处理方法比较

输入方式	描述	原始资料形式	输出成果形式	优点	缺点
手工键盘输入	直接输入图形的坐标,由程序生成图形	坐标文件	矢量	数据准确,编辑工作量小	录入坐标时不直观显示图形
扫描数字化	先将图纸扫描,再利用数字化软件进行分层数字化输入	线划图 影像图	矢量	速度快,精度高,自动化程度高	对文字符号须重新处理
数据库迁移	对已有存储在其他数据库中的数据进行数据转移	数据库	矢量 栅格	速度快,精度高,自动化程度高	在数据转换时可能产生信息的丢失
数据转换	对按某种格式存储的数据文件进行格式转换和导入	数据库	矢量 栅格	速度快,精度高,自动化程度高	在数据转换时可能产生信息的丢失
数据提取	从现有其他数据中提取相应的数据	数据库 数据文件	矢量 栅格	速度快,精度高,自动化程度高	

一般而言，基本的地理国情数据整合处理步骤包括数据采集、样本数据分析、有效数据提取、数据清洗、数据转换、数据关联、数据质量检查等。详细的流程如图5-2所示。

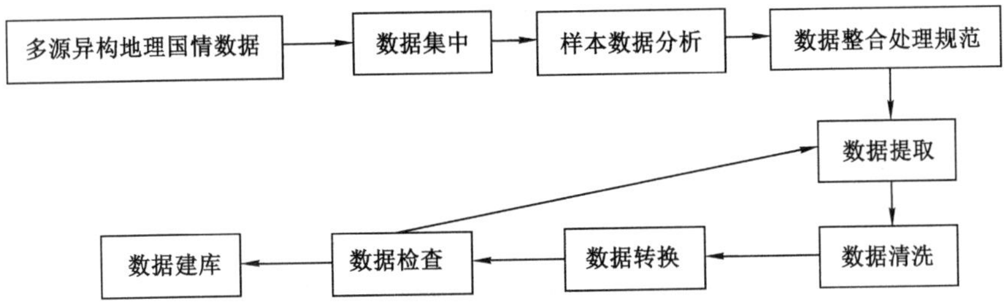

图5-2　地理国情数据整合处理流程

从图5-2中可以看出，样本数据分析是非常重要的步骤，特别是多源互联互通的地理国情监测数据集成整合处理中，只有在充分分析多个业务部门的多专题数据的基础上才可以提出更科学的数据整合集成方案。

同时，数据关联和数据转换的过程中需要数据质量检查，对于不合格数据进行进一步的处理或者重新提取，这样才可以保证入库数据为正确、合格的数据。

5.2.2　地理国情数据库设计

地理国情数据库建设是一个复杂的过程，包括数据规范制定、数据整合、数据库设计和建库等重要步骤。

（1）设计原则

为了使数据库建成以后，能够持续稳定地运行和发挥作用，数据库设计必须遵循的原则包括基础性、独立性、冗余小、标准化、实用性、先进性、开放性、可扩展性、现势性、稳定高效性和安全性等。

（2）数学基础设计

建立地球表面物体的空间位置与二维平面上坐标的关系需要选择和确定空间参考系。它包括平面坐标基准、高程基准、地图投影等几项内容，是地理国情数据库必需的重要特征之一。选择合适的空间参考系，可以使数据更加准确，减少应用过程中的坐标转换工作，提高数据应用的方便性。

在地理国情地理信息的定位中，我国目前主要使用1980西安坐标系、1954北京坐标系、2000国家大地坐标系、地方独立坐标系等几种平面坐标系统。一些城市采用了地方独立坐标系统。

高程基准是用于确定陆地上地面物体的海拔的起算基准面。同平面坐标系一样，我国目前也存在1956黄海高程基准、1985国家高程基准、地方高程基准三套系统。在地理国情监测中，可以根据具体情况确定数据库的数学基础。

（3）数据库对象命名设计

对于地理国情数据，数据库中各个对象需要进行严格的命名，其命名一定按照相关规则进行，如地理国情基础矢量要素的命名规则为：要素类代码＋要素特征代码＋比例尺代码＋现势性代码，每个部分使用“-”进行分割。每个要素类对应三种图层：工作图层、现势图层和历史图层。每个要素类的每种图层使用相同的要素类结构，如“TRA-LN-10K-H”，表示交通1∶1万线要素历史图层，为历史库中图层对象。

(4) 矢量要素模型设计

以地理国情矢量要素为列，其模型设计如图5-3所示。

从图5-3中可以看出，数据集和要素类是1∶N的关系，即一个数据集包含多个要素类，同时要素类和要素也是1∶N的关系，即一个要素类包含多个要素，这样组成多层次的矢量数据模型。

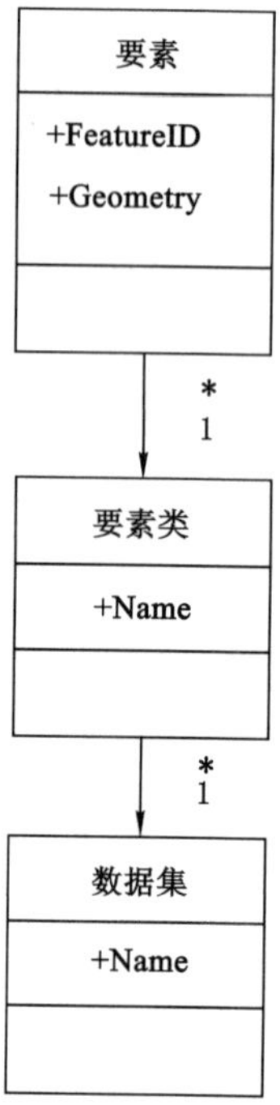

图5-3 地理国情数据中矢量数据模型

(5) 概念模型设计

在矢量数据模型的基础上，结合时空数据组织模型思想，利用归纳、综合、提取和抽象等建模方法对地理国情数据中矢量数据进行综合操作，最终形成对应的概念描述模型，如图5-4所示。

(6) 逻辑设计

在概念模型的基础上，地理国情数据库中矢量数据的逻辑模型设计是对其概念模型的深化和细化。当前，一般的逻辑设计是根据ESRI GeoDatabase、DataSet、FeatureClass和Table的数据组织特点，把概念模型中的实体和关系映射为实体对象：空间数据映射为一个DataSet；各类空间数据根据特点分别映射为一个FeatureClass存放在矢量数据集中；非空间数据映射为一个Table存放在数据库中。

以交通及其附属设施1∶2 000比例尺为例，其要素类分别包括：

① TRA-2TD-PT-C；TRA-2TD-PT-T；TRA-2TD-PT-H，(1∶2 000交通点的现势、临时和历史要素类)。

② TRA-2TD-LN-C；TRA-2TD-LN-T；TRA-2TD-LN-H，(1∶2 000交通线的现势、临时和历史要素类)。

③ TRA-2TD-PY-C；TRA-2TD-PY-T；TRA-2TD-PY-H，(1∶2 000交通面的现势、临时和历史要素类)。

上述要素类都对应一个具体的属性定位表，表5-2为交通线要素类对应的数据内容。

表5-2 交通线要素类属性内容设计

序号	属性项名称	描述	数据类型(长度、小数位)	是否为空	备注
1	OBJECTID	要素对象标识ID	NUMBER(10,0)	否	PK
2	GBCODE	要素编码	NUMBER(6,0)	否	—
3	SHAPE	几何图形	GEOMETRY	否	—
4	RN	道路代码	NVARCHAR(6)	—	—
5	WIDTH	交通要素的路宽	NUMBER(6,2)	—	—
6	NAME	交通要素的名称	NVARCHAR(20)	—	—
7	TECHRANK	技术等级	NVARCHAR(20)	—	—
8	PACRANK	行政等级	NVARCHAR(20)	—	—
9	RMATERIAL	路面材料	NVARCHAR(20)	—	—
10	RLENTH	道路长度	NUMBER(10,3)	—	—
11	COMPLETEDATE	竣工日期	DATE	—	—

图 5-4　地理国情基础数据概念模型

（7）物理设计

地理国情数据库的物理设计不但要完成逻辑模型所规定的任务，而且要使所设计的数据库系统尽可能优化。数据库在物理设备上的存储结构与存取方法称为数据库的物理机构，数据库物理设计是从一个满足用户信息需求的、已确定的逻辑数据库结构（逻辑模型）出发设计出一个有效的、可实现的物理数据库结构（存储结构或物理模型）的过程如图 5-5 所示。

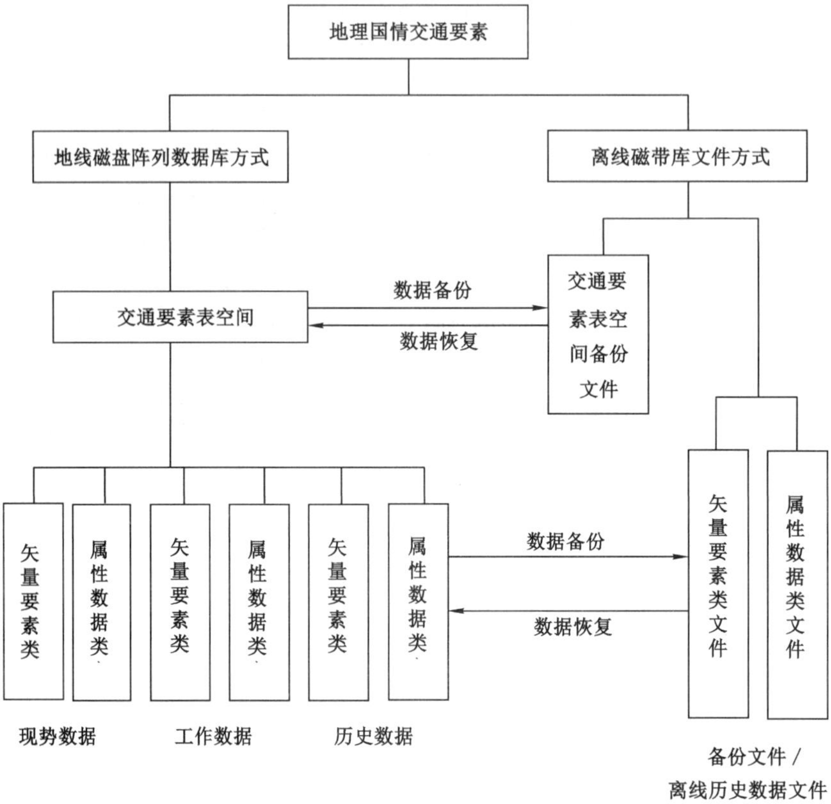

图 5-5　交通要素的存储组织模型

此外，物理设计还要完成索引的设计，在交通要素中索引包含以下几类。

① 唯一索引

在唯一索引中，两行不能具有相同的索引值。在建立唯一索引时，如果现有数据中没有重复的键值，则该索引不能被创建，而且当新纪录的键值和原表中某条记录的键值重复时，该记录也不能插入到数据库表中。

② 主键索引

严格地讲，主键索引是唯一索引的一种形式，它要求每条记录的主键值是唯一的。一般在大数据量表中，肯定会建立主键索引，这样可以在查询中大大提高访问效率。

③ 聚集索引

在聚集索引中是要确定表中数据的物理顺序的，即将表中各条记录的物理顺序与键值的逻辑（索引）顺序同一化，类似于按姓氏排序的电话簿。一个表只能建立一个聚集索引，但可以包含多个字段内容。聚集索引比非聚集索引有更快的数据访问速度。

④ 其他字段索引

除了唯一索引和聚集索引外，一般的表要根据实际的索引情况添加一些其他字段的索引，以此来提高检索速度。

⑤ 空间索引

在 ESRI Geodatabase 的设置中，可以选择如下三种几何数据存储机制：Long Raw、

Blob 和 Oracle Spatial。一般使用 Blob 机制，这也是缺省提供的几种存储机制。在这三种机制下的网格索引都可以建立 1～3 级，而且在建立这种网格索引的时候，对每级网格大小的设定必须在实际试验基础上进行优化。

5.2.3　地理国情数据库建库

(1) 建库流程

一般而言，地理国情数据库建库的流程包括以下五个步骤，如图 5-6 所示。

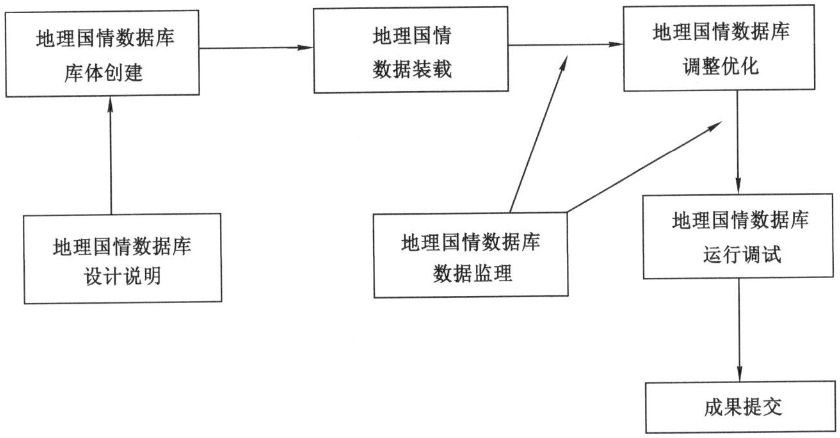

图 5-6　地理国情数据库建库流程

第一步，建立数据库结构。建立数据结构是地理国情数据库建库的第一步，即利用数据库管理系统(DBMS)提供的数据描述语言来建立概念模型，并设计出地理国情数据库的逻辑和物理结构，通过编写数据库功能代码，经编译、运行后形成目标模式，建立起实际的地理国情数据库结构。

第二步，数据装载。数据装载是一个比较琐碎，同时要求比较严格的过程，一般是由专门编写的数据装载程序或 DBMS 提供的相关应用程序来完成。在装载数据之前需要做许多准备工作，包括对数据进行格式转换、分类、编码、提取、整合等。在数据装载的过程中，要求确保其数据的准确性和一致性。

第三步，数据监理。数据监理包括数据质量检查和质量控制，保障入库数据严格符合数据库规范和标准。根据数据监理原则，结合地理国情数据状况，制订监理方案，一般而言，不同的地理国情数据种类，其对应的监理方式也有所不同。

第四步，运行调试。在地理国情数据库中装载数据后，要在基于地理国情数据库的实际应用程序上进行试运行，用户可以操作应用系统中的各个功能模块，全面测试地理国情数据库系统的功能和性能。

第五步，地理国情数据库调整和优化。针对海量、多源、多尺度的地理国情数据库，数据访问需要根据相关应用内容进行具体的调整和优化，包括优化数据库结构、优化应用程序结构、优化数据库数据调用语言等。

(2) 地理国情数据库优化

① 数据结构优化

数据库结构是地理国情数据的组织管理框架，因此在信息系统开发完成之前，数据库设计人员必须考虑数据结构的相关问题，如E-R模型的优化、数据分区存储的优化、数据Scheme的调整优化、数据索引的建立和优化等。

② 程序结构优化

目前，信息系统一般采用两种体系结构：一种是传统的客户端/服务器(Client/Server)两层体系结构；另外一种是浏览器/服务器(Browser/Server)的三层体系结构，这就要求设计人员在信息系统框架设计的时候要结合具体的应用需求进行调整和优化，或者是其中一种模式，或者是两者兼备。不同的应用程序体系结构要求的数据资源内容和封装模式是不同的。

③ SQL语句优化

在对地理国情数据库访问中，SQL语句是对数据库(数据)进行操作的唯一途径，因此SQL语句的效率对数据库系统的性能起到了决定性的作用，消耗了70%～90%的数据库资源。一般常用行锁管理器和Oracle语句优化器来优化访问SQL语句。

④ 服务器内存分配优化

数据库设计人员可以根据地理国情数据库的运行状况来优化数据库全局区(SGA区)的日志和数据缓冲区以及共享池大小，还可以调整程序全局区(PGA区)大小等。内存分配是在信息系统的运行过程中进行优化的。

⑤ 硬盘I/O优化

在信息系统开发之前，数据库设计人员需要将现有地理国情数据库中组成同一个表空间的数据文件(dbf.文件)放在不同的物理硬盘上，来做硬盘之间I/O负载均衡优化。

⑥ 系统参数优化

在大型商业数据库Oracle中，操作参数优化包括数据库缓冲池大小、进程数量、客户端连接以及每个进程所能使用的内存大小等。数据库设计人员和数据库管理人员会根据切实的应用需求进行具体的参数优化。

本章小结

地理国情调查工作结束后产生了大量的数据，对这些数据进行归类，按照相关的规范要求进行内业编辑与整理。对多源、多尺度、多时相、多要素的海量数据进行集成整合及组织管理，建立数据库及数据库的优化设计。

练习与思考题

1. 地理国情数据的种类有哪些？
2. 地理国情数据的分层组织方式是什么？
3. 地表覆盖和地理国情要素数据内业编辑的工艺流程是什么？
4. 地理国情数据内业编辑的总体要求有哪些？
5. 地理国情数据整合集成的方法有哪些？各有什么优点？
6. 数据库设计的原则是什么？
7. 数据库设计的步骤是什么？
8. 地理国情数据库更新的方法有哪些？

第 6 章　地理国情监测技术

知识目标

1. 了解地理国情监测所涉及的技术。
2. 掌握地理国情信息提取与变化检测技术。
3. 掌握地理国情调查与监测的内外业一体化技术。

技能目标

1. 熟练使用遥感软件进行图像变化信息提取。
2. 能够熟练使用地理国情监测的相关硬件和软件。

6.1　信息提取技术

信息提取技术就是综合利用现代测绘技术和各时期基础测绘成果，对地形、水系、湿地、冰川、沙漠、地表形态、地表覆盖道路、城镇等要素进行动态和定量空间化的概括与综合。

地理国情是从地理的角度分析研究和描述国情，即以地球表层自然生物和人文现象的空间变化和它们之间的相互关系特征等为基本内容，对构成国家物质基础的各种条件因素做出宏观性、整体性、综合性的调查分析和描述。信息提取作为地理国情普查中重要的一个环节，其技术是国内外时下研究的热点，英国的全球干旱监测网，欧盟的全球环境与安全监测计划，美国的国家生态观测网，亚太地区的环境革新战略项目、环境综合监测子项目等国外地理国情监测项目为国内开展地理国情普查提供了可行的理论与技术支撑。

6.1.1　地表覆盖信息提取技术及分类体系

图 6-1 为地理国情普查地表覆盖信息提取技术路线，可以看出主要有三种方法：目视解译、计算机自动解译、计算机人工交互解译。目视解译是指利用图像的影像特征（色调或色彩，即波谱特征）和空间特征（形状、大小、阴影、纹理、图形位置和布局）与多种非遥感信息资料（如地形图、各种专题图）组合，运用其相关规律，进行由此及彼、由表及里、去伪存真的综合分析和逻辑推理的思维过程。

6.1.2　地表覆盖信息提取

为了更好地对比分析，每种解译方法所采用的实验数据不同，但实验区范围大小相同，均以 1∶25 000 分幅数据作为实验区，虽地形复杂程度不同，但目标地物种类大致相同。

（1）目视解译法

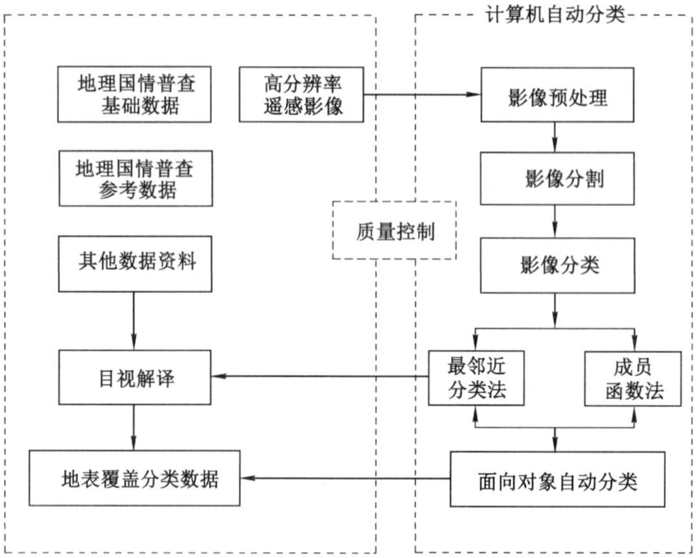

图 6-1 地理国情普查地表覆盖信息提取技术路线

目视解译指专业人员通过直接观察在遥感图像上获取特定目标地物信息的过程。实验是基于 Geoway 平台，实现地表覆盖分类信息提取，实验区像素范围为 24 398×19 130。

① 建立解译标志

影像的解译标志也称判读要素，它是遥感图像上能直接反映和判别地物信息的影像特征，主要包括形状、大小、阴影、色调、颜色、纹理、图案等。实验区内地形复杂程度较低，地物种类较少，主要是草地、林地，影像上道路、房屋、水体、耕地等形状规则的地物存在但数量不多。

② 提取地表覆盖分类信息

通过建立的解译标志体系，进行遥感影像的判读，进行地物类别分类，提取地表覆盖信息。结果如图 6-2(a)所示，为此次实验的地表覆盖分类结果。实验将目标地物分为 14 类：旱地(0120)、针叶林(0312)、阔叶灌木林(0321)、乔灌混合林(0330)、高覆盖度草地(0411)、高密度低矮房屋建筑区(0521)、低密度低矮房屋建筑区(0550)、无轨道路路面(0601)、其他硬化地表(0719)、其他构筑物(0790)、其他堆放物(0829)、砾石地表(0940)、水面(01001)。

(2) 计算机自动提取法

基于 eCognition 平台，采用面向对象的多尺度信息提取技术进行地表覆盖信息提取，像素范围为 24 248×18 966。面向对象的多尺度信息提取方法的最小研究对象不是单个像元，而是基于某种规则组合而成的像元集，即对象。

① 分割

影像分割是面向对象的多尺度信息提取技术的基础和关键。遥感影像具有复杂的空间信息，单一尺度的遥感影像分割难以兼顾不同类别的地物宏观和微观特征，当分割尺度较大时，面积较大的目标地物如林地、草地、旱地等得以较好保留，但道路、房屋等面积较小的目标地物的形状特征则会被破坏；当分割尺度较小时，会导致对象增多，数据冗余，降低分类效率。因而需要在不同尺度下对遥感影像进行分割。

(a)　　(b)　　(c)

图 6-2　地表覆盖信息提取结果

(a) 目视解译法；(b) 计算机自动解译法；(c) 计算机人工交互解译法

根据 RMAS 法，通过实验，计算出影像最优尺度，进行 3 次分割，见表 6-1：第一次分割尺度为 40，形状参数、颜色参数、紧致度参数、平滑度参数分别为 0.2、0.8、0.9、0.1，波段权重为 R∶G∶B∶Nir=1∶1∶1∶1，以提取房屋、道路信息、水体信息；第二次分割尺度为 60，形状参数、颜色参数、紧致度参数、平滑度参数分别为 0.2、0.8、0.8、0.2，波段权重为 R∶G∶B∶Nir=1∶1∶1∶1，以提取旱地信息；第三次分割尺度为 80，形状参数、颜色参数、紧致度参数、平滑度参数分别为 0.1、0.9、0.9、0.1，波段权重为 R∶G∶B∶Nir=1∶1∶1∶1，以提取植被及其他地物信息。

表 6-1　**面向对象法多尺度分割参数表**

分割次数	分割尺度	形状参数	颜色参数	紧致度参数	平滑度参数	波段权重
1	40	0.2	0.8	0.9	0.1	R∶G∶B∶Nir＝1∶1∶1∶1
2	60	0.2	0.8	0.8	0.2	R∶G∶B∶Nir＝1∶1∶1∶1
3	80	0.1	0.9	0.9	0.1	R∶G∶B∶Nir＝1∶1∶1∶1

② 分类

面向对象的分类是基于类层次的模糊逻辑函数分类，它不是仅仅把一个影像对象赋予一个类，而是提供这个对象对所有可以考虑类的隶属度，此外子类可以继承父类的描述。eCognition 提供两种分类模式：邻近分类法和隶属度函数分类法，前者属于监督分类，需要定义分类样本和特征空间，后者属于非监督分类，可以利用对象特征和类间相关特征精确定义对象属于某一类的标准。根据邻近分类法，采用邻近分类器对多尺度分割后的对象进行分类。

③ 分类后处理

分类后，并不能得到理想的分类结果。此时需要通过一系列分类后处理，一般包括合并对象、重分类及局部边缘处理。刚分类后的对象成为目标地物的子类，相同属性的对象并没有合并起来，此时，需要对每一类地物进行合并；对错分、误分的地物需要进行重分类；由于影像存在阴影或者其他原因，导致道路、水体信息中断，需要进行局部边缘处理，以使其逻辑准确，实验采用的是生长法。

分类后处理是确保分类准确性重要的一步，分类结果如图 6-2(b)所示，实验提取了 16

种地表覆盖分类地物：旱地(0120)、阔叶林(0311)、针叶林(0312)、阔叶灌木林(0321)、乔灌混合林(0330)、高覆盖度草地(0411)、低覆盖度草地(0413)、高密度低矮房屋建筑区(0521)、低密度低矮房屋建筑区(0550)、无轨道路路面(0601)、其他硬化地表(0719)、其他堆放物(0829)、砾石地表(0940)、岩石地表(0950)、水面(01001)。

(3) 计算机人工交互解译法

对地形复杂的遥感影像，使用目视解译耗时长，而使用计算机自动提取又达不到生产精度，此时，可以使用二者相结合的计算机人工交互解译法提取其地表覆盖信息，此实验综合运用 Geoway、eCognition 与 ArcGIS 软件，实验区像素范围为 24 398×19 130。

① 目视解译房屋及道路

实验区房屋从光谱上看，屋顶有蓝色、白色、黑色、灰色等，其形状亦不规则，而道路路面由于原材料有沥青、碎石、土，在影像上亦呈现白色、青色、黄色等复杂的光谱信息，其道路网稀松，存在中断现象，不利于进行计算机自动解译。故利用 Geoway 软件将实验区的房屋、道路信息提取出来。

② 计算机自动提取

实验区旱地、水体数量繁多，二者几何形状特征突出，与相邻地物光谱信息差异大，适宜计算机自动提取的地物。在 eCognition 平台上，将人工矢量化得到的矢量数据及 DEM 数据参与分割，先进行矢量分割，得到房屋、道路分类数据；再次分割，尺度为 75，形状参数、颜色参数、紧致度参数、平滑度参数分别为 0.2、0.8、0.8、0.2，波段权重为 R∶G∶B∶Nir＝1∶1∶1∶1，以提取旱地及水面信息。

实验区其他地物多为林地、草地，则采用计算机自动解译的方式进行地表覆盖信息提取。

③ 计算机人工解译信息提取后处理

计算机人工交互解译由于计算机与人反复交叉工作，会导致数据衔接存在问题，需要进行后处理，核查其属性信息是否丢失，逻辑关系是否存在不恰当处。分类结果如图 6-2(c)所示，此次实验将实验区地物分为 19 类：旱地(0120)、阔叶林(0311)、针叶林(0312)、针阔混交林(0313)、阔叶灌木林(0321)、乔灌混合林(0330)、疏林(0350)、人工幼林(0370)、高覆盖度草地(0411)、中覆盖度草地(0412)、低覆盖度草地(0413)、人工草地(0420)、高密度低矮房屋建筑区(0521)、低密度低矮房屋建筑区(0550)、无轨道路路面(0601)、其他硬化地表(0719)。

(4) 分类结果及精度评价

通过 3 次实验，可以看出，不同的地区，影像质量不同，地形不同，地表覆盖种类不同，适用的解译方法不同，分类结果也不同。

目视解译法，适用于地形简单、地物种类少、地物破碎度较小的解译区域，对影像质量要求一般，图 6-3(a)所示为目视解译法实验中 14 种地物的分类精度，每种地物分类精度都较高，总体精度为 94.01%。

计算机自动解译法，适用于地形简单、地物破碎度较小的解译区域，对影像质量要求高，而与地物种类数关系不大；对线性地物，尤其是形状规则的地物，如旱地、房屋、道路、水体等，解译效果好，图 6-3(b)所示为计算机自动解译法实验中 16 种地物的分类精度，地物分类精度一般小于目视解译法解译的地表覆盖地物分类精度，总体精度为 90.68%。

计算机人工交互解译法，适用于地形复杂、地物分类破碎度大、线性地物数占总体地物分类数比重大的解译区域，它对影像质量要求比目视解译法高，比计算机自动提取法低；对于线性地物，尤其是对于旱地、水体等与相邻地物光谱差异大、形状规则的地物，适用计算机自动提取，而对剩余地物，适宜采用目视解译，图 6-3(c)所示为计算机人工交互解译法实验中 19 种地物的分类精度，地物分类精度一般比目视解译法解译的地表覆盖地物分类精度低，比计算机自动解译法的地表覆盖地物分类精度高，总体精度为 93.13%。

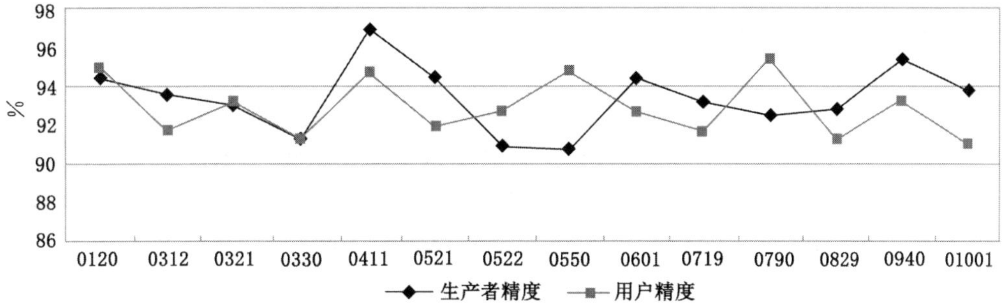

(a)

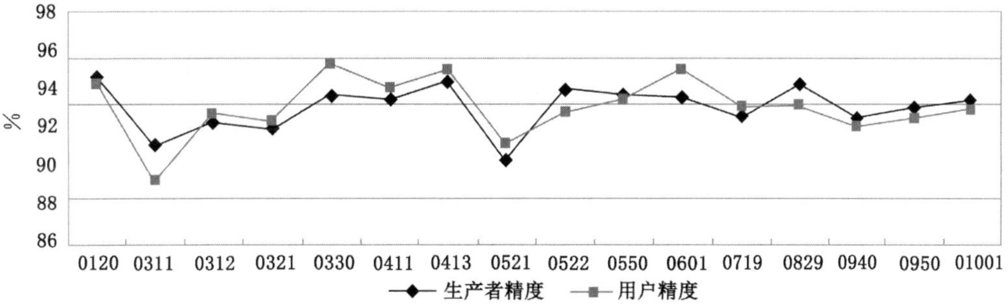

(b)

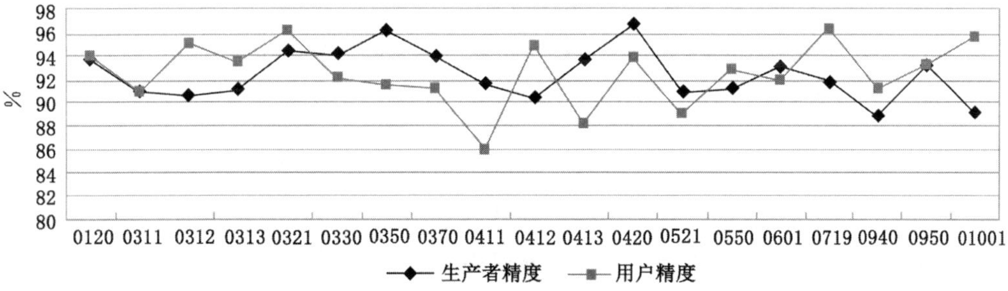

(c)

图 6-3 地表覆盖分类成果精度

综上所述，在地理国情地理信息普查中，对于不同地形类别，宜选用不同的信息提取方法。应以合理的方式综合应用三种信息提取的方法。目视解译信息提取法适用于地形简单、地物种类少的地区；计算机自动解译信息提取法适用于地形简单、影像质量高的地区；计算机人机交互信息提取法适用于地物复杂、地物种类多、地物破碎都大的地区。

6.2 内外业一体化调查技术

6.2.1 地理国情监测内外业一体化软件介绍

(1) 硬件背景

① 研发目的

地理国情普查工作的开展,任务重、时间紧,使用数字调绘的手段可以实现内外业一体化作业,减少作业人员的重复体力劳作,提高生产效率。

② 版本升级

第一个版本设计采用 Android 系统,经过研发团队讨论,由于其系统过于开放的特性,使得应用软件与系统软件之间无优先级别,极易出现文件误删除、系统被恶意软件侵入、保密数据被篡改外泄等不安全问题,所以采用 AO 的方式,基于 ArcGIS 10.0 开发,然而通过在外业调绘进行应用,存在工具图标较小,界面不够简洁等缺陷。同时,ArcGIS 10.1 版本更为稳定,故将软件升级为 V3.0,且采用 AE 的方式开发,自主定制功能及界面。

(2) 软件架构

基于 ArcGIS Engine 10.1 开发,以组件的形式研发各个功能模块,在自主定制的软件界面中集成各个模块。运行平台为 Windows 系统,支持 XP、Win 7、Win 8 环境,主要应用于平板电脑。在外业调绘工作中,根据硬件条件(有无 GPS 及 GPS 精度),选择是否外接 GPS 协助作业。

(3) 产品特色

① 以组件的方式实现各功能,定制灵活,可根据需要增加新的模块或单独修改某模块。也使得本软件可紧跟普查技术规范,根据相关规定变化迅速修改调整功能。不仅满足地理国情普查需要,经过修改要素代码表、配置文件,即可应用于 1∶1 万、1∶5 万基础地理信息数据要素更新使用。

② 采用 ArcGIS 10.1 最新的 TPK 切片技术。

③ 硬件平台按国家局基础地理信息数据更新要求,采用 Windows 环境,软件平台采用作业人员熟悉的 ArcGIS 环境,使得本软件更安全、稳定,易于掌握。

(4) 功能简介

① 基本功能

放大、缩小、全图缩放、前后视图、漫游、加载数据、选择要素、编辑数据等屏幕选择。选择当前视口屏幕信息,选中后以窗口所有要素以高亮显示。

② 调绘工具

主要功能包括:新建调绘数据、导出调绘数据、快速补绘、属性编辑、数字涂鸦、测量长度(面积)、图层别名、属性标注、图幅查询、地图快照、地表覆盖、地理国情。

③ 编辑工具

编辑工具主要包括:自动保存、节点编辑、打断线操作、要素融合、捕捉、面切割、自动构面、要素重构、批量赋值等功能。

④ 辅助定位

辅助定位功能主要包括:GPS 连接设置、坐标切换显示、导航轨迹显示、采样点定位等功能。

⑤ 样本库制作

样本库制作主要包括：影像裁剪、控制点裁剪、样点描述、相面展点等功能。

⑥ 成果整理

成果整理功能主要包括：质量控制、批量检查、图幅裁剪、融合提取、数据升级、接边、置默认值等功能。

6.2.2 内外业一体化调查技术的分类

总的来说，进行地理国情监测内外业一体化调查活动，涉及的关键核心技术包括三个部分：

① 遥感技术，偏重空间位置的现状、变化数据的获取；

② GIS 技术，时空数据管理、数据的分析、信息共享等；

③ 地理和社会经济调查与地理编码技术，偏重属性数据的获取、属性数据的空间化技术等。

(1) 遥感综合监测技术：遥感影像解译、融合、变化检测等。

(2) 地理和社会经济调查与地理编码技术：基于地理学和社会经济调查技术的属性数据的获取等，以及这些属性数据的空间化编码，空间分析格网的划分方法等。

(3) 地理要素的变化检测与分析技术：提供影像与影像、影像与矢量、矢量与矢量的变化检测与分析等。

(4) 地理国情数据分析与建模技术：提供空间统计分析、相关性分析、回归分析、探索性分析等多种分析计算方法与模型建模技术等。

(5) 地理国情监测数据动态模拟与可视化技术：提供监测结果的动态显示和空间可视化表达方法等。

(6) 地理国情数据的专题制图与发布技术：提供监测成果的制图、监测报告以及信息的发布等。

(7) 数字传感器网络技术：提供遥感传感器组网、地面传感器网络建设技术，实时遥感、遥测地理监测数据。如地面传感器网络，可以提供实时的温度、污染、湿度等数据。

6.2.3 内外业一体化调查技术发展趋势

(1) 技术集成发展趋势。

(2) 数据源的多样性趋势。

(3) 向着更科学的时效性监测发展趋势。

(4) 监测成果的共享服务。

(5) 发展强调更先进的监测设备。

6.3 信息统计与分析技术

地理国情统计分析是以地理国情信息普查数据形成的地理国情信息数据库为基础，结合社会、经济等统计数据，基于不同统计单元，对自然、人文等地理国情要素进行统计和分析。形成反映地形地貌、植被覆盖、水域、荒漠与裸露地表、交通网络、居民地及设施、地理单元等地理国情内容基本状况的基础地理国情信息；形成生态协调性指数、城镇发展指数、基本公共服务均等化指数和区域经济潜能指数等地理国情指数；从资源、生态、经济、社会等方面，形成反映地理国情信息的空间分布、空间结构、空间关系、地域差异的地理国情分析评价报告，客观准确地揭示其空间分布规律和发展演化趋势。

根据地理国情普查采集的点、线、面等几何特征类型和地理实体对象，以规格地理格网单元、行政区划与管理单元、地形单元为统计单元，进行地形地貌、植被覆盖、荒漠与裸露地表、水域、交通网络、居民地与设施、地理单元的数量、密度、位置、高程、范围内容的统计。

6.3.1 总体技术流程

了解基本统计分析的基本流程，确定基本统计的每个库中所包含的内容以及坐标系统。

数据集包括基本统计数据库、统计分析数据库、网格数据库。

基础数据库和路网统计是用经纬度表示，网格数据用坐标表示。

6.3.2 数据预处理技术

(1) 对地理国情普查成果数据库进行数据预处理(要素类型完整化处理、要素几何中心提取、DEM 预处理、高程带和坡度带的提取)。利用 ArcGIS 10.1 对城镇综合单元中按面采集的体育活动场所等要素，提取其多边形的质心；对于行政村、单位院落等按点采集的要素，提取其点群要素是平均中心，生成新的点层数据。

对高程带和坡度带进行提取，提取后逐步对小面积(10 000 m^2)的图斑进行融合，然后将同一带的多边形进行合并。对高程带和坡度带增加“CC”字段，统一赋值 2 000、3 000。

(2) 地形单元是指高程和坡度分级划分的单元。

(3) 高程带是按照国家发改委制定的《省级主体功能区划分技术规程(试用)》等资料的基础上，把各个分类系统整合提出高程带分级方案。全国按照<50、50～100、100～200、200～500、500～800、800～1 000、1 000～1 200、1 200～1 500、1 500～2 000、2 000～2 500、2 500～3 000、3 000～3 500、3 500～5 000、>5 000 (m)进行高程带分级。

(4) 坡度带是按照国家发改委制定的《省级主体功能区划分技术规程(试用)》和《土地利用现状调查技术规程》等资料的基础上，把各个分类系统整合提出坡度带分级方案。全国按照 0°～2°、2°～3°、3°～5°、5°～6°、6°～8°、8°～10°、10°～15°、15°～25°、25°～35°、>35°进行坡度带分级。

6.3.3 统计单元的提取技术

(1) 统计单元的提取(行政区划单元、社会经济单元、自然地理单元、规格的网格单元)。

(2) 按照中国测绘科学研究院发布的相关技术标准，按照 100 m×100 m、1 km×1 km、10 km×10 km 三种规格，进行添加“CC”字段并且分别赋值为 4 100、4 200、4 300 网格单元入库。同时，对道路、铁路、水域进性要素提取，按照相应的规范要求对要素进行命名。

6.3.4 统计匹配技术

(1) 统计匹配：统计对象与普查数据的匹配、统计指标与统计对象的匹配、统计指标与统计单元的匹配、统计指标与统计模型的匹配。

(2) 统计软件运行后，自动完成了地形地貌、植被覆盖、水域、荒漠与裸露地表、交通网络、居民地及设施和地理单元等七大类统计对象与普查数据的匹配。

6.3.5 统计分析技术

(1) 对自然要素(地形地貌、植被覆盖、荒漠与裸露地、水域)与人文要素(交通网络、居民地与设施、地理单元)需要进行统计分析。

(2) 地形地貌:基于行政区划单元、社会经济区域单元、自然地理单元,统计高程带和坡度带的国土面积,统计单元最低高程、最高高程、平均高程、高差、高程众数、起伏度、地表平整系数以及不同地貌类型面积等信息,反映地形地貌的数量和空间分布特征。

(3) 植被覆盖:基于规则地理网格、行政区划、自然地理、社会经济区域等多种统计单元,统计耕地、林地、园地、草地等植被覆盖类型个数、面积、面积占比等信息,并统计不同高程带和坡度带耕地、林地、园地、草地的面积、占比、构成比、城市绿地覆盖比例,反映植被覆盖的基本空间状况。

(4) 荒漠与裸露地表:基于规则地理网格、行政区划单元、社会经济区域单元、自然地理单元,统计荒漠与裸露地表各类型的面积、占比及构成比等信息,反映我国各类荒漠不裸露地表的数量和空间分布特征。

(5) 水域:基于规则地理网格、行政区划单元、社会经济区域单元、自然地理单元,统计水域分为点、线、面三个对象,分别对个数、密度、长度、椭球面积、表面积等进行统计分析。

(6) 交通网络:基于规则地理网格、行政区划单元、社会经济区域单元,统计覆盖层道路的面积,统计地理要素层铁路、公路的长度及路网密度等信息,统计高速公路出入口覆盖情况,统计码头的个数、面积及交通实体的个数、长度、穿越的行政区划单元,反映道路的数量和空间分布特征。

在统计过程中对不同公路的属性内容统计,为便于软件的识别,分别对不同公路进行提取,如高速公路 LRDL620、县道 LRDL620_420201、乡道 LRDL620_420301,同时对铁路进行提取为 LRRL610。

注意:在建立路网的过程中,重复路段的地方是两条不同属性的两条线。在要素中是一条线,重复路段是在属性中体现的。

(7) 居民地及设施:基于规则地理网格、行政区划单元、社会经济区域单元,统计地表覆盖层房屋建筑区的面积及占比,统计要素层城乡居民地数量、居民点连接的道路条数(节点度)及居民地到医院、学校的距离,统计学校、医院、社会福利机构、居民小区、工矿企业等城镇综合功能单元的数量,反映居民地及设施的的数量和空间分布特征。

(8) 地理单元:统计行政区划单元、社会经济区域单元、自然地理单元的个数、面积、高程范围、四至坐标、东西南北长度、政区邻接及占比等信息,反映各类型地理单元的数量和空间分布特征。

6.4 遥感影像自动解译技术

随3S技术的飞速发展,测绘行业获取地物信息手段也越来越多样化,测绘部门为政府和社会提供服务从单纯的基础测绘产品延伸到高精度、全面的测绘服务。地理国情普查与监测是一项重大的国情国力调查,是开展地理国情监测的前提和基础,是全面获取地理国情信息的重要手段,是掌握地表自然、生态以及人类活动基本情况的基础性工作。地理国情普查信息通过自然和人文要素地表覆盖现状,既反映"家底"也反映"效果"。通过开展地理国情普查这项重大的国情国力普查,可以全面获取地理国情信息,掌握我国地表自然、生态以及人类活动的基本情况,分析其空间分布、基本特征及相互关系。

6.4.1 地理国情信息提取与遥感解译技术

地表覆盖信息提取是地理国情普查与监测的首要任务，包括耕地、园地、草地、人工表面、裸露地表、水体、冰雪等，是地理国情指标信息统计与发布的重要依据。针对不同区域地理国情要素的特点，构建地理国情普查与监测信息提取体系，采用遥感影像解译技术，实现地理国情信息的提取与判读解译。

按照地理国情信息提取的要求，遥感影像信息提取过程包括地表覆盖分类和地理国情要素数据采集。地表覆盖分类可采用计算机自动分类与人工判读解译结合的方式，采用自动解译软件，实现地表覆盖分类的自动化解译。

(1) 对影像质量、时相较好的区域，可采用面向对象的方法进行计算机自动分类，人工判读修改；对于影像质量差、时相为冬天、有云雾的影像，直接进行人工解译。

(2) 对于地表覆盖类型复杂、破碎的地区，可采用人工解译为主；地表覆盖类型简单、成片地区，则可采用自动分类为主。

一般情况下，针对遥感影像自动分类提取地表覆盖分类数据，需要针对分类结果进行人工编辑。

6.4.2 遥感解译的技术流程及方法

(1) 解译标志的建立

根据影像特征的差异可以识别和区分不同的地物，这些典型的影像特征称为影像解译标志。解译标志的建立是解译的前提，解译标志分为直接解译标志和间接解译标志。解译标志是随不同地区、不同时段、不同片种等多种因素而变化的，建立解译标志必须有明确的针对性，可通过典型样片，对典型标志进行实地对照、详细观察与描述。

(2) 色调和颜色解译

① 同一地物在不同的遥感图像上所呈现的颜色不同，如针叶林。

② 同类地物在同一幅像片上的色调也存在差异。

③ 同一物体在不同波段的同类影像上所呈现的颜色也不尽相同，不同植被类型或处于不同生长阶段、受不同环境影响，呈现的深浅也不同。

无论何种解译方法，都应重视解译标志的综合运用，对比提高解译精度和解译质量。

(3) 判读解译与地理国情信息采集

以基础地理信息数据为基础，采用自动提取方法，结合人机交互手段，完成地理国情普查地表覆盖分类。

对于地表覆盖分类和地理国情要素均需表示的要素，按照航空航天遥感影像进行地理国情要素采集。

因采用的指标和采集的具体内容不同，在地表覆盖分类和地理国情要素属性在外业核查图中应明确标识，便于外业核查。

地理国情普查地表覆盖分类可以采用三种方案进行解译：

① 制作规则集，面向对象自动解译。

② 选样区监督分类。

③ 人工解译。

以上三种方案可单独使用，也可交互使用。

6.4.3 基于人机交互的地理国情信息提取

(1) 数据源的选择

① 航空航天遥感影像数据。

② 基础地理信息数据。

③ 行业专题资料收集。

(2) 地理信息提取原则及要求

① 自然优先

地表覆盖类型中通过影像甚至实地核查均难以区分人工和自然的类型，一般采用“自然优先”的原则进行归类，如人工繁育的树林或草场，从影像上甚至实地核查难以确定是否为园地或人工草地，优先归入林地或天然草地的相应类别。采用自然优先原则的前提是难以区分具体成因。

② 立体覆盖

对于不同高低植被被立体覆盖的范围，如桥木林下有灌木，果树下面有蔬菜等情况，以顶层树冠的优势类型确定其植被类型；对于树冠遮蔽的道路、树冠遮蔽沟渠的情况，地表覆盖中按照植被归类；地理要素（地理实体）中按照道路和沟渠的要求采集；其他在空间上被多种类型立体层叠覆盖的情况，地表分类一般采用“就近就大”的原则，即以面积占绝对优势的类型为主。

③ 线状地类

耕地、库塘、固化池、大棚等连片区域内部斑块之间的田埂、小路、水渠、林带等狭长条带，如果宽度在 5 个像素以下，或者连片达不到实地 400 m^2 的，可以就近归并到相邻的耕地、库塘、固化池、大棚等类型中。

6.5 信息变化监测技术

6.5.1 信息变化监测技术概述

随着遥感技术的发展，可充分利用遥感对地观测的实时、快速、覆盖范围广、多光谱、周期性等特点，快速得到测区信息。利用同一地区的遥感影像进行变化检测，快速获取地面地物变化，可提供更全面准确的地理国情监测信息。

变化检测能定量和定性地提供地物变化信息，已成功应用到地理国情监测、土地类型变化检测、城市建筑变化检测等领域。我国较早将变化检测技术应用到地理国情监测领域。

6.5.1 信息变化检测基本流程

影像变化检测是从不同时期的遥感数据中，定量分析和确定地表变化特征的过程，即将同一地区不同时相的遥感影像信息进行对比分析，获取两个时相之间的差异。

影像的预处理主要有影像配准和大气校正，不同时相的遥感影像中，地物的变化会引起图像辐射值的变化，因此要进行辐射校正。辐射校正是消除非地物变化引起的辐射值差异的有效方法，在变化检测的预处理中，一般采用相对辐射校正，将一幅影像作为基准，调整另一幅影像的辐射值，使得两时相影像上相同地物具有相同的辐射值。变化信息的提取主要有监督、非监督分类及面向对象特征提取等方法。

6.5.2 信息变化检测方法

随着遥感图像处理及图像识别技术的发展，各国学者提出了多种变化检测方法，主要有：按处理的信息层次将变化检测划分为像元级、特征级与决策级三个层次；按是否经过分类将其分为直接比较法和分类后比较法两类；还有专家归结为算术运算法、变换法、分类比较法、高级模型法、GIS集成法、视觉分析法和其他方法等七类。以下按处理信息层次类别划分进行介绍。

（1）基于像元级的方法

基于像元级的方法主要有影像差值法、影像比值法、影像回归法、假彩色合成法、交叉相关分析法等。此类方法快捷简单，能快速得到变化区域位置，但不能确定发生变化的类别，且难以克服传感器噪声和大气辐射带来的差异，对预处理结果敏感。

① 影像差值法

它是利用地震前后地物光谱信息的变化来探测地物的变化情况。将预处理后的图像进行差值运算，计算出差值结果，设定某个控制阈值，大于控制阈值的结果就认为是变化的。然后统计变化的像元数，计算震害分布等，对差值法提取倒塌建筑物技术进行了改进，提出基于区域的差值分割提取技术，并应用到震害信息提取中，如对汶川地震中都江堰市某个街道进行了检测，能较快速准确地提取建筑物受损情况。

② 影像比值法

它与差值法相似，将预处理后的图像进行熵值运算，计算出熵值结果，设定某个控制阈值，大于控制阈值的结果就认为是变化的，而小于阈值的结果则认为是不变的。确定阈值时多使用经验判定及目视解译的方法，缺乏一套成熟有效的变化阈值确定方法。

③ 影像回归法

首先假定前一时相的像元值是后一时相像元值的一个线性函数，通过最小二乘法来进行回归，然后用回归方程计算出的预测值减去前一时相的原始像元值，从而获得两时相的回归残差图像。通过设定阈值来划分变化与未变化区域分布。经处理的遥感影像类似于对影像进行了相对辐射校正，能减弱不同时相影像由于大气条件和太阳高度角不同带来的影响。

④ 假彩色合成法

由于地表的变化，相同传感器对同一地点所获取的不同时相的影像在灰度上有较大的区别。将不同时相同一波段的数据分别赋以红、绿、蓝三种颜色，通过假彩色合成来突出显示变化。此种方法简单快捷，但需要不断尝试才能找到合适的组合显示震害信息的变化。

⑤ 交叉相关分析法

首先将遥感影像同旧期利用现状图配准叠置，用现状图的边界将遥感图像划分为不同的图斑单元，统计各个图斑单元的光谱响应均值和标准差，得到期望值，然后比较每个像元期望值与光谱实际值之差。如果差值比较大，说明是可能发生变化的区域。此种方法对数据预处理中的辐射校正精度要求较高。

（2）基于特征级的方法

基于特征级的方法主要有纹理边缘特征分析法、光谱特征变异法、主成分分析法等。此类方法的算法稍复杂，可以得到变化区域的位置，不能得到发生变化的类型，对特征检测算子及变换方法敏感。

① 光谱特征变异法

同一地物反映在一时相影像上的信息与其反映在另一时相影像上的光谱信息是一一对应的，如果两者信息表现不一致，融合之后影像的光谱信息与正常地物表现就有差别，此时就认为地物发生了光谱特征变异。光谱特征变异通过两时相数据直接融合运算发现变化信息，变化区域反映在融合后影像中光谱发生突变的位置。此种方法要在发生光谱特征变异的地物的几何尺寸足够大的基础上才能被识别，且此种方法的效率受研究区地物光谱特征的限制。

② 主成分分析法

地物属性发生变化时，影像某几个波段上的灰度值发生变化。将两时相的影像各波段组合成一个2倍于原影像波段数的新影像，并对新影像做主成分分析变换。后几个分量反映出两影像的差别信息，抽取后几个分量进行波段组合来发现变化信息。

③ 基于边缘特征的变化检测

遥感图像的边缘特征提取是对遥感图像上明显地物边缘进行提取与识别的处理过程。常用的边缘检测算子有：Sobel 算子、Canny 算子、Log 算子及小波变换。由于存在配准误差及图像边缘提取误差，可能导致影像上未发生变化的地物在实际情况中空间位置或几何形状发生变化，因此该方法对数据预处理精度尤其是配准精度要求较高。

④ 基于决策级的方法

基于决策级的方法主要是分类后比较法。分类后比较法是一种较简单清晰地发现变化类型的方法。该方法将前后时相的影像进行单独分类，然后将分类结果进行比较得到变化信息，利用航空遥感数据，采用最大似然分类法对震后建筑物的破坏进行自动识别和检测。

6.5.3 变化检测存在的不足

面对大量的变化检测方法，针对不同的应用，选择不同的方法进行实验，可得到以下结论：没有一种方法适应于所有的应用，没有哪种方法是最优的，且变化检测的精度受数据源、数据预处理、地面环境等因素影响，没有形成系统理论，缺乏知识引导的特征级的变化检测，只是依靠专家经验。震害信息复杂多样，如何选取一种快速准确的方法是当前研究的热点。研究以上方法发现，除了基于边缘特征的变化检测和交叉相关分析之外，其余方法都只是基于像元的灰度值进行运算，没有考虑地物的几何信息、纹理信息、结构等因素，从而制约了变化检测精度。

6.5.4 变化检测的发展趋势

针对变化检测存在的不足，要充分挖掘新旧影像之间存在的联系，结合多元特征信息，采用数据挖掘技术提取数据库中可用于变化检测的数据，如 GIS 矢量数据。杜培军等将影像的光谱特征、纹理特征、几何特征、特征因子数据融合起来分析，提高了变化检测的精度。赵福军等以汶川地震为例，针对建筑物震害破坏情况，采用传统基于像元的分类方法和面向对象的信息提取技术进行了实验，面向对象信息提取方法有效提高了震害识别的分类精度，能提取震害建筑物信息及滑坡等次生灾害信息。面向对象技术是近几年来针对高分辨率影像分类而引进的分类技术，基于面向对象的分类后处理的变化检测方法能够克服不同数据源的遥感影像在分辨率、色差等方面对检测精度的影响，同时能充分利用影像的光谱信息和形状、纹理、相互关系、上下关系等信息，改善了单纯基于像元的分类后处理难以区分光谱特征相似的地物类别，从而影响分类后的变化检测精度。面向对象变化检测方法已成为变化检测方法研究的主要方向，如果结合数据挖掘构建知识规则，快速得到规则集，则面向对象变化检测在震后信息快速评估中会有更大的利用空间。

6.6 合成孔径雷达干涉测量技术

6.6.1 合成孔径雷达干涉测量技术概述

合成孔径雷达干涉技术（InSAR）是 20 世纪 70 年代中期出现的新型空间对地观测技术，可提取地形信息和地表形变信息。自从 1993 年 Massonnet 等利用 InSAR 技术检测到美国加利福尼亚州兰德斯地震的地表形变之后，该技术已经广泛地应用于城市地面沉降、矿山沉降、火山形变、地震形变等地面形变监测领域，并取得了不少成果。差分干涉雷达测量（D-InSAR 技术）可以获取地表微量形变，通过与其他观测技术结合，理论上可以得到毫米级精度的地表形变。

20 多年来，随着多颗遥感卫星的成功发射并投入使用，InSAR 技术本身及其应用都得到了快速发展，应用领域不断扩大。随着电子技术的不断改进以及旨在提高图像清晰度的信号处理算法的不断成熟，高分辨率的 InSAR 系统将成为今后发展的趋势。人们一直期待能够快速获取高分辨率的地球表面图像。1999 年，美国桑迪亚国家实验室已经研制出最高分辨率达到 0.1 m 的 SAR 系统（Lynx）。2000 年 2 月开展的航天飞机雷达地形测图计划（SRTM），标志着雷达遥感技术进入了三维地形测绘的新时代。

我国地域辽阔，地理国情复杂，经济社会快速发展，地表变化频繁。充分利用测绘先进技术、数据资源和人才优势，积极开展地理国情监测，为政府、企业和社会各方面提供真实可靠和准确权威的地理国情信息，是测绘事业科学发展的战略选择，也是面向未来测绘工作的重要使命。

合成孔径雷达干涉测量技术作为国情监测的有效手段，可应用于各种从宏观到微观的地理国情信息的监测，为我们认识国情的丰富内涵、提升测绘服务水平、拓展基础测绘业务、科学化的管理决策提供技术支撑。

6.6.2 研究合成孔径雷达干涉测量技术的意义

InSAR 的应用领域非常广泛，目前已涉及很多领域，如地理国情监测、地形测量、冰川研究、森林调查与制图、海洋研究，获取战略、战术机动和定期威胁军事目标等。相位解缠是 InSAR 测量技术中的关键点，也是数据处理过程中的关键步骤和技术难点，解缠结果将直接影响地理国情监测和所生成的数字高程模型的精度，因此对解缠理论和算法的研究具有重要意义。

本章小结

地理国情是指包括国土疆域面积、地理区域划分、地形地貌特征、道路交通网络、江河湖海分布、土地利用与土地覆盖、城市布局和城镇化扩张、生产力空间布局、灾害分布等在内的自然和人文地理要素在宏观层面的综合表达，是基本国情的重要组成部分。

地理国情监测的核心技术体系是通过以遥感卫星导航定位、地理信息系统、遥感技术（简称 3S）为依托，集成通信、云计算、物联网、数据挖掘和空间统计学等技术来实现的。

练习与思考题

1. 什么是信息提取技术？
2. 地表覆盖信息提取的方法有哪些？
3. 地理国情监测内外业一体化软件的功能有哪些？
4. 简述地理国情监测内外业一体化调查技术的分类。
5. 简述信息统计与分析总体技术流程。
6. 信息变化检测方法有哪些？
7. 简述遥感解译的技术流程。
8. 什么是合成孔径雷达干涉技术(InSAR)？

第7章　地理国情监测的成果表达和共享服务

知识目标

1. 了解地理国情监测成果的特点及表达方式。

2. 了解地理国情监测成果可视化的概念、掌握地理国情可视化的框架与内容及可视化的方法。

3. 掌握地理国情监测成果共享的对象与模式。

4. 熟练掌握地理监测成果分发的关键技术及分发系统的框架和主要内容。

技能目标

1. 能够利用相关软件进行地理国情信息的可视化操作。

2. 能够利用专业的地理信息软件进行地理国情数据的聚合和分发。

3. 熟练掌握一种地理国情监测软件的使用功能。

7.1　地理国情监测的成果表达

7.1.1　地理国情监测成果的特点

随着我国地理国情监测工作的逐步开展，将会形成一些真实可靠的监测成果。这些成果可以为中央和地方各级政府、有关职能部门以及普通百姓提供权威、客观、准确的地理国情信息服务。地理国情监测成果具有基础性、及时性、层次性、可靠性、保密性的特征。

(1) 基础性

地理国情数据可以为国家的重大项目和工程建设提供基础性的数据支持。各个部门可以在地理国情监测数据的基础上，进一步融合本部门或项目的专业信息。地理国情数据有助于减少基础地理信息的重复采集工作，降低地理国情监测数据与其他各部门、各行业信息的集成难度，提高各类数据的快速融合。

(2) 及时性

地理国情监测是长期的、连续性的工作，地理国情数据反映的是一个国家地理国情各项要素的连续、动态、定量的变化情况，通过地理国情监测数据可以了解各类资源、环境、生态、经济要素的空间分布及发展变化规律。保持地理国情监测成果的及时性，有助于提高政府决策的效率，加快人民对与地理国情相关的各类突发事件的响应速度。

(3) 层次性

地理国情监测是一项面向各级行政区划的工作，各级政府对地理国情信息的需求存在一定的层次性。各级政府对地理国情数据的需求，在描述方式、表达方式、信息的详细程度、信息指标等方面都存在差异，国家在开展地理国情监测工作时，也提出了地理国情、地理省情、地理市情的概念。因此，地理国情监测成果需具备层次性，以提供各级部门需求的数据内容。

（4）可靠性

地理国情监测数据是重要的辅助决策信息，同时地理国情监测数据也是人民了解国家地理、人文、环境、自然资源等变化的重要信息，地理国情数据的可靠性将会影响到普通公众、政府、企业乃至国家、世界重要问题的决策。保持长期的、可靠的地理国情监测数据，有助于提高地理国情监测工作的权威性，使其真正成为一项长期的、连续的国家重要战略任务。

（5）保密性

地理国情监测的成果是一个国家自然、人文、社会、经济、环境在地理空间上的展示，因此涉及大量的保密信息。地理国情监测既可为决策机关提供辅助决策信息，也将为普通大众提供各类与地理国情相关的信息与数据的服务。因此，建立严格的保密措施是地理国情监测成果表达过程中需要主要的重要问题。

7.1.2　地理国情监测成果的表现形式

地理国情信息来源于地理信息，但是，相比于一般的地理信息，地理国情具有特定的空间范围，其信息的覆盖面广、综合性强，同时要求更高的动态性，因此地理国情监测成果的表现形式更为多样，主要有以下几种形式。

（1）地理国情数据集

地理国情数据集包括自然要素监测数据集、人文要素监测数据集和专题监测数据等类型。其中，自然要素监测数据集主要以影像、矢量的形式表现地理国情监测对象的自然属性，如空间位置、地形地貌、地物类型等；人文要素监测数据集主要是采集监测对象社会属性得到的数据集合，人文要素监测数据应该通过空间信息使其与自认要素数据建立关联；专题监测数据集是通过空间统计、空间分析，同时表达专题对象的自然特点与社会属性，在影像与矢量数据的基础上，叠加与专题密切相关的图片、视频、统计分析结果等，如主题功能区规划、土地利用分析、地面沉降、城市扩张变化、地表变形监测等系列数据集。

（2）地理国情集

地理国情集是在传统的地图表现形式的基础上开发电子地图，以三维、动态化的形式实时表现地理国情监测要素的变化信息及地理界线、地名、统计和分析信息。

（3）地理国情监测报告

地理国情监测报告主要是针对特定的监测对象进行全面详尽的分析，包括现状与变化情况，报告采用插入专题地图的方式说明监测对象的空间特性及时空变化规律，采用插入各种统计图表的方式来说明监测对象属性的特点及变化情况。

（4）地理国情白皮书

地理国情白皮书制作的主要目的是从宏观层面介绍我国详尽、综合的地理国情，如地理国情的现状、变化信息、变化的时空规律及在未来的变化趋势，同时还包括专题监测对象或者区域各种监测要素的详尽信息。

(5) 地理国情信息服务

以地理国情服务为基础,利用在线服务网站,以直观、形象的方式向用户展示地理国情监测结果,并及时向公众提供最新的监测成果或者广受公众关注的专题监测成果。

7.2 地理国情监测成果的可视化方法和技术

7.2.1 地理国情可视化的概念

可视化通过把大量复杂的枯燥数据及数据之间的关系转换为图形、图像的方式为用户提供数据和理解数据的直观方法,观察者可以准确地发现隐藏在大量数据背后的规律,以更好地理解和分析这些数据。可视化一词来源于英语的"visualization",可译为图示化、视觉化或可视化,通常将抽象的事务、过程变成图形图像的视觉表示都可以称为可视化。可视化的概念是1987年出现的,1987年2月美国国家科学基金会(National Science Foundation, NSF)召开的一个专题研讨会上,由布鲁斯·麦考梅克、托马斯·德房蒂和玛克辛·布朗编写的美国国家科学基金会报告 *Visualization in Scientific Computing* 中正式提出了"科学计算之中的可视化"的概念。其后,又逐渐出现了数据可视化、信息可视化、知识可视化、地理信息可视化等概念。这些概念将可视化与不同的研究领域进行结合,分别形成了不同领域对可视化的定义。

可视化领域通常将可视化分为科学计算可视化与信息可视化。科学计算可视化是从计算机科学的角度对可视化进行定义,也称科学可视化、计算机可视化或电脑可视化。科学计算可视化将符号转化成几何图形对数据进行观察、模拟和计算,通过从图像数据和多维数据中生成图像,研究视觉信息的感受、使用和传输。与科学计算可视化相比,信息可视化是把抽象的、大多不具备物理空间本质特性的数据转化为空间分布形式的图形图像,以帮助用户理解或发现其中隐藏的事物本质关系、形态和结构。

地学领域把科学计算可视化与地球科学相结合形成了地学可视化的概念,是关于地学数据的视觉表达和可视分析。测绘、地理、地质和地图领域,都利用图形(地图)表达对地学世界现象和规律的认知和理解,因此地学信息可视化包括地图可视化、地理可视化、GIS可视化及专业应用领域可视化。地图可视化是地图学中的可视化或地图信息的可视化。地理可视化是地图(地理)学家把可视化引入地理科学而形成的概念,研究可视化在地理科学中的作用、理论和方法。GIS可视化是研究地理信息系统中关于可视化的理论、方法和技术,主要研究二维图形显示算法、三维图形显示算法及动态模拟与显示技术等。

地理国情监测作为一个新的研究领域,侧重于将地理信息与社会信息综合起来,提供对地理国情的综合处理、分析和表达,其可视化不同于上述的各种领域可视化的范畴。地理国情的可视化是将可视化技术引入到地理国情监测领域,结合地理国情监测的特点研究地理国情可视化的理论、技术和方法。地理国情监测包含的信息复杂的多维时空综合信息;其可视化侧重于对信息的综合表达和变化的国情监测上。在地学可视化的研究框架(图7-1)中,可将地理国情可视化加入到地学可视化的范畴中,与地图可视化和GIS可视化并列。

7.2.2 地理国情可视化的框架和内容

从本质上讲,地理国情监测主要强调建立地理国情监测本底数据库和对重要国情信息的动态监测,从而为国家、企业和个人提供丰富多样的地理国情监测产品。地理国情监测的

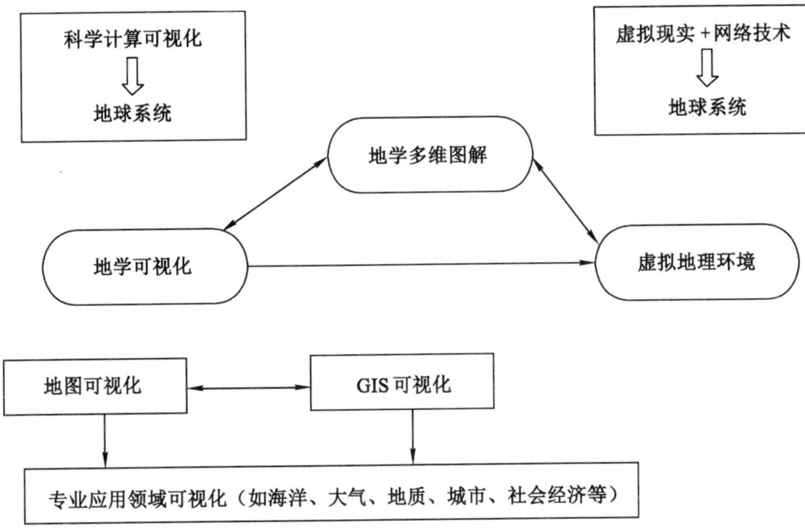

图 7-1　地学可视化研究框架

可视化从表达内容上，包括地理国情基础信息数据的可视化、地理国情监测分析评价成果的可视化和地理国情动态过程变化的可视化；从视觉化表现形式上，有地图(图形)、图像、文本、统计数据、多媒体、虚拟现实等表现形式；从空间维数上，有二维可视化、三维(多维)可视化、动态过程可视化；从时间维数上，有静态可视化和动态可视化等，如图 7-2 所示。

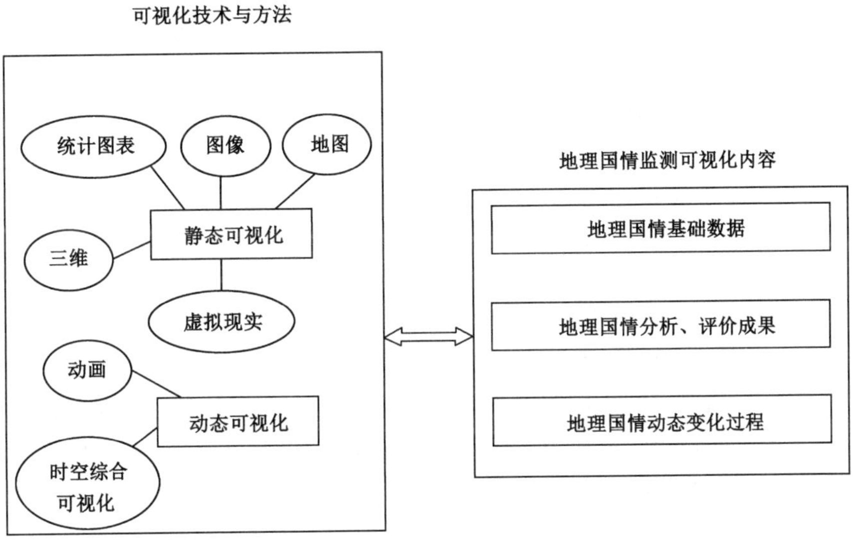

图 7-2　地理国情可视化内容与方法

(1) 地理国情基础信息数据

地理国情指与地理相关的自然和人文要素的国情，是从空间角度反映一个国家自然、经济、人文的状况。地理国情涉及宏观信息包括国土疆域、地理区划地形地貌特征、江河湖海、道路交通、土地利用、城镇布局、灾害分布等信息的综合表达，在地理空间上反映国家的自然资源分布、生态和环境状况，同时也反映社会人文信息的空间分布，有助于揭示人文信息与自然资源消耗、城镇化进程等之间的内在联系。

地理国情也可以理解为反映一个国家特定时期各方面国情的空间分布及固有数量、质量、联系和规律的数字、文字、图形、图像等信息的总称。与其他信息相比，地理国情有自己的特征，主要包括其区域特征、多维结构特征、时序特征和国情信息的客观、权威特征。地理国情是客观自然和与之有关的人文要素在地表的空间分布，数据量大、覆盖面广，并实时变化。国情信息和数据作为国情变化和特征的物理描述，必须通过一定的载体表现并被人们感知。

地理国情基础信息数据主要是指各级测绘行政主管部门通过组织实施基础测绘获取的可量测的、高精度的基础测绘成果，主要包括地形地貌、水系及其附属、道路交通、居民地、土地利用等地理要素的分布信息。

(2) 地理国情监测成果

地理国情监测是一个国家的重要任务，地理国情监测的提出使测绘发生了一定的变化，主要体现在测绘由静态变为动态，由时间点变为时间段，由测绘地表形态变为监测地表变化，由提供测绘成果变为报告监测信息。而地理国情监测信息产品是指在地理国情监测中处理、分析的且提供给政府、企业和个人使用的产品，针对不同的监测领域，反映了被监测领域中信息的空间特征和属性特征。

地理国情监测的成果是通过遥感、地理信息系统和卫星导航定位系统等高新技术手段，对地形地貌特征、道路交通网络、土地利用覆盖、城市布局与城镇化、生产力空间布局等自然和人文地理要素进行动态获取、综合分析、实时发布和监控评估，形成的一套地理国情信息成果资料，并由此构建的地理国情监测系统数据库。通常认为地理国情监测的产品是服务于国家、企业和公众的综合性信息，其主要的产品类型包括相关数据集、地理国情监测报告和地理国情信息系列专题地图。

(3) 地理国情动态变化

地理国情是动态的地理信息，反映一定时期内地理信息的发展和变化，具有明显的时间属性。动态变化性是地理国情监测的一个重要特征，在这个过程中需要把变化监测的信息、带有时间特性的地理国情及动态变化过程以可视化的形式表现出来，对复杂动态变化过程中不易理解和不易分析的内容通过可视化提供更好的理解和分析。地理国情动态监测是在动态测绘的基础上，通过获取不同时间段的地理基础数据，采用统计和对比分析等方法揭示被监测对象的变化演进规律，并对监测对象的未来发展态势进行分析和预测所形成的相关信息，如冰川退缩、城市扩张、地表升降等。

7.2.3 地理国情可视化的步骤

对地理国情可视化表达，首先要明确的问题有两个：一是要明确视觉化的国情信息是什么；二是要明确国情监测信息的视觉化用户。在明确了这两个问题的基础上考虑可视化的数据类型、数据特征、数据模式和数据的再处理，对特定的可视化显示任务，可视化过程本身就是对数据的重新理解和凝练，分析数据之间存在的关系，如空间关系、因果关系、相关关系等，并以直观的形式表现出来。

地理国情监测信息的可视化包括如下几个关键步骤。

第一步，明确地理国情信息可视化的目的。对可视化来讲，围绕不同的可视化目的，可以生成多种可视化产品。地理国情信息主要以数据为中心，通过介入数据分析，通过数据的视觉化应该能表述出地理国情数据集的独特属性，了解地理国情数据如何变化，如何有效地使用和分析地理国情数据，以及如何发现国情数据集的特性。

第二步，地理国情数据的再处理。此阶段主要是指数据的再加工，通过对地理国情数据的解析、排序、组织、分组等处理，对需要视觉化的特定国情信息，整理出可视化要表达的数据，构造数据的结构图。

第三步，选择可视化展现方式。根据可视化目的和收集到的数据的特征，选择合适的可视化表达方式，包括可视化形式的的确定（如地图、图像、统计专题图等）、信息可视化维度的选择（尺度、色彩、位置、网络、时间等）、视觉模型的确定等。

7.2.4　地理国情可视化的方法

对地理国情信息来讲，其数据不仅包括地理信息数据，还包括社会经济统计专题数据等，从可视化形式上主要包括地图、影像、统计专题图表、三维模型（三维场景）、虚拟现实与虚拟地理等。

（1）地图表达方法

地图是用来表达地理信息的重要方式，被称为地理学的第二语言，在计算机中，地图多是以矢量形式记录的图形构成的。地图包括普通地图和专题地图。地形图是普通地图的重要类型，是国家基础地理信息数据，也是地理国情监测的重要基础数据。专题地图则是指着重表达不同领域、不同主题的地理国情监测信息，是地理国情监测和分析成果的主要可视化形式。

地理国情监测数据是具有空间位置特征的综合数据，地图作为空间实体的符号化模型，是地理国情监测数据的主要表现形式。根据地理国情数据的空间结合形态特征，地图上表现为丰富的点状符号、线状符号和面状符号。对于具有空间三维特征的数据，可以采用的形式包括等值线图、三维立体图、晕渲图等。等值线是将空间上具有相同特征值的点连接成线表示曲面的形态，如用来表示降水的等降水量线图、表示温度分布的等温线图；三维立体图通过同时变换使地物表现为具有不同深度的图形，并产生三维曲面的起伏效果；晕渲图则以地物对光线反射产生的明暗，表现二维表面的起伏，达到表示立体形态、产生地图视觉效果的目的。

（2）图像表示方法

图像尤其是遥感图像，也是用来表示地理国情监测数据的一种重要的视觉化形式。图像由排列的像素组成，用灰度、颜色、模式等表示空间视觉图的质量特征。通常图像是把连续的空间划分为规则的单元，在对应的位置上用视觉元素表示单元特征。

遥感是地理国情监测的重要手段，遥感数据的主要形式是遥感图像，与图形相比，图像更直观，有更好的视觉效果。当前通常是把图像作为背景，地图或地图要素叠加其上，既可以很好地利用地图表达的优点，又能利用图像表达更直观的优势。

图像不仅可以用来表达二维的场景，也可以基于图像创建三维场景，如基于图像技术的实景地图，使用图像表达特定地点的三维场景，并能进行场景的全方位浏览。

（3）统计图表示方法

地理国情是高度综合的数据，国情数据中不仅包括大量的空间地理信息，也包含多个领域用统计调查等手段获取的社会数据、统计分析数据等。统计图表多用于各领域专题统计数据的视觉化表达。常用的统计图形式有柱状图、扇形图、直方图、折线图和散点图等。统计表格则将数据直接表示在表格中,也是一种直观的表现形式。

（4）三维方法

地理国情是空间化的地理信息,其三维可视化的内容包括三维地形的可视化表达、三维地物的可视化表达等。

① 三维地形可视化

地形的三维表达通常是基于特征模型或场模型,将连续的地形起伏变化离散为规则的格网或不规则三角网来表示。通过对地面高程点进行采样,采用插值计算等方法,构建地形的数字高程模型,在模型上添加数字,以正射影像表达地表纹理,使用地表高程与影像信息逼真地表示地形。

② 三维地图可视化

城市中的三维地物通常包括建筑物、街道、道路、桥梁、管线、植被等,对这类地物一般是创建不同地物的三维几何模型,并通过几何变换、纹理映射等构建三维场景。

（5）虚拟现实与虚拟地理环境

20 世纪 80 年代末,期虚拟现实技术引起了人们很大的关注,近年来更是成为信息领域科技工作者和产业界的研究、开发和应用的热点,在多个领域中都出现了与虚拟现实有关的各种研究。与“虚拟现实”这一术语相近的概念还包括虚拟环境、人工现实、赛博空间、增强现实等。

虚拟现实技术是指利用计算机和相关输入/输出设备生成一个“看起来是真的,听起来像真的,摸起来像真的,嗅起来像真的,尝起来像真的”且能够提供多种感知的三维虚拟世界。计算机图像学的奠基人美国科学家 Ivan Sutherland 博士在 1965 年发表的《终极显示》论文中,提出能否不通过计算机屏幕这个窗口来观看计算机生成的虚拟世界,而是使观察者直接沉浸在计算机生成的虚拟世界中,观察者可以以自然的方式参与到虚拟世界中,提供自然的交互。这些描述实际上给出了虚拟现实的明确解释,也成为虚拟现实技术的重要理论基础。

虚拟现实技术的提出和发展为我们提供了一种新的思路展示和表达地理国情监测数据及信息,除了视觉感受之外,虚拟现实技术可以提供听觉、触觉、嗅觉乃至味觉等多种感觉反馈,用多种方式实现人与虚拟环境的实时动态交互。将虚拟现实技术引入到地理学的研究中,产生了虚拟地理环境的概念,虚拟地理环境是包括作为主体的人类社会和围绕该主体存在的一切客观环境,包括计算机、网络、传感器等硬件环境,以及虚拟社会、政治和文化环境。

三维可视化与虚拟环境有着密切的关系,三维可视化针对大量(海量)多维复杂的地理数据,强调通过计算机图形和图像表示成真实、直观的三维场景;而虚拟环境是通过创建一个三维虚拟地理空间,人员进入到该空间中,在虚拟空间中行走,观察空间现象的分布或地理过程的演化,人在其中起着重要的作用。

将虚拟现实和虚拟地理环境相关技术引入到地理国情监测中,形成虚拟地理国情,对复杂地理国情场景进行虚拟再现,不受空间和时间的限制,从多个角度、多维空间展示地理国情的场景和变化,使用虚拟现实技术的人机动态交互技术,更为直观地提供丰富的国情信息显示形式。

7.3 地理国情监测信息共享服务

7.3.1 地理国情监测信息共享的主要对象

地理国情监测信息共享是地理国情监测工作开展到移动阶段后要实现的必要功能。它不仅要在省、部和国家各级相关职能部门之间实现数据交流共享，政府与公众间之间也要进行地理国情信息交流共享。地理国情监测信息的共享服务主要对象包括政府决策部门、业务部门和公众三类不同的对象，针对不同的服务对象，地理国情监测数据的共享内容不同。

(1) 政府决策部门

地理国情监测专题数据集和地理国情监测报告是针对政府决策部门的主要共享成果内容。地理国情自然数据集和人文数据集反映的是不同类型地理国情的现状，缺少对地理国情间的相互关系分布和地理国情的成因、变化和趋势分析。地理国情专题数据集是综合多类地理国情信息而生成的专题信息，可以反映不同地理国情之间的相互关系。同时，地理国情报告是对地理国情监测对象进行全面详尽的分析，包括现状与变化情况分析、时空演化规律分析等。因此，地理国情专题信息和地理国情监测报告可以为政府决策提供重要的辅助信息。

(2) 职能部门

对于职能部门而言，地理国情数据共享的目标是为其提供基础的地理空间信息与平台。各个部门可以在此基础上开发各自的业务平台，或将地理国情数据作为基础使数据融合到部门业务流程中去，从而达到节约监测成本，统一各部门地理空间数据标准，推动部门协作机制的建立。

(3) 公众用户

针对公众用户的地理国情数据共享的主要是地理国情的基本知识，让公众随时可以查找所需要的地理国情信息。因此，地理国情制图、地理国情白皮书和地理国情网站是面向公众用户的主要地理国情数据共享方法。通过这些形式可以直观、形象地向用户展示我国自然和人文地理要素，及时向公众提供最新的监测成果或者广受公众关注的专题监测成果，为公众提供个性、主动的地理国情信息，实现地理国情信息的快速服务与信息发布。

7.3.2 地理国情监测信息共享的模式

根据地理国情信息共享介质和内容的不同，主要有纸质媒介、电子媒介、网络媒介三种形式。

(1) 纸质媒介

一方面，纸质媒介是地理国情信息共享发布的传统模式，通过纸质地图集、地图册以及相应的报告、公文等形式，将地理国情信息发布到用户手中，但是由于地理国情数据设计多比例尺、多源、海量的信息，因此地理国情数据集难以通过纸质媒介进行发布。另一方面，纸质媒介不适合于实时地理国情信息的共享，利用纸质媒介发布地理国情信息主要用于传播和保存地理国情的基础信息、各类专题信息和统计分析报告。

(2) 电子媒介

一方面，电子媒介是通过移动存储设备、光盘等存储介质进行地理国情信息的分发，其存储容量、存储信息的内容丰富程度都高于传统媒介。另一方面，采用电子媒介进行信息共享发布，可以按照用户的需求，提取相应的地理国情信息，同时也可以利用不同数据格式的转化，因此与传统纸质媒介相比，电子媒介进行数据的共享更加快捷。

如图 7-3 所示，基于电子媒介的地理国情数据共享需要通过地理国情数据分析与集成软件，如常见的 ArcGIS、AutoCAD、Mapinfo、Supetmap 等 GIS 软件，将地理国情数据库中的数据进行数据综合与专题制图。其中，对于地理国情数据集的分发，由于考虑到各专业部门的特殊应用需求，以及各类不常用的数据格式的需求，可使用相应的数据格式转化软件(如 FME)或开发数据格式转化接口，对生成的各种地理国情监测数据进行格式转化操作，进而生成各部门适用的地理国情数据集，并通过数据拷贝方式提供数据服务。对于地理国情监测报告和地理国情白皮书，还应按照相关标准，配合文本编辑软件进行相应的排版与制作，进而生成电子版的地理国情监测报告与白皮书。

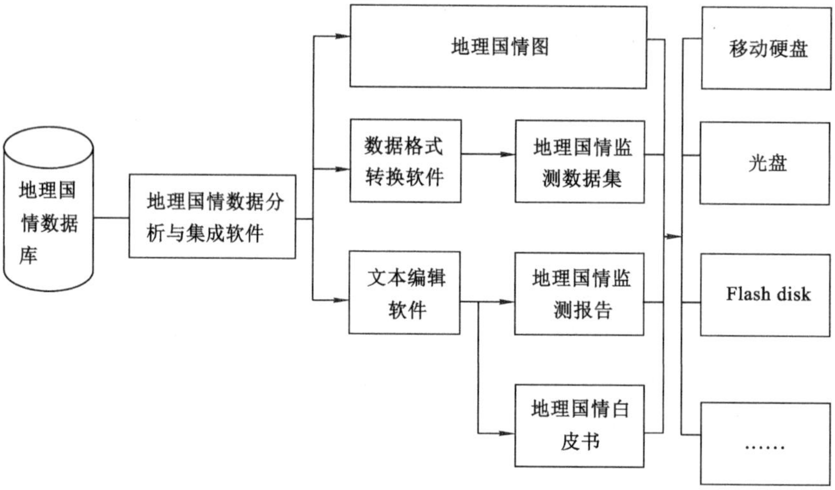

图 7-3　基于电子媒介的地理国情数据分发过程

(3) 网络媒介

一方面，基于网络媒介的地理国情数据共享，主要目的是为政府决策部门提供快速准确的地理国情信息，提高部门间、系统间的基础地理国情信息共享程度，加强部门间的联系与协作，从而降低目前各部门正在开展的重复的地理国情信息采集工作，有助于统一各行业之间的地理空间信息标准。另一方面，基于网络媒介的地理国情数据集分发为公众用户了解我国的地理国情现状，及时掌握突发的地理灾害(如气象、地震、洪涝、森林火灾)提供了有效的途径。除传统的浏览器/服务器模式外，地理国情的数据分发也可以采取以数据为中心的发布/订阅模式，这一模式可以针对实时地理信息提供快速的播报和主动数据推送，适合于紧急情况下的数据分发。依据服务程度与合作方式的不同，基于网络媒介的地理国情数据分发又可以分为数据下载、信息服务和在线制图等多种方式，如图 7-4 所示。

① 数据下载可以针对各部门的具体需求，特别是需要调用基础地理国情监测数据进行较强的空间分析的要求，直接开发数据库的访问接口，提供基于地理国情数据库的直接访问。

② 信息服务方式基于当前的 OGC 规范，开发相应的 WFS、WMS、瓦片地图服务以及

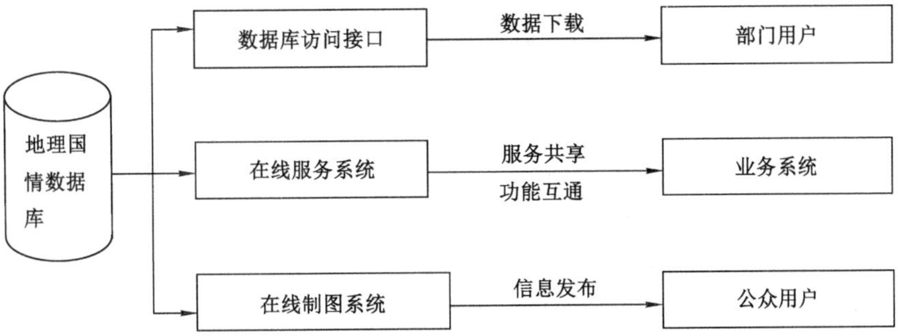

图 7-4 基于网络媒介的地理国情数据分发主要方式

相关的空间分析服务，通过嵌入式服务技术，将地理国情信息嵌入到专业部门网站中，并叠加专业数据，实现专业应用。

③ 在线制图方式通过地理国情信息发布网站，直接提供地理国情监测数据应用服务，除具备基本的地图操作功能，如放大、缩小、漫游、查询、统计等外，地理国情在线制图服务支持叠加现实基础地理国情数据和连接到网站上的专题地理国情数据。同时，依托 Internet 网，可以综合利用跨部门、跨区域的地理国情监测信息，基于相关的信息分析与评估模型，实现地理国情信息的实时在线专题制图，为社会大众关注的重大地理国情提供及时信息发布，同时在政策允许下，基于电子媒介方式发布分发的地理国情监测报告、地理国情监测白皮书等成果也可以通过网络发布。

7.4 地理国情监测成果的发布

7.4.1 地理国情监测成果发布的关键技术

(1) 地理国情数据的聚合

从数据类型看，地理国情数据包含基础测绘数据、遥感影像数据和专题数据等几类。其中，基础测绘数据主要包括数字线划地图(DLG)、数字正射影像图(DOM)、数字高程模型(DOM)、数字栅格地图(DRG)、GPS 县乡道数据、境界勘界成果、像片控制成果以及其他控制资料。遥感影像数据主要包括航空影像、卫星影像及车载影像数据。专题数据主要包括土壤、植被、水文、矿产、交通、人文、能源、经济、教育、文化、卫生、应急处置、主体功能区、土地利用与地表覆盖等。数据种类、数据精度、投影方式、采集质量的不同，要求地理国情数据分发过程中需要专注于数据的聚合，使不同的数据在分发过程中形成统一的空间位置描述。另外，地理国情数据在不同行业中定义方式、描述方法同样存在差异。因此，在地理国情数据分发过程中，也应专注于地理国情语义信息的集成。

地理国情数据空间信息的聚合主要通过建立相应的规范和模型，使不同格式、不同种类的数据可以转化到相同的模型下，从而实现空间信息的聚合。常用的地理空间数据聚合大多参考 OGC 提出的 GML 标准。GML(Geography Markup Language)是由 OGC 提出的基于 XML 的空间信息编码标准。它包括了地理要素与图层的空间与非空间特征。GML 的设计目标是为多源异质的空间数据提供一种通用的数据编码和转换规范，它提供了一组独立于应用开发商的地理建模对象，用于不同的应用交互。通过 GML，可以有效避免由空间数据异构造成的信息聚合困难，提高数据互操作的便利性。

另外，地理国情数据应用于相关业务部门，需要考虑语义信息的聚合问题。由于当前各个部门对相同地理对象的表达不一，因此可以采用多种表述并行存储的方式进行处理，即对同一地理对象，在数据聚合时同时存储不同部门的表达信息。经过一段时间的应用后，逐步建立地理国情数据的语义转化标准，最终实现语义信息的聚合。

此外，对于各种不同业务功能模块的服务实现聚合，可以参照 OGC 提供的 Web Feature Service(WFS)、Web Map Service(WMS)和 Web Coverage Service(WCS)等服务标准规范进行聚合。

(2) 地理国情信息推送

随着 4G 技术的普及，信息推送技术为地理国情信息的实时获取提供了新的手段。与传统的信息获取技术不同，信息推送技术可以根据用户的需求订阅相关的地理国情信息及服务，更加快速地了解地理国情现状，其服务的对象也可以通过分布式技术不断扩大，降低网络资源消耗。地理国情的信息推送技术包括信息订阅、信息发布、信息捕获和数据推送四个步骤。

① 信息订阅

信息订阅一般通过交易码的方式来标识，不同的交易码标识了不同的订阅关系和信息传送方式。当前网络应用中常见的 RSS 方式，其实质就是一种交易码。RSS 包含服务信息的数据资源描述，当数据库中的数据资源或者其他服务资源发生变化时，RSS 服务器会对 RSS 种子文件的信息进行新增或更新，用户只需要将 RSS 种子文件收藏在客户端，既可以灵活地维护其订阅的资源，实现应用系统自由地加入或离开网络的目标。

② 信息发布

如图 7-5 所示，信息发布过程的关键在于更新信息的种子文件。每一个种子文件对应的数据标识位标识数据的分发状态。当向服务注册中心新增了服务后，服务注册中心将该新增服务的数据标识位设置为未分发状态，此后通过对标识位的识别可以向相应的订阅者分发该数据。

图 7-5　地理国情信息发布流程

③ 变化捕获

数据变化捕获是通过推送标识位来识别的。用户订阅信息后，会在数据库表格中保存用户和其订阅服务是否推送的对应关系，该表格会定时进行数据的更新。当某服务的分发状态标识位发生变化时，服务器会查找改数据表中订阅该服务的用户列表，并判断哪些用户已推送了该信息。对于未进行推送的用户，服务器上的应用程序会统一推送。当数据成功发送到客户端后，将更新相应的推送状态标识位，保证数据及时且不重复发送。

④ 数据推送

用户通过定时向客户端程序发送连接请求，达到被动接收订阅信息的目的。当服务器收到用户的连接请求后，会判断哪些服务尚未被推送到客户端，进而将未推送的信息发送到客户端的平台上。

（3）数字水印

安全性是地理国情监测数据分发需要研究的重要问题，数字水印技术是保证地理国情监测数据在分发过程中数据安全的一项重要技术。数字水印技术可将水印信息和地理国情监测数据紧密结合，在不影响数据使用的前提下，在原始数据中嵌入某种动态标记信息，通过鉴别这些标记信息的改动，达到对原始数字产品完整性检验的目的。数据中包含的水印信息可以有效地保存监测数据所有者的各类信息。通过数字水印技术，可以有效地阻止数据分发过程中出现的数据侵权、数据篡改等行为和事件，同时也可以用于验证数据的真实性和数据的有效性。

数字水印包括鲁棒水印和脆弱水印。鲁棒水印主要用于数据的版权保护；脆弱数字水印主要用于数据的真伪辨别和完整性鉴定。对于不同格式的数据，当前数字水印的处理方法并不相同。对于栅格影像数据，当前对数字水印算法的研究较为成熟，大多利用小波变换的方式将水印嵌入到低频分量或中高频分量中，从而保证水印监测结果准确性的同时，加强各种影响处理技术的鲁棒性。

（4）云计算服务

云计算技术主要是由商业应用主导推动的新兴技术。同样作为一个分布式计算模式，云计算技术与网络计算技术类似，也需要互联网来提供计算、数据和网络服务。然而云计算首先是一种商业计算模型，其主要发展目标是对商业上的计算和服务需求，以盈利为最终导向。其计算资源主要由各大商业公司的资源池提供，而不是由政府和科研机构提供。从技术角度看，云计算和传统分布式计算、并行计算和网络计算有着紧密的联系。云计算的核心特点包括虚拟化、效用计算、基础设施服务、平台服务和软件服务。虚拟化是云计算的基础，指的是最终用户不需要了解云计算平台的资源部署细节，即可以按照需求灵活抽象地组建适合于当前应用问题的动态资源。效用计算即是按照用户的实际需求，对使用的实际服务进行按需收费的商业计算模型。基础设施服务提供随选即用可共享的物理基础设施，包括计算、存储和网络资源。平台服务面向开发人员，由基础设施服务抽象而来，提供各种应用功能服务。目前各大信息技术提供商，如 Amazon、Google、微软等是云计算技术的主要推动者和实施者。他们各自提供自己的云计算平台，并建立了规模巨大的数据中心，提供功能强大的云计算服务。以 Amazon 的 Elastic Compute Cloud（EC2）为例，用户可通过创建实例，也就是虚拟机来使用远程的虚拟化资源。Amazon 按使用时间、数据流量来量化收费。云计算作为一种新兴的计算模型，可提供超大规模的信息资源，并具备高度的可扩展性，理论上可以为任意一位用户提供按需定制、成本低廉、应用效率高的计算服务。

地理国情数据分发中使用的云计算服务主要是地理信息数据中心的虚拟化。传统的地理的地理信息数据中心，需要包含专用的软、硬件设备，然而由于地理国情数据分散在国民经济的各个部门，将数据集中到单一的一个或几个地点进行管理，不利用数据维护和快速更新。通过虚拟化技术，可以将各个不同位置的地理国情数据以服务的形式发布到虚拟的数据中心中，虚拟数据中心实际管理的是各个地理国情数据的元数据，当用户需要进行数据共享时，在通过虚拟数据中心的身份验证后，可以实时获取元数据信息，进而获得数据的真实共享方式。

7.4.2 地理国情监测成果在线分发

地理国情信息的在线分发是地理国情数据分发的重要组成部分，通过网络媒介与电子媒介，地理国情信息的在线分发系统可以提供信息共享、数据交换、功能互通以及在线制图等多种功能。

(1) 地理国情数据在线分发的基本内容

① 数据共享服务

数据共享服务是将地理国情源数据以及专题地图，以网络为载体，通过 Http、Ftp 等传输协议，将地理国情数据传递给相关部门和用户使用。

② 处理与分析服务

处理与分析服务将地理国情数据的处理、分析方法与过程作为一种服务方式发布到网络中，有助于减少不同单位和用户之间由于对数据结构、内容、语义等问题的理解和处理存在差异造成的错误。同时处理与分析服务也可以降低不同部门间数据共享的难度，将不同来源的地理国情数据通过处理与分析服务可以转化为具有统一标准的数据共享格式，或直接生产专题数据，从而降低数据共享的难度。

③ 在线制图服务

在线制图服务是针对地理国情数据的实施绘制和生成的需求，提供快速生成地图产品的服务。在线制图服务可以将各类数据直接处理成地图产品，并且发布到互联网上，供相关单位和个人使用。

④ 目录服务

目录服务是将地理国情数据分发的各类服务的描述信息作为发布的对象，通过分类整合提供给用户。用户可以依据自己的需求，从目录服务中按照服务名称、类型、区域等查找相应的在线服务。

⑤ 元数据服务

元数据服务用以描述地理国情数据分发服务的具体内容，可以提供数据生产者对数据产品的说明信息与传输方式、处理与分析服务的适用范围、在线制图服务的接口等，便于用户查询利用各类服务。同时，元数据服务也有助于帮助用户了解数据和服务的质量信息，对服务的使用做出正确的判断。

(2) 地理国情数据在线分发系统框架

地理国情数据的在线分发平台由数据接入与交换平台、地理国情信息分析平台以及地理国情服务与发布系统等三个主要部分组成。其中，地理国情服务与发布系统由地理国情在线制图平台、地理国情服务注册中心以及地理国情信息发布门户等三个子系统组成，其基本框架如图 7-6 所示。

① 数据接入与交换平台

在政府部门间建立跨部门、跨区域的地理国情接入与交换系统，实现各类地理国情信息资源的透明交换，可以为地理国情相关的各子系统提供安全、可靠、稳定、便捷的数据来源。信息接入与交换系统的建设包括接入信息处理子系统、信息接入与交换子系统和信息交换服务。信息接入与交换系统的组成与结构如图 7-7 所示。

② 地理国情信息分析平台

在地理国情数据库以及相关业务部门系统提供的公共信息资源基础之上，利用时序分

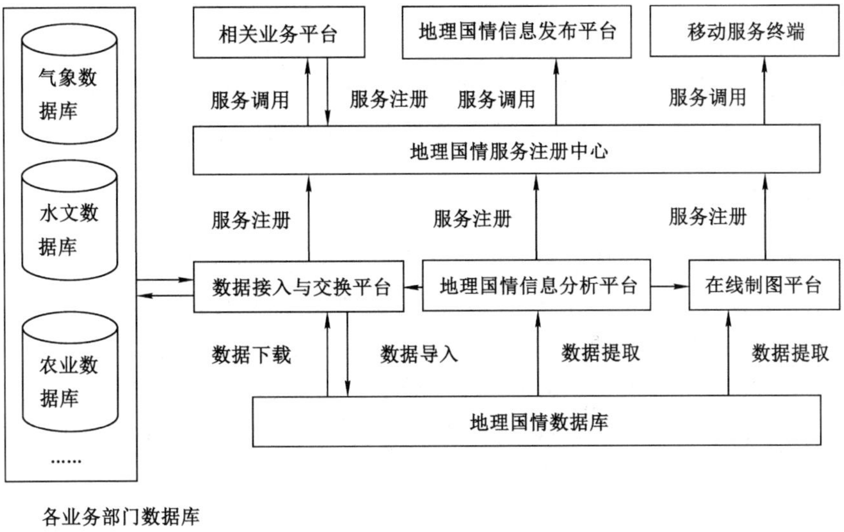

图 7-6　地理国情数据在线分发系统框架

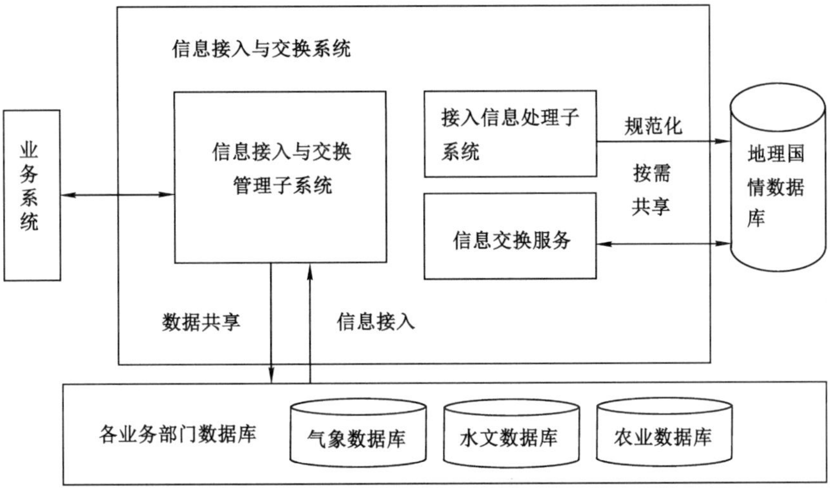

图 7-7　信息接入与交换系统组成结构图

析、空间分析、数据挖掘、多领域知识协同等数据分析技术，针对地理国情关注的各类目标，从海量、多源、多维、异质的地理国情数据中获取在时间、空间、过程、种类等维度上拓展后的地理国情信息，对相关数据进行分析，生成地理国情的统计、变化、趋势分析信息，提供给政府决策部门、相关业务部门以及在线制图平台，为政府决策、相关业务的开展、公众用户了解地理国情现状提供信息保障。

③ 地理国情服务与发布系统

地理国情服务与发布系统用于构建地理国情的产品与信息服务，结合可视化的信息表达方式，为相关管理机构、专家和社会公众提供针对性的可视化地理国情信息化产品，支持利用线上、线下等多种信息传播途径，实现地理国情信息的发布，并根据外部用户对于地理国情信息和产品的反馈进一步提高相关产品与信息的服务水平。地理国情服务与发布系统最终将建设成为地理国情相关各部门间、政府与公众间的地理国情交流与展示平台，有助于提升地理国情监测工作的社会效益与经济效益。用户服务与信息发布系统主要包括地理国情服务注册中心、地理国情信息发布门户、在线制图平台等三个部分。

本章小结

本章主要介绍了地理国情监测成果的表达和共享服务的主要内容，分析了地理国情监测的可视化和数据共享发布及分发问题，阐述了地理国情监测可视化和数据共享、分发的内容和形式，并介绍了地理国情监测的几种可视化和数据分发、共享与发布方法。由于如何进行国情信息的可视化并分发地理国情数据还处于尝试过程中，对于地理国情监测成果的综合可视化、复杂地理国情监测过程、模型、结果的表达与发布等，这些问题是地理国情监测成果表达与共享发布需要研究的重要内容。

练习与思考题

1. 地理国情监测成果表达的主要特点有哪些？
2. 地理国情监测成果的主要表达形式有哪几种？
3. 地理国情监测成果的服务对象有哪些？
4. 地理国情成果可视化的主要内容和方法？
5. 地理国情监测成果可视化的基本步骤？
6. 国内地理国情监测成果可视化的基础方法有哪几种？
7. 地理国情监测成果分发的主要模式有哪些？
8. 地理国情监测成果分发的主要技术是什么？
9. 阐述地理国情数据在线分发的框架？

第 8 章　地理国情监测应用

知识目标

1. 了解地理国情监测的应用领域。
2. 了解土地覆盖和土地利用变化监测的方法。
3. 了解环境质量与环境变化监测的方法。
4. 了解区域气候变化监测的方法。
5. 了解地理格局和文化景观变化监测的方法。
6. 了解陆地生物多样性和生态变化监测的方法。

技能目标

结合感兴趣的应用领域,能够开展相关地理国情监测。

8.1　土地覆盖和土地利用变化监测

8.1.1　1981～2001 年间西部地区植被变化监测

（1）研究区域

我国东经 109°以西的广大地区,从西北干旱半干旱的裸地荒漠到南部湿润的亚热带林区,该地区覆盖温带和亚热带,气候复杂多样。

（2）研究数据和监测方法

利用 1981～2001 年间空间分辨率为 1 km 或 8 km 的 NOAA VHRR 的 NDVI 数据,利用简单差分技术、生物量指标和主成分分析技术,对 20 年间的植被变化状况进行时间序列分析,讨论影响 NDVI 变化的因素。基于沙漠地区植被 NDVI 无变化的特点,利用生物量变化斜率方法统计西部植被 20 年间的变化和分化状况。

（3）植被覆盖变化监测

① 不同植被类型在年度内有着较为相似的变化形态,不同类型植被的变化量各不相同,当变化量超过一定数值的时候,对应着植被覆盖类型的变化。基于 1 km 空间分辨率的 NOAA VHRR 的 NDVI 影像数据统计得到:草地比裸地的平均 NDVI 大 306.83%,林地比草地的平均 NDVI 大 115.28%;而草地比林地的平均 NDVI 小 53.55%,裸地比草地的平均 NDVI 小 75.42%。

② 四川盆地和新疆塔里木盆地周围的耕地的生物量处于较好的持续增加状态;而内蒙

古以及西藏东北部的草地出现大面积的退化现象；新疆塔里木盆地周围地区表现为增加的像素覆盖类型主要是耕地、草地；在西藏表现为减少的像素覆盖类型主要是草地。

③ 基于沙漠区域像素 20 年不变的原则，分割生物量斜率影像的统计结果显示：我国西部在 1981～2001 年的 20 年间，林地、草地都发生了高比例、大面积的退化，只有很小比例的植被得以改善，表现出局部改善、总体恶化的局面。

8.1.2 2003～2008 年香港土地利用/覆盖变化监测与分析

(1) 研究区域概况

香港特别行政区位于 114°15′E，22°15′N，由香港岛、九龙半岛、新界内陆地区以及 262 个大小岛屿组成。北接深圳市，南面是珠海市，与西边澳门相距 61 km，土地面积 1 108 km^2（2007 年数据，未包括海岸下），土地和水域的管辖总面积 2 755.03 km^2，水域率达 59.9%，已开发利用土地少于 25 %；其中 23 个郊野公园、15 个特别地区、4 个海岸公园及 1 个海岸保护区，面积共占 40%。地形以丘陵为主，全境丘陵山地占全港土地的 80%以上，平地、台地仅占 19%。

(2) 研究数据和处理流程

① 遥感影像

2003 年 10 月 13 日、2008 年 11 月 3 日两期 SPOT5 高分辨率影像，10 m 空间分辨率多波段影像和 5 m 空间分辨率全色影像。

② 辅助数据

0.5 m 空间分辨率的 DOP5000 航空像片；1：5 000 DEM 数据和 2007 年土地覆盖类型图。

③ 文献资料

2003～2008 年土地利用覆盖调查信息的文字、数据及 2008 年香港统计年鉴。

④ 处理流程

香港地区土地利用变化监测处理流程如图 8-1 所示。

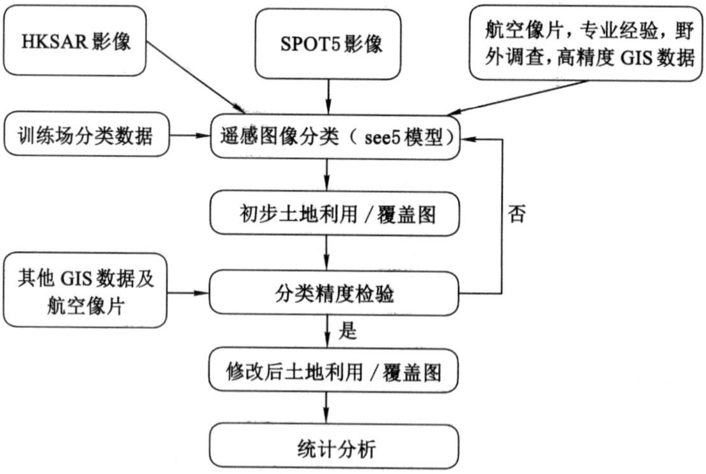

图 8-1 香港地区土地利用变化监测处理流程

(3) 2003～2008 年间香港地区土地利用变化分析

① 变化较大和较小的用地

在所有的土地利用类型面积中变化最大的是农用地，期间共减少了 28.49%，减少面积为 1 294.595 hm^2，其中耕地的面积减少了 1 958.86 hm^2，鱼塘基围增加了 473.65 hm^2，种植园增加了 190.62 hm^2，减少的耕地中，80%转化为草地和灌木丛，成为撂荒地。

变化相对较小的是城市建设用地，期间累计增加了 932.39 hm^2，变化率为 6.61%，其中，增加的 70.4%来源于对未利用地的开发，23.4%来源于填海造陆工程。截至 2008 年，香港地区有三个填海工程：中环及湾仔填海计划、竹篙湾填海工程、香港科技园填海工程，2003～2008 年填海造地共新增土地 220.65 hm^2。

② 减少的用地

减少的用地主包括荒地、林地。期间荒地从 8 506.29 hm^2 减少至 7 047.79 hm^2，减少了 17.15%，其中，裸岩石砾地减少了 1 419.76 hm^2，是未利用地减少的主要部分。这主要是由于从 2003 年开始，许多建筑工程停滞，土地沦为空置，在遥感影像上将其划为裸地，而到 2008 年又经重新开发转为建设用地和城市绿地所造成的。由于城市发展建设的需要，填海造陆过程中一些未利用土地开发转为建设用地，但这部分比例不大，只占未利用地减少面积的 10%左右。在未利用地中占比例较小的石矿场面积减少 20.04 hm^2，石岸减少 14.18 hm^2，海岸减少 4.53 hm^2，均未呈现明显的变化。期间林地减少了 2 674.13 hm^2，变化率为 9.99%，其中减少的林地中，80.5%转化为草地和灌木草地。其主要原因是由于郊野公园森林火灾的发生导致的树木减少，因此，加强山林火灾的监测、预防以及森林保育工作是保护林地的最佳途径。

③ 增加的用地

增加的土地类型有水体、灌木丛、草地、湿地、建设用地，其中，灌木丛是增加最多的类型，期间面积共增加了 2 287.84 hm^2，变化率为 14.44%，主要是由林地和未利用地转化而来。而湿地是变化率最大的土地利用类型，达到 15.77%。香港的湿地主要集中在新界西北部，包括河溪、天然沼泽、红树林、潮间带、泥滩和人工鱼塘、基围及水塘，这些湿地均具有生态、功能和康乐价值。由于香港政府的严格保护和公众参与，期间湿地的面积共增加了 246.34 hm^2，其中，红树林面积增加 164.04 hm^2。

8.1.3　奈曼旗土地退化遥感监测

(1) 研究区域概况

由于人口膨胀的压力以及人类对土地的不合理利用，导致全球范围内的土地退化现象日趋普遍和严重。土地退化不仅是重大的环境问题，也是重大的社会、经济问题，在近十年来吸引了许多组织、研究机构、土地管理部门和公众的广泛关注。奈曼旗是科尔沁沙地最具代表性的地区之一，近百年来，由于人口的增加和无节制的滥垦滥牧，该地区的植被遭到大量破坏，生态环境日益恶化，土地资源不断退化，严重影响人们的生存环境和社会经济的可持续发展。可以利用遥感技术对土地退化进行监测。

奈曼旗位于内蒙古通辽市西南部，科尔沁沙地南缘，坐标为 120°20′35″～121°36′00″E，42°14′17″～43°32′14″N。全境东西宽 68 km，南北长 140 km，总面积 8 137.5 km^2。地势为南高北低，最高海拔 794.5 m，最低海拔 226.6 m。地形是：南部为燕山余脉的浅山丘陵区，沟壑纵横；中部为沙沼区，坨、甸、沼交错分布；北部为教来河、老哈河冲积平原区，地势平坦。

自然地貌可概括为“南山、中沙、北河川”，“二山、六沙、二平原”。

(2) 研究数据

采用1987年8月11日、1991年8月22日、1996年9月13日、2002年8月20日和2007年9月3日该研究区6个时相的TM影像，辅助大量实地调查数据、1∶10万地形图、植被覆盖图、沙化土地分布图、遥感影像目视解译参考图、土地条件划分图、土地利用现状图等。通过对影像辐射校正、几何校正、影像增强、多波段合成及色彩优化处理，裁剪出研究区域。

(3) 土地退化评价体系

土地退化评价体系采用土地利用/覆盖方式、复合植被指数、风蚀土地占像元面积百分比和土壤含水率四个指标。其中，土地利用/覆盖方式采用支持向量机分类法获取；复合植被指数以土壤调节植被指数和阴影指数为基础，借鉴森林郁闭度模型构建的一个能够削弱土壤影响和阴影的新复合植被指数；风蚀土地占像元面积百分比应用LSMM进行遥感反演；通过TM数据缨帽变换，利用公式计算土壤含水率。

(4) 奈曼旗土地退化遥感监测结果

使用层次分析法构造四个指标的判断矩阵，并通过判断矩阵特征向量的计算，得到土地退化指标的权重，构建土地退化综合评价公式。将奈曼旗的土地退化分为未退化、轻度退化、中度退化、重度退化和严重退化五个等级。1987年、1991年、1996年、1999年、2002年和2007年的土地退化评价结果表明，奈曼旗土地退化状况在1987～1999年期间处于“局部好转、整体恶化”的局面，2000年以后土地退化治理开始起到一定的效果。

8.2 环境质量和环境变化监测

8.2.1 珠三角及香港地区大气环境质量监测

(1) 大气污染监测概况

随着经济的发展，大气污染问题面临严峻挑战，气溶胶污染问题尤其突出，大部分城市以颗粒物为首要污染物。由于气溶胶污染对大气能见度及人体健康的重要影响，备受国内外研究人员和决策者的广泛关注。由于气溶胶在大气形成与输送过程的复杂性，任何单一的研究手段都不能完全揭示气溶胶污染的空间特征。卫星遥感反演信息全面、覆盖范围广泛，能够弥补地面监测站点空间上的不足。目前，利用卫星资料反演气溶胶光学厚度来评价地面大气污染状况的方法正逐渐得到广泛应用。

在美国、欧洲等发达国家和地区，由于拥有较为完善的空气质量监测网络，并且拥有大量颗粒物浓度监测站点，已经广泛开展了利用AOD产品反演地面颗粒物浓度的工作。例如，利用NASA发布的全球MODIS气溶胶产品数据，研究全球和区域性大气污染状况，证实了利用气溶胶光学厚度监测大气污染的可行性。

(2) 研究范围和数据来源

以111°59′52″～115°24′48″E和21°27′47″～23°56′13″N为研究范围，包括珠江三角洲及香港地区。AOD反演的基础数据来源于MODIS卫星传感器观测数据；地面常规颗粒物监测数据来自于粤港珠江三角洲区域空气监测网络13个监测站点的PM10质量浓度数据和香港元朗站的PM10监测数据；相对湿度数据主要来源于珠江三角洲及香港地区各气象监测站点实时监测资料。考虑到气象站点与空气质量监测站点的匹配性以及各站点空间位置的代表性，选择 5 个站点进行分析。

(3) 珠三角及香港地区区域反演的方法与思路

① 反演气溶胶光学厚度：根据气溶胶反演算法，反演珠江三角洲及香港地区分辨率为 1 km×1 km 气溶胶光学厚度。

② 校正：利用气溶胶季节平均标高和相对湿度数据对 AOD 进行垂直校正和湿度校正。

③ 建立回归模型：利用区域地面监测颗粒物数据及气溶胶消光系数，建立地面监测 PM10 质量浓度和 AOD 之间的回归模型。

④ 反演：反演珠江三角洲及香港地区 PM10 质量浓度及空间分布特征。

⑤ 验证：反演结果与环境质量公报公布的 PM10 进行校验。

(4) 反演结果分析

反演结果如图 8-2 所示，反演的平均 PM10 质量浓度与各市公布的结果基本吻合，显示反演结果具有较高的准确性。经过高分辨率 AOD 反演的地面 PM10 质量浓度无论是在数量级上还是空间分布特征上，均能满足区域大气环境质量评价的要求，并能够弥补大气污染监测站点空间稀疏的不足，提供高分辨率的 PM10 浓度反演结果。

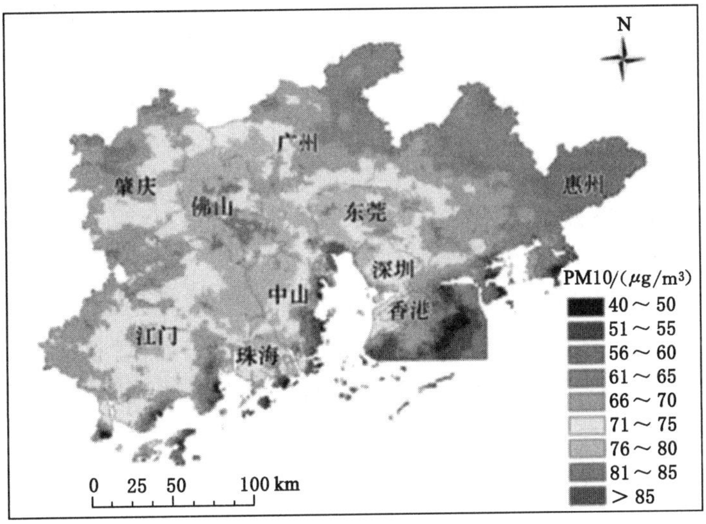

图 8-2　反演的 PM10 年均质量浓度空间分布

该方法为评价区域颗粒物污染状况提供了一种利用遥感技术反演大气污染新的有效途径，表明了利用卫星遥感数据有助于分析区域颗粒物浓度的空间分布特征，弥补了地面监测在空间分布上的不足，为珠江三角洲及香港地区研究区域颗粒物污染状况提供了一个有效的新途径。

8.2.2　喀什地区水资源变化监测与分析

(1) 研究区域概况

喀什地区地处 71°39′～79°52′E，35°28′～40°16′N 之间，喀什地区属于暖温带大陆性气候，四季分明，蒸发强烈，气温和降水变化显著。境内最集中的是喀什和叶尔羌河两大流域，流域水环境系统脆弱，水资源总体上呈现典型的“春旱、夏洪、秋缺、冬枯”的特点。水系受地形地貌、地域降水影响较大，发源于冰川、山区积雪带，散失于平原地区，随着山区水分的季节性融冻，各河的年内枯洪变化明显，都为融补性河流，干流自身不产流。全区有 5 大河流，短程河 3 条。

（2）研究数据

数据包括遥感影像和相应的专题信息图。TM 影像成像时间分别为 2000 年和 2010 年，月份则集中在 8 月和 10 月，由于冰川补给和降水对地表水影响较大，为了保证统计结果的准确性，选取地表水体遥感影像多为 10 月份数据。考虑到冰川面积受温度因素影响较大，冰川研究区采用夏季影像。此时的冰川面积统计工作受末端冰雪干扰最小，能够较精确地统计出冰川覆盖面积，对该地区地表水变化分析有较大帮助，在选取水体和冰川信息遥感影像时，尽量采用相同月份。

其他数据包括：喀什地区行政图，2005 年喀什地区的土地利用和覆盖图、ASTGETM 数据，2000～2010 年喀什地区社会经济数据，2002～2006 年喀什地区整体用水量数据及气象数据，1990～2010 年的年平均气温和降水资料、冰川数据。

（3）研究方法

① 水体解译标准

为了准确统计喀什地区地表水信息，按照国际湿地公约的定义，结合喀什地区当地的地理特征和遥感影像特征，将喀什地区地表水分为面状水体和线状水体两大类，面状水体包括制图期冰川面、湖泊湿地和河流水体，线状水体包括河流水系和人工沟渠。

② 水体提取

针对喀什地区的情况，采用 TM 影像中的 5、4、3 波段组合来提取地表水信息，该波段组合可以保证该地区水资源在人工勾绘时沟渠和水体信息清晰。

③ 冰川信息提取

TM 影像可用于冰川的研究，采用归一化差分积雪指数（NDSI）作为参数进行提取。为了保证精度，将提取结果进行人工逐一排查修补，主要是人工填补“漏提”的云层覆盖较厚处和删减“误提”的裸露岩石。采用流域汇水盆地的方法提取冰川边界，结合喀什行政图和 ASTGTM 高程数据生成喀什地区流域边界。提取的界线范围内的冰雪，融化后会引起喀什地区地表水储量等的变化。

（4）结果分析

喀什地区水资源变化情况见表 8-1，十年来湖泊湿地面积减少，尤其是在叶尔羌河流域中游，这是由于注入该流域湖泊的河流水系减少，而人工沟渠却在原有的基础上开始扩建，损害了该流域天然湖泊的储水量。农业灌溉、人民生产和生活活动区尤其显著，人工沟渠在 2010 年出现了密集性增加，主要集中在河流下游，突显出社会经济和人为活动对当地地表水的分配和分布产生了较大的影响。叶尔羌河流域上游地区，河流水体的水面面积自 2000～2010 年开始减小，虽然出现了细小的支流在东部增多，但是并没有增加喀什地区整个流域内的水面面积。

通过比较发现，喀什地区地表水十年来呈现减少趋势，而气象和社会因素则说明了产生这种变化的原因。2000～2010 年，喀什地区河流水体和湖泊湿地水面面积呈现减小趋势，冰川萎缩了大约 252 km^2。在人为活动较少的山区，其温度显著上升是引起冰川面积减小的主要原因，降水量增加并不足以补充由温度上升而引起冰川面积的减少。河流水系 2010

年虽然在冰川萎缩的地方长度比 2000 年有所增加，但是喀什地区河流水系总体呈现减少趋势，减小了 15.7%，用于农业和居住用水的人工沟渠呈现快速增加趋势。

表 8-1　　喀什地区地表水资源变化统计

时间\类别	面状水体/km²			线状水体/km	
	制图期冰川面	湖泊湿地	河流水体	河流水系	人工沟渠
2000 年	8 133	745	442	1 951	2 150
2010 年	7 881	731	422	1 645	2 364
变化量	−252	−14	−20	−306	214
变化率	−3.1%	−1.9%	−4.7%	−15.7%	9.9%

8.3　区域气候变化监测

8.3.1　研究背景

人类面临的挑战之一是全球气候迅速变化带来的影响。工业化、城镇化导致燃料使用增加以及土地利用/覆盖的变化，引起全球大气中二氧化碳浓度的增加。在气候观测站缺乏或极少的偏远山区，山地冰川的变化对全球气候变化具有指示性作用，尤其是在第三极高核心地带更具有警示意义。冰川变化对冰湖溃决和水资源有明显的影响，冰川作用形成冰湖，冰湖溃决是高山区常见的灾害类型之一，溃决洪水以突发性、影响广泛、危害严重为特征，因严重威胁当地居民的生命安全与破坏基础设施而引起广泛的注意。冰川变化对水资源的影响也备受关注，故冰川是山区水资源的可持续管理和自然灾害防灾减灾的核心。

利用遥感技术对 30 年间珠穆朗玛峰国家自然保护区冰川变化进行监测。青藏高原被誉为世界第三极，敏感而脆弱的自然环境使其成为在全球环境变化背景下研究地气系统水分与能量变化以及生态系统格局与过程变化的理想场所。研究表明：青藏高原冰川普遍呈现退缩的趋势主要是由全球气候变暖所致。气候干暖化致使珠穆朗玛峰国家自然保护区冰川处于退缩状态。珠峰保护区 30 年间的气温呈现出明显的上升趋势，变暖明显早于中国与世界其他地方，且升温幅度更大。达索普与珠峰的远东绒布和东绒布的冰芯记录表明：该地区近几十年降水量显著减少。

气候干暖化的趋势持续，冰川退缩将会加剧。近年来，珠峰保护区内若干典型冰川的研究表明：珠峰北坡的中绒布冰川、东绒布冰川和远东绒布冰川冰塔林下限 1966～1997 年的平均退缩速度分别为 8.7 m/a、5.5 m/a 和 7.4 m/a，1974～2008 年该区域冰川面积减少了 15.01 km²；1980 年以来希夏邦马峰冰川平均退缩速度为 6.4 m/a，并且退缩速度进一步加快；1977～2001 年希夏邦马峰东坡吉葱普和热强冰川面积分别减少了 7.29%和 22.90%。冰川的退缩与加剧是气候变化的强力佐证。鉴于冰川对全球气候的影响及其对气候变化的敏感性，地面长期观测和遥感持续监测冰川变化研究意义重大。20 世纪六七十年代以来，随着遥感技术的发展，遥感的时间和空间分辨率已经能够满足冰川监测的需要。陆地遥感卫星 MSS 和 TM 影像已被证实可以有效地提取冰川范围，并监测山地冰川变化，由此研究气候的变化。

8.3.2 研究区域概况

珠峰保护区位于中国与尼泊尔交界处，为世界上最高的自然保护区，位于 27°48′～29°19′N，84°28′～88°23′E，总面积为 3.6×10^4 km²，主要流域包括朋曲流域、吉隆坡布流域、波曲流域和雅鲁藏布流域，如图 8-3 所示。

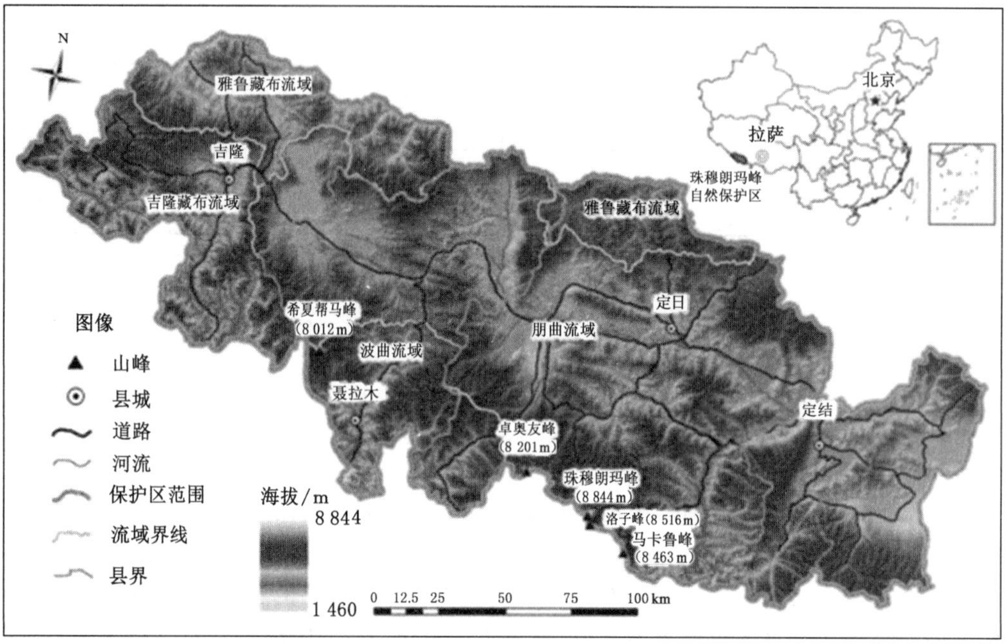

图 8-3 珠穆朗玛峰国家自然保护区位置与范围示意图

定日县和聂拉木县的气象站资料显示：1976～2006 年，定日县年平均气温和年平均降水量分别为 3.0 ℃、286.3 mm；聂拉木县年平均气温和年平均降水量分别为 3.8 ℃、658.8 mm。珠峰地区土壤分布有明显的垂直地带性，自下而上分布着山地黄棕壤、山地酸性棕壤、山地漂灰土、亚高山草甸土、高山草甸土、亚高山草原土和高山草甸草原土。南坡和北坡的植被垂直带谱截然不同，在南坡，从谷底到山顶依次为山地亚热带常绿阔叶林、山地暖温带针叶混交林、山地寒温带针叶林、亚高山寒带灌丛草甸、高山寒冻草甸状植被和高山寒冻冰碛地衣带等组成。

8.3.3 研究数据

遥感卫星数据主要来自全球土地利用数据库（GLCF），部分数据由美国地质调查局（USGS）提供。为了减少不同时期冰川变化的误差，1976～2006 年的遥感资料采用相近时段的数据，主要获取时间段为 10 月到次年 1 月。

辅助数据包括 2005 年以来野外调查积累的冰川资料；珠峰保护区 1∶10 万的地形图；由中国科学院寒区旱区环境与工程研究所提供的冰川编目数据；联合国粮农组织的全球土地覆被网络计划（GLCN）提供空间分辨率为 90 m 的 DEM，以及由日本经贸及工业部（METI）和美国航空航天管理局（NASA）于 2009 年 7 月 2 日开始共同发布的最新的全球空间分辨率为 30 m 的 DEM（ASTER GDEM）；中国气象局国家气象信息中心气象资料室提供的 5 个气象站（定日、聂拉木、日喀则、拉孜和江孜）1976～2006 年气温和降水量数据，定日站

1976～2006 年云量数据。

8.3.4　研究方法

珠穆朗玛峰国家级自然保护区冰川变化处理流程如图 8-4 所示。

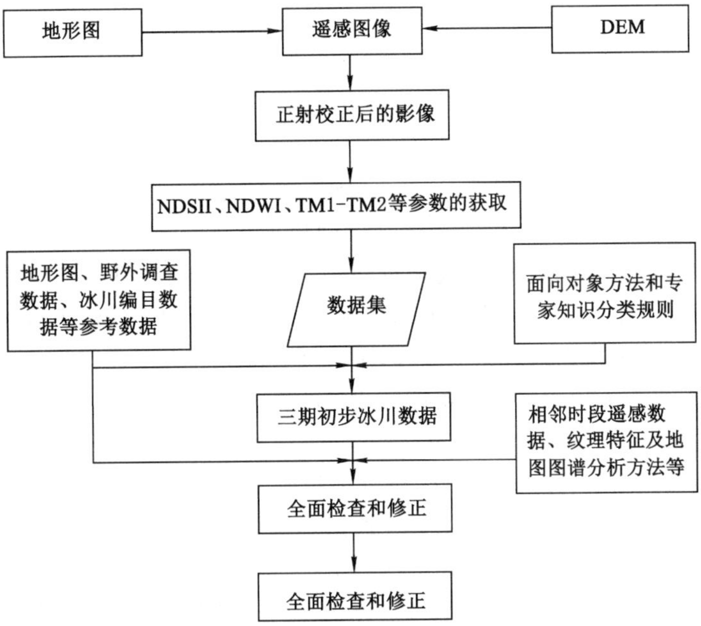

图 8-4　冰川提取流程图

(1) 遥感影像正射校正与拼接

珠峰保护区海拔落差巨大，最高点达 8 844.43 m，最低点小于 1 700 m，由于强烈的地形起伏，太阳入射角和高度角的变化会影响冰川分类的精度，因此使用 DEM 对全部的遥感影像进行正射校正，误差在一个像元内。

考虑到该区域涵盖多景影像，需要拼接和裁剪处理获取该区域完整的影像。

(2) 参数计算

用于提取冰川的参数包括冰川指数和水体指数。

冰雪指数(NDSII)被用于冰川范围的提取。冰雪在可见光波段 TM2(0.52～0.60 μm)、TM3(0.63～0.69 μm)、TM4(0.76～0.90 μm)具有较高的光谱反射值，而在短波红外 TM5(1.55～1.75 μm)的光谱反射值很低，由这两个波谱段的遥感数据结合构成的冰雪指数(NDSII)可以有效地提取冰雪范围。TM2、TM3 和 TM4 分别与 TM5 构成 NDSII 不同形式的组合，NDSII 公式为：

$$\mathrm{NDSIITM}=\frac{\mathrm{Red}-\mathrm{SWIR}}{\mathrm{Red}+\mathrm{SWIR}}$$

或

$$\mathrm{NDSIITM}=\frac{\mathrm{TM3}-\mathrm{TM5}}{\mathrm{TM3}+\mathrm{TM5}}$$

水体指数(NDWI)广泛用于辨别水体和湿度条件，提取水体、湖泊(冰湖)的 NDWI 值高于冰川和河流，可以进一步区分冰湖、湖泊和冰川，NDWI 的计算公式为：

$$NDWITM = \frac{Creen - NIR}{Green + NIR}$$

或

$$NDWITM = \frac{\frac{TM2 - TM4}{(TM2 + TM4) - NIR}}{Green + NIR}$$

或

$$NDWITM = \frac{TM2 - TM4}{TM2 + TM4}$$

NDSII 指数既可用于识别积雪，还能剔除有云分布的区域，但由于积雪和湖泊、河流有着相近的 NDSII 值，引入 NDWI 指数可以进一步将冰川、湖泊和河流进行区分，以提高分类的有效性。由于这两个指数经过比值处理，可以部分消除与太阳高度角、卫星观测角、地形、云、阴影和大气条件有关的辐射照度条件变化等的影响，可以有效提取阴影覆盖的冰川。

(3) 冰川提取

采用面向对象方法结合专家知识构建分类规则，获得初步冰川信息，包括四个处理过程：影像分割、合并、规则制定和输出结果。通过影像分割，获取各个地理单元对应的对象。在专家知识和样点分析的基础上，选择最佳的指标，确定合理的阈值，从而制定最优的冰川提取规则。对于 TM 影像，NDSII 用于区分冰川区和非冰川区，NDSII 的阈值越大，识别出的冰雪对象越少；NDWI 和可见光波段被用于进一步区分冰湖、部分阴影覆盖的冰川和阴影的剔除，极高山区地形造成的阴影对遥感影像的干扰不可避免，但阴影的影响可以被很好地抑制。植被指数 DVI 较 NDVI 能更好地反映冰川的范围，采用 DVI、NDVI 和 MSS2 作为关键参数，制定规则提取冰川信息。对获取的多期初步冰川数据进行全面检查和修正，得到高质量的冰川变化信息。初步提取的冰川数据仍存在一些混分，对三期冰川数据进行全面的检查和修正，主要方面有：表面结冰的湖泊和冰川前缘的湖泊错归入冰川，直接借用已提取出的矢量边界，对同一类进行融合处理，然后更正属性，小部分冰川与冰湖和阴影相混淆，一级少量非冰川表面覆盖的季节性积雪错分入冰川。

8.3.5 结果分析与讨论

(1) 冰川面积变化

1976 年、1988 年、2006 年珠峰保护区冰川与冰湖面积统计见表 8-2。

表 8-2　1976 年、1988 年、2006 年珠峰保护区冰川与冰湖面积统计

类型	1976 年		1988 年		2006 年	
	面积/km²	百分比/%	面积/km²	百分比/%	面积/km²	百分比/%
冰川	3 212.08±0.019	8.78	2 949.14±0.005	8.05	2 710.17±0.011	7.41
冰湖	56.97±0.019	0.16	76.76±0.005	0.21	93.84±0.011	0.26
总面积	36 594.56		36 594.56		36 594.56	

注：由于影像数据获取时间的限制，三期冰川变化的统计时间是以该期面积最大的遥感影像获取时间来代表该时期的冰川情况。

(2) 流域冰川分布及变化的区域差异性

1976～1988～2006 年珠峰保护区冰川与冰湖变化面积统计见表 8-3。

表 8-3　　1976～1988～2006 年珠峰保护区冰川与冰湖变化面积统计

类型	1976～1988 年			1988～2006 年			1976～2006 年		
	面积/km²	百分比/%	变化速率/(km²/a)	面积/km²	百分比/%	变化速率/(km²/a)	面积/km²	百分比/%	变化速率/(km²/a)
冰川	−265.94±0.031	−8.28	−22.16	−235.98±0.010	−8.01	13.13	−501.91±0.035	−15.63	16.73
冰湖	19.80±0.031	34.75	2.90	17.08±0.010	22.25	0.95	36.88±0.035	64.73	1.23

(3) 各个子流域冰川变化

1976～1988～2006 年珠峰保护区各个子流域范围内冰川变化统计见表 8-4。冰川分布及变化存在显著的区域差异性，南坡冰川退缩率高于北坡。1976～2006 年珠峰保护区冰川退缩结果如图 8-5 所示。

表 8-4　　1976～1988～2006 年珠峰保护区各个子流域范围内冰川变化统计

子流域	流域占总面积比例/%	冰川占流域比例/%			冰川变化率/%		
		1976 年	1988 年	2006 年	1976～1988 年	1988～2006 年	1976～2006 年
朋曲流域	63.83	7.55	6.93	6.46	−8.26	−6.69	−14.40
吉隆藏布流域	12.98	15.91	14.94	13.14	−6.09	−12.08	−17.44
波曲流域	9.45	19.33	17.27	16.21	−10.65	−6.15	−16.15
雅鲁藏布流域	13.74	0.48	0.42	0.31	−12.36	−25.08	−34.34

(4) 部分变化的气候背景

1976～2006 年间珠峰保护区内和邻近的 5 个气象站(定日、聂拉木、日喀则、拉孜和江孜)气温呈现明显上升趋势，并且明显高于西藏同期水平，5 个气象站年平均线性增温率达 0.378 ℃/10 a，如图 8-6 所示，是该地区冰川退缩的关键因素。其中，定日和聂拉木线性增温率分别为 0.427 ℃/10 a 和 0.328℃/10 a。30 年间，随着气温升高，珠峰地区冰川持续消融。1976～2006 年，珠峰保护区年降水量基本保持稳定，年平均线性降水量趋势线在波动中略微有所减少。考虑到海拔最高的定日站到冰川分布区都存在海拔 400 m 以上的差异，同时气象站收到地形和微气候的影响明显，各站的降水趋势只能有限地反映高山冰雪区的普遍趋势。而该地区的冰芯研究显示：冰芯积累量反映了当地夏季降水量变化，其与印度北部夏季季风降水趋势的一致性推断，喜马拉雅山中段过去上百年降水趋于减少。喜马拉雅山脉冰川主要由季风降水补给，未来气候变暖情况下，喜马拉雅山中部的季风降水将会减

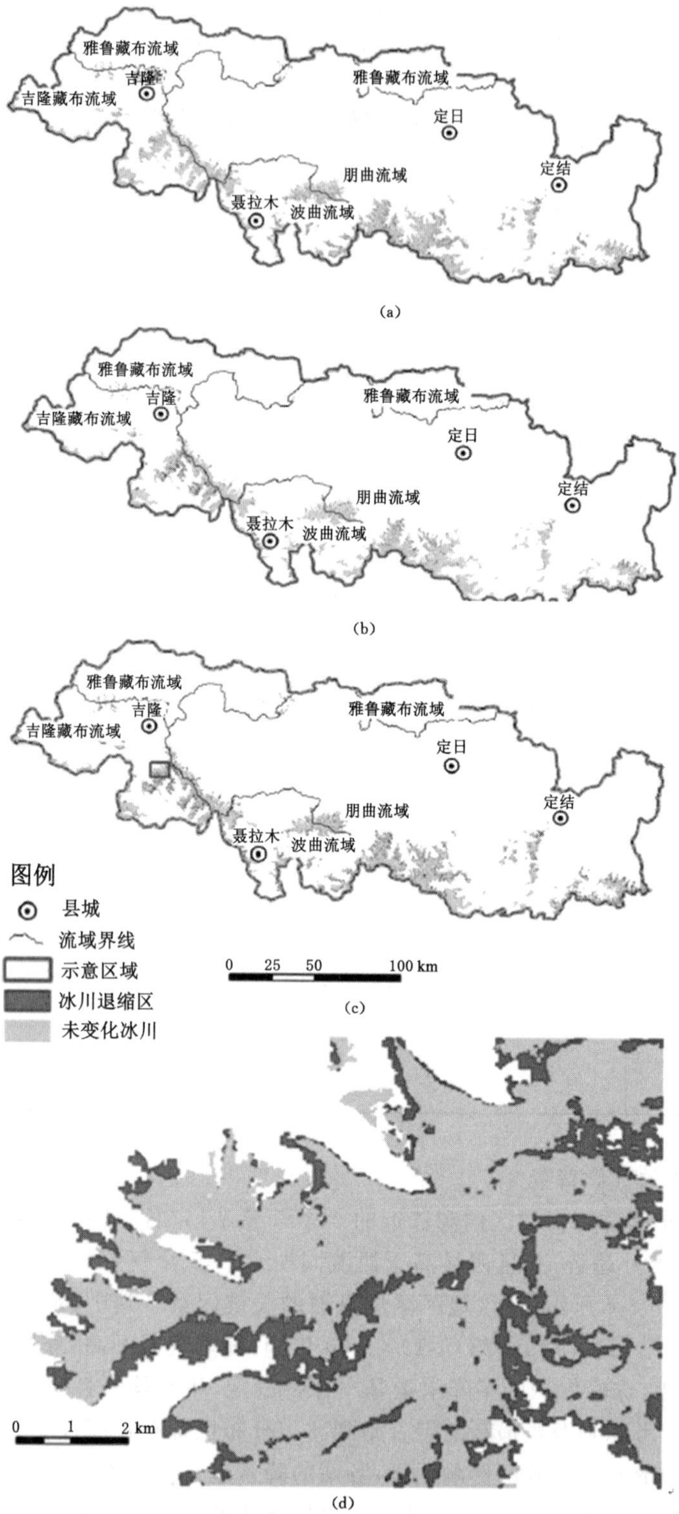

图 8-5 1976～2006 年珠峰保护区冰川退缩图

(a) 1976～1988 年；(b) 1988～2006 年；(c) 1976～2006 年；(d) 图 8-5(c)的局部放大图

少，气候的暖干化将导致该地区的冰川持续退缩。

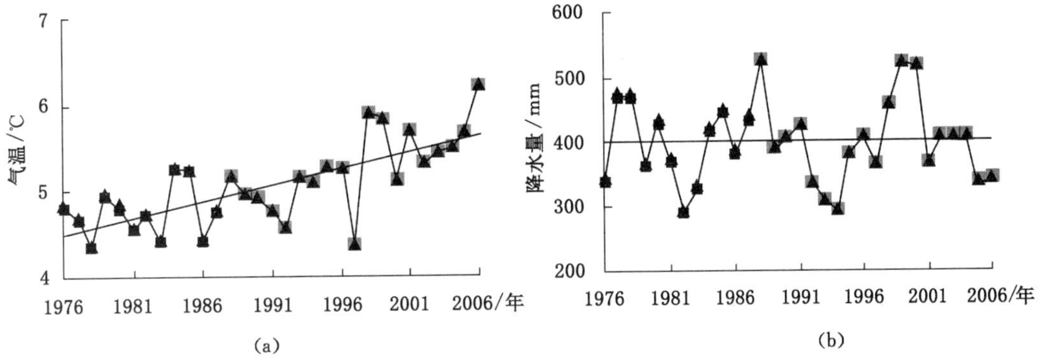

图 8-6　1976～2006 年珠峰保护区年均温和年降水变化

8.3.6　结果与分析

(1) 在 1976～2006 年，珠峰保护区冰川持续退缩明显，冰湖扩张迅速。冰川总面积从 1976 年的(3 212.08±0.019) km^2 减少到 1988 年的(2 946.14±0.005) km^2，之后减至 2006 年的(2 710.17±0.011) km^2，年均减少约 16.73 km^2；冰湖面积增加(36.88±0.035) km^2，较 1976 年增加 64.73%。气温显著上升和降水减少是研究区冰川退缩的关键因素，持续变暖将会导致冰川退缩加剧。

(2) 珠峰保护区冰川的分布特征和时空变化分析揭示：冰川主要分布于海拔 4 700～6 800 m 的区域，冰川退缩主要发生在海拔 4 700～6 400 m，冰川退缩上限的海拔在 6 600～6 700 m 之间；喜马拉雅山脉南坡冰川退缩率高于北坡；比较而言，珠峰保护区冰川对气候变化反应敏感、退缩迅速，是喜马拉雅山脉乃至全球山地冰川退缩显著的区域之一。

8.4　地理格局和文化景观变化监测

8.4.1　海南岛东南海岸植被景观

(1) 研究区概况

该区域位于 109°33′～110°33′E，18°09′～19°02′N，覆盖面积约 1 100 km^2，属于热带季风性岛屿气候，高温多雨，水热同期，干湿季明显。地带性植被为热带雨林，以龙脑香科、芸香科、茜草科、大戟科、桃金娘科、禾本科、马鞭草科等为优势科。经人类长期的经济活动，原生植被已遭到破坏，仅有几个自然保护区和少数村边以及区西北部山区保存着次生自然林。

(2) 研究数据

使用的数据源包括：参考林业局航片编绘的 1∶20 万植被图，1998 年的三亚、万宁和陵水三地的 1∶1 万土地利用现状图，1985 年的 1∶20 万地形图等作为空间信息提取的基本分析图件。

(3) 监测方法

利用基本分析图件，在室内判读和野外调绘的基础上，编制研究区景观生态系统的 1∶20万植被景观生态图。利用景观土地属性分类的植被分类途径，根据植物群落分类的群落复合体和地-综合群落学的方法，结合土地利用情况，进行植被景观划分，将植被景观分为针叶林、阔叶林、人工林、灌草丛、红树林等五类。

把研究区从1985～1998年的时期分为前、后两个不同的时间段，利用马尔科夫模型分析景观类型之间的流向，利用统计分析软件包SPSS，得到基于自然分区植被景观分类指数，不仅可以定量说明景观类型相互转化情况，而且可以了解植被格局的时空演变过程。

（4）结果分析

以1985～1998年时间段来确定转移概率，初始状态矩阵 $A_t=0$，1985年研究区各植被景观类型所占面积百分比见表8-5。

表8-5　1985年研究区各植被景观类型所占面积百分比

景观类型	针叶林	阔叶林	人工林	红树林	灌草丛	农田	湿地	建筑	其他
百分比/%	2.21	10.97	22.51	0.02	2128	37.63	1.96	0.36	1.25

利用马尔科夫模型得到1985～1998年时间段各景观类型面积的转化情况，见表8-6。由各景观类型面积转化情况可以求出各植被景观类型面积的平均转化情况（km^2/a），再由平均转化情况求出转移概率矩阵，该矩阵为初始状态转移矩阵，见表8-7。

表8-6　1985～1998年间各景观类型之间的变化情况　单位：%

景观类型	针叶林	阔叶林	人工林	红树林	灌草丛	农田	湿地	建筑	其他
针叶林	9.57	0.58	0	0	0.24	0	0	0	0
阔叶林	0.57	266.70	2.16	0	15.20	1.29	0	0	0
人工林	1.56	0	234.24	0	26.05	36.17	0	2.30	2.67
红树林	0	0	0.12	1.68	0.61	0	3.61	0	0
灌草丛	3.78	185.03	0	0	147.57	30.02	6.20	1.52	2.10
农田	2.09	0	0	0	0	401.74	0	16.25	0.27
湿地	0	0	10.24	0	0.28	39.92	17.75	0.50	0.67
建筑	0	0	0.27	0	0	4.14	0	5.73	0.87
其他	1.07	2.07	6.57	0	25.64	17.63	0	0.71	8.38

表8-7　初始状态各景观类型的转移概率矩阵（$n=0$）　单位：%

景观类型	针叶林	阔叶林	人工林	红树林	灌草丛	农田	湿地	建筑	其他
针叶林	0.902 5	0.062 0	0	0	0.037 5	0	0	0	0
阔叶林	0	0.982 6	0.003 2	0	0.012 0	0.002 2	0	0	0
人工林	0.001 5	0	0.961 0	0	0.012 6	0.018 2	0	0.003 2	0.003 5
红树林	0	0	0.002 5	0.9230	0.007 5	0	0.067 0	0	0
灌草丛	0.001 2	0.013 0	0	0	0.971 5	0.011 3	0.002 1	0.000 3	0.000 6
农田	0.010 1	0	0	0	0	0.925 0	0	0.062 1	0.000 7
湿地	0	0	0.000 6	0	0.027 5	0	0.965 3	0.000 6	0.000 8
建筑	0	0	0.001 8	0	0	0.014 6	0	0.982 8	0.000 8
其他	0.000 1	0.000 2	0.000 7	0	0.010 3	0.000 4	0	0.000 6	0.983 1

经过较长时间后，在保持当前人为干扰不变的情况下，各类景观类型处于相对稳定的状态时所可能达到的面积比例之值。利用马尔科夫模型的稳定方程组得到 1998 年以后景观类型的变化情况，达到稳定状态后，植被景观类型的面积比例会是针叶林：阔叶林：人工林：红树林：灌草丛＝11：37：21：1：14。而整个景观各类型的面积比例将会是植被景观：农田景观：湿地景观：建筑景观：其他景观＝223：112：4.4：4.5：1。其趋势是针叶林与红树林显著减少；阔叶林类型与建筑类型显著增加。到达稳定状态各景观类型的比例见表 8-8。

表 8-8　到达稳定状态各景观类型的比例　单位：%

景观类型	2030 年	2050 年	人类活动长期作用
针叶林	1.02	0.91	0.88
阔叶林	29.45	31.27	32.57
人工林	20.31	19.03	18.87
红树林	0.11	0.09	0.08
灌草丛	10.67	11.55	12.25
农田	35.62	34.19	32.46
湿地	1.45	1.36	1.29
建筑	0.94	1.26	1.31
其他	0.43	0.34	0.29

由于经济社会的发展、人口的增加以及城镇化进程的加快，可以从上述表中看出建筑物将占有越来越大的比例，农田将会进一步减少，如相当一部分农村人会进入城市中，或者利用当地资源建设特色产业。实际上，社会与人类发展的力量是这些景观变化的主要驱动力，植被不断被破坏，造成大量不规则植被斑块，并且森林结构也受到了影响，其中的生物数量和种类都会变化，这样也会造成有规律的景观类型更替。

8.4.2　干旱区金塔绿洲景观格局

（1）研究区域概况

该区域为金塔绿洲，位于 98°39′～99°08′E，39°56′～40°17′N 之间，面积约为 1 652.2 km^2，位于酒泉地区东北部、河西走廊中段北侧，属温带大陆性气候，降水量约为 59.5 mm，年蒸发量为 2 538.6 mm。地势平坦，海波高差仅为 80 m；土质优良，以灌淤土、潮土（草甸土）、风沙土等为主，绿洲周边为典型灰棕漠土。

（2）研究数据

利用 1990 年 8 月 30 日和 2000 年 7 月 8 日两个时期的 TM 数据进行土地覆盖/土地利用的解译结果，采用 4、3、2 波段合成。

（3）研究方法

依据该区域的特点，干旱区绿洲的景观单元类型分为水浇地与农林复合区、旱地、林地、灌木林、园地、城镇居民点用地、水域、沙地、裸土、裸岩与石砾地、草地等。

景观格局的指标与计算，采用平均斑块周长面积比 P、景观多样性 H、均匀性 E、优势度指数 D、破碎度 C、分维数 F、转移矩阵等衡量各个景观参数。从转移矩阵来判断各个景观的变化情况。

(4) 结果和分析

① 景观参数

按照上述景观斑块的分类，对 1990 年和 2000 年的试验区景观格局中斑块和面积的统计，可以得到景观格局的基本参数，见表 8-9。

表 8-9　　景观各类斑块的数据面积和周长变化

斑块类型	1990 年			2000 年		
	斑块数量	面积/hm^2	周长/km	斑块数量	面积/hm^2	周长/km
基质类型	裸土、裸岩与石砾地			裸土、裸岩与石砾地		
		66.95			65.47	
水浇地	140	25 675	1 945	82	34 673	2 043
旱地	16	546	68	2	149	13
林地	27	323	57	28	1 905	158
灌木林地	39	2 868	299	10	623	76
园地	6	138	19	3	46	8
城镇居民点用地	18	683	155	81	2 050	396
水域	1	7	1	2	53	8
沙地	1	2 092	31	2	3 392	58
裸土、裸岩与石砾地	38	110 605	1 692	63	108 150	1 484
草地	77	22 266	1 371	55	14 160	972
平均		455	15.3		504	15.9

从表中可看出，10 年间金塔绿洲的景观格局发生了很大的变化。从表中也可以看出两个时期的基质都为裸土、裸岩与石砾地，而且从量上看两期变化不大。其他斑块类型中，城镇居民点用地、林地、沙漠均有大幅度增加；而草地、灌木林地、旱地、园地明显减少；水浇地则增加不多，但其斑块数减少一半，说明分布更为集中，破碎化程度降低；相反，基质的块数增加 44%，破碎化程度增加。斑块的总数目由 363 减少到 328，斑块平均面积则由 455 hm^2 增加到 504 hm^2，破碎化程度呈现缓慢减少的趋势。

② 景观的平均斑块周长面积比、多样性、均匀性、优势度、破碎度

表 8-10 列出了部分景观的指标值，可以归纳出如下景观格局变化特征：2000 年平均斑块周长面积比比 1990 年减小了 10%，说明绿洲斑块形状更趋平滑；2000 年景观的多样性和均匀性高于 1990 年，反映出金塔绿洲的景观异质性程度提高，土地逐渐趋于多样化和均匀化；2000 年宗地破碎度降低，与景观更趋均匀一致，从各斑块类型的破碎度值可以看出，水浇地、旱地和林地等破碎度降低，其分布趋向于连片，而裸土、裸岩与石砾地破碎度增高，被连片的水浇地等分割，更加破碎。

表 8-10　　景观的多样性、均匀性、优势度及总破碎度

年度	P	H	E	D	C
1990 年	0.108 7	1.454 2	0.437 7	1.867 8	0.219 7
2000 年	0.098 1	1.487 8	0.447 9	1.834 1	0.198 5

③ 景观转移矩阵

1990～2000 年各斑块类型的转移矩阵见表 8-11。从表中可以看出，其他类型都有较大的比例向水浇地、裸土、裸岩与石砾地、草地、林地和农林复合区转化，属于减少的类型；城镇居民点用地则有较大的扩展，面积变为原来的 3 倍，属于增加的类型。从以上分析可以看出，变化最显著的是城镇居民点用地，该区域的景观格局发生了显著变化。

表 8-11　　1990～2000 年各斑块类型的转移矩阵　　单位：%

斑块	水浇地	旱地	林地	灌木林地	园地	居民地	水域	沙地	裸土	草地	居民地（量）
水浇地	90.22	0	2.24	0.33	0.004 7	1.74	0	0.000 2	2.61	2.85	446
旱地	53.98	0	28.87	0	0	0.10	0	0	6.94	10.10	1
林地	67.98	0	17.47	2.83	3.21	0	0	0	5.51	3.01	0
灌木林地	33.06	0	10.11	0.37	0.76	0.50	0.65	0	26.86	27.68	14
园地	26.09	0	64.22	0	5.68	1.20	0	0	1.66	1.15	2
居民地	19.48	0	2.76	0.06	0	73.18	0	0	1.85	2.67	500
水域	0	0	0	0	0	0	0	0	100	0	0
沙地	0	0	0	0	0	0	0	0	100	0	0
裸土	4.81	0.13	0.30	0.14	0.03	0.72	0.02	3.02	88.37	2.58	793
草地	20.47	0	2.25	1.64	0.02	1.33	0.04	0.21	30.30	43.54	295

8.4.3 白洋淀湿地景观空间变化

(1) 研究区域概况

白洋淀地处华北平原中部，38°43′～39°02′N，115°38′～116°07′E，属于海河流域中的白洋淀流域。东西长约 39.5 km，南北宽约 28.5 km，总面积约 362 km^2，平均水深 3.6 m；纵横交错的 3 700 余条沟壕将全白洋淀分割成 143 个大小不等又相互连通的淀泊。

(2) 研究数据

采用成像时间分别为 1987 年 9 月 26 日、1999 年 5 月 6 日和 2007 年 5 月 28 日的 TM 影像和 1986 年 1∶10 万的地形图。

(3) 研究方法

根据白洋淀地区的土地利用现状，将其景观划分为耕地、苇地、裸地、建筑用地、水域、干草地和林地等七种类型。在景观水平和斑块类型水平上，分别选取现状和格局的不同指数，包括：斑块数量 NP、斑块密度 PD、最大斑块指数 LPI、平均斑块分维数 MPFD、香农多样性指数 SHDI、香农均匀指数 SHEI 等。

(4) 结果分析

从表 8-12 可以看出，1987～2007 年间整个淀区斑块数由 778 增加到 957，斑块密度由 2.15 增大到 2.64，均增加 23.01%；但最大斑块数从 31.53 增加到 42.86，在 1999 年一度升高到 53.38。表明白洋淀区的优势斑块增大，非优势斑块数量增多，面积减小，更加破碎化。白洋淀的主导斑块是苇地，其面积的变化与淀区水量密切相关。

表 8-12　　景观水平上的格局指数变化

年度	NP/个	PD/(个/km^2)	LPI	MPFD	SHDI	SHEI
1987 年	778	2.15	31.53	1.05	1.44	0.74
1999 年	1043	2.88	53.38	1.03	1.25	0.65
2007 年	957	2.64	42.86	1.04	1.20	0.67

根据实地统计的景观数量，斑块数量的增加主要来自建筑用地、耕地、裸地和水域。耕地和建筑用地的增加与当地人口增加相关，白洋淀所在的地区人口逐年增加，导致建筑物和耕地斑块数量的增加。水域面积逐年缩减，20 年共减少了 20.80 km^2，是减少最多的斑块类型。通过对白洋淀地区 1987～2007 年景观格局变化分析，得出白洋淀地区景观格局特征和演变规律，为本地经济和社会的发展提供了决策性指导。

8.5　陆地生物多样性和生态变化监测

8.5.1　武昌湖湖泊生态环境变化

(1) 研究区域概况

武昌湖位于安徽省西南部、长江的左岸，属于亚热带湿润性气候区，具有典型的过渡带气候特征，它的显著特点是四季分明、季风明显、气候温和、雨量适中、光照充足，年均气温在 16 ℃以上，年均降水量为 1 200 mm。

(2) 研究数据

采用 20 世纪 80～90 年代 TM 影像、2000 年的 ETM 影像以及 20 世纪 70 年代的 MSS 影像。在信息的获取过程中，参考了研究区 20 世纪 50～60 年代的地形图、区域专题研究资料与图件等其他资料。

(3) 研究方法

分别对几期的 TM 和 ETM 遥感影像利用相关软件去除条带噪声。利用能够较好反映环境特征的 5、4、3 波段进行合成，合成后的假彩色影像通过几何校正消除影像的几何变形，并进行增强处理，使得影像所反映的信息更加清晰，结合 GPS 调查资料、区域土地利用图及室内目视解译标志，对影像进行训练区的提取，进行监督分类，分类方法采用最大似然法。

(4) 结果与分析

通过对比不同时间的遥感影像，并结合调查资料，发现武昌湖有逐渐淤积、缩小的趋势，反映在影像上就是蓝色部分逐渐减少，取而代之的是一些浅灰、白色的影像。其原因主要有以下几个方面：水土流失造成的淤积，围湖造田的影响，渔业的影响，湖岸的崩塌，出现沼泽化趋势。由于自然和人为原因，使得湖泊植物种类发生更替，一些沉水植物大幅度减少，浮叶植物和挺水植物群落发展较快，加速湖泊沼泽化；调洪蓄洪能力减弱、湖口堵坝建闸，使武昌湖对长江的调蓄作用大大减弱，其调蓄能力由原来的15%以上，下降到8%以下，造成长江洪汛期洪水不能有效外排，易造成连年的洪、涝、渍等多种灾害；生物多样性下降，过度不科学的放养大量食草性鱼类，造成水生植物种类减少。

8.5.2　深圳河口红树林变化

(1) 研究区域概况

深圳红树林位于深圳湾畔，是我国面积最小的国家级自然保护区，是以红树科植物为主组成的海洋木本植物群落，它因树干呈淡红色而得名。这里自然生长植物有海漆、木榄、秋茄等珍稀树种。这里也是国家级的鸟类保护区，是东半球候鸟迁徙的栖息地和中途歇脚点。自然保护区内地势平坦、开阔，有沼泽、浅水和林木等多种自然景观，在此可观赏到"落霞与千鸟齐飞，静水共长天一色"的自然美景。红树林自然保护区已被国际保护自然与自然资源联盟列为国际重要保护组成单位之一，同时也是我国"人与生物圈"网络组成单位之一。

(2) 研究数据

采用卫星遥感影像数据、地形图、实测潮位数据和文献资料等辅助数据。由于研究区域的TM影像成像时刻为上午10:31左右，根据成像日期的潮位变化趋势，结合成像前、后两个重要时刻的潮位观测记录，得到成像时刻的潮位，选用的6个时相的遥感数据成像时间相差8天到几个月不等。但由于红树林属于常绿植被，加之可见光波段对水体具有一定的透视能力，结合成像时刻的潮位数据，能够比较客观地识别出红树林的时空变化状况。

在进行多时相分析之前，首先对影像进行校正，几何校正的精度满足进行红树林多时相动态变化分析的精度要求。

(3) 红树林时空变化情况

参考地形图、辅助资料和野外调查记录，在各时相的假彩色合成影像的2倍放大影像上进行屏幕目视解译，得到红树林的分布范围图。6个时相红树林分布面积的统计参数见表8-13。

表8-13　　6个时相红树林面积变化

区域名称	变化内容/时间	1989年	1992年	1994年	1996年	1998年	2000年
深圳河口	红树林面积/km^2	190.53	204.39	228.78	230.13	240.84	241.47
	增长率/%		7.27	11.91	0.01	4.63	241.47
深圳福田	红树林面积/km^2	53.64	56.88	66.60	59.22	60.84	66.78
	增长率/%		6.04	17.08	−11.08	2.74	9.76
香港米铺	红树林面积/km^2	136.89	147.51	162.18	170.91	180.00	174.69
	增长率/%		7.76	9.95	5.38	5.28	−2.95

(4) 红树林植被指数时空变化

植被指数是表征植被生物量和活力的一个综合指标，一般使用植被的红光吸收波段和近红外反射高的波段进行组合计算，能够揭示植被生理和分布等特征。在各种各样的植被指数中，归一化植被指数(NDVI)在变化检测方面比其他指数更具有优势。为了对比6个时相红树林覆盖度的相对大小，分别对6个时相的红树林分布区域计算NDVI，并分析其高低值的空间分布和变化规律。各时相NDVI计算结果的统计参数见表8-14。

表 8-14　　红树林覆盖区域 6 个时相的 NDVI 对比

NDVI 时相	1989 年	1992 年	1994 年	1996 年	1998 年	2000 年
平均值	0.342 8	0.248 7	0.383 5	0.431 2	0.346 6	0.358 3
中位数	0.368 7	0.284 7	0.440 2	0.482 0	0.402 6	0.402 4
众数	0.465 4	0.385 3	0.496 1	0.528 7	0.454 4	0.452 8
标准差	0.119 9	0.124 0	0.142 2	0.145 0	0.159 6	0.132 0

（5）分析与结论

通过 6 个时相卫星遥感数据的对标分析，能够快速得到红树林的面积变化、空间分布变化。遥感数据虽然不能精确地给出红树林的面积，但从多时相数据对比分析得到的变化信息对于安排详细的红树林海岸调查、了解红树林的总体变化规律，具有重要的参考价值。

本章小结

地理国情监测的范围非常广泛，本章简要介绍了地理国情监测的若干应用，包括土地覆盖和土地利用变化监测、环境质量和环境变化监测、区域气候变化监测、地理格局和文化景观变化监测以及陆地生物多样性和生态变化监测；介绍了应用涉及的研究区域的情况、使用的数据、技术流程和监测结果。

练习与思考题

1. 地理国情监测的范围有哪些？
2. 在地理国情监测中有哪些现有的技术和手段？
3. 简述 RS、GPS、GIS 在地理国情监测中的作用。
4. 结合某个地理国情监测应用，详细叙述所使用的数据、方法和流程。
5. 分析地理国情监测技术在国家经济社会发展中的作用。

参考文献

[1] 安源.无线传感器网络中数据处理与数据传输技术研究[D].北京:中国科学院研究生院,2010.

[2] 卜志国.海洋生态环境监测系统数据集成与应用研究[D].青岛:中国海洋大学,2010.

[3] 邓聪,涂建军,王德惠,等.2003～2008 年香港土地利用/覆盖变化监测与分析[J].西南大学学报(自然科学版),2010,32(1):111-117.

[4] 杜玉柱,明东权,刘安伟,等.GNSS 测量技术[M].武汉:武汉大学出版社,2013.

[5] 杜子涛,杨小明,颜树强,等.奈曼旗土地退化遥感监测研究[J].农业工程学报,2012,28(3):154-161.

[6] 樊镭,龚闻天,施晓秋.大规模无线传感器网路数据收集与处理系统设计[J].传感技术学报,2011,24(11):1611-1616.

[7] 冯存均,左石磊,詹远增.地理国情监测工作机制探讨[J].测绘科学,2014,39(4):50-54.

[8] 郜秀敏.地理国情监测中数据更新方法综述[J].测绘标准化,2015(4):11-14.

[9] 何宗宜,刘政荣.公众参与地理信息系统在我国的发展初探[J].测绘通报,2006(8):33-37.

[10] 黄霞,张静舒,何勇.地理国情普查中地表覆盖信息提取技术研究[J].重庆工商大学学报(自然科学版),2014,31(8):101-106.

[11] 孔祥元,郭际明,刘宗泉.大地测量学基础[M].2 版.武汉:武汉大学出版社,2010.

[12] 来玉梅,邱玉宝,傅文学,等.基于 TM 影像的近十年来喀什地区地表水遥感监测与分析[J].遥感信息,2013,28(3):50-57.

[13] 李德仁,眭海刚,单杰.论地理国情监测的技术支撑[J].武汉大学学报(信息科学版),2012,37(5):505-512.

[14] 李建松,唐雪华.地理信息系统原理[M].武汉:武汉大学出版社,2015.

[15] 李建松,周军其.地理监测原理与应用[M].武汉:武汉大学出版社,2014.

[16] 李天宏,赵智杰,韩鹏.深圳河河口红树林变化的多时相遥感分析[J].遥感学报,2002,6(5):364-369.

[17] 李天文.GPS 原理及应用[M].北京:科学出版社,2010.

[18] 马明国,王雪梅,角媛梅,等.基于 RS 与 GIS 的干旱区绿洲景观格局变化研究——以金塔绿洲为例[J].中国沙漠,2003,23(1):53-58.

[19] 梅安新,彭望琭.遥感导论[M].北京:高等教育出版社,2001.

[20] 明东权.数字测图[M].武汉:武汉大学出版社,2013.

[21] 聂勇,张镱锂,刘林山,等.近 30 年珠穆朗玛峰国家自然保护区冰川变化的遥感监测[J].地理学报,2010,65(1):13-28.

[22] 宁津生,陈俊勇,李德仁,等.测绘学概论[M].武汉:武汉大学出版社,2008.

[23] 彭筱峻,袁文芳,朱艳芳.生态环境监测的现状及发展趋势[J].江西化工,2009(2):25-29.

[24] 史文中.地理国情监测理论与技术[M].北京:科学出版社,2013.

[25] 汪永华,胡玉佳. 海南岛东南海岸植被景观动态分析[J].信阳师范学院学报(自然科学版),2006,19(1):47-50.

[26] 王滨滨,刘静玲,张婷,等.白洋淀湿地景观斑块时空变化研究[J].农业环境科学学报,2010,29(10):1857-1867.

[27] 阎福礼,李震,邵芸,等.基于 NOAA/AVHRR 数据的西部植被覆盖变化监测[J].兰州大学学报(自科版),2003,39(2):90-94.

[28] 袁存忠,余丽钰.PPGIS 在地理信息变化监测中的应用研究[J].测绘与空间地理信息,2013,36(11):34-37.

[29] 郑卓云,陈良富,郑君瑜,等.高分辨率气溶胶光学厚度在珠三角及香港地区区域颗粒物监测中的应用研究[J].环境科学学报,2011,31(6):1154-1161.

[30] 周迎秋,王心源,胡玮.基于遥感的武昌湖湖泊生态环境变化研究[J].安徽师范大学学报(自然科学版),2005,28(4):472-476.